JN296078

水文科学

Hydrologic Science

杉田 倫明・田中 正 編著
筑波大学水文科学研究室 著

共立出版

まえがき

　自然界における水の循環を hydrologic cycle といい，日本語では水文学的循環，水文循環，あるいは水循環と訳されている．この水循環を中心概念とする科学が水文科学（hydrologic science）である．水は人間生活や産業活動と最も密接なかかわりをもつ物質であり，水に関係する研究者や技術者は国内外ともに多い．しかし，その長い歴史にもかかわらず，科学としての水文学は始まったばかりである．本書はおそらく，日本語で書かれた最初の「水文科学」に関する体系化された教科書になるはずである．

　陸域での水輸送とそれに伴う熱・物質の輸送は，大気中，地表面，および地表面下の地中で生じており，水文科学が取り扱う内容と時空間範囲は多岐にわたっている．このため，水文科学のすべての内容を1人の研究者が執筆することはなかなか難しい作業である．本書も他の専門書と同様に，筑波大学水文科学研究室のスタッフによる共著となっている．しかし共著とはいえ，本書は大気境界層から地中水に至るまでの水循環過程全般を網羅する構成となっており，各水循環過程における理論とプロセスを中心に記述する内容となっている．また，降水，浸透，流出，蒸発といった水文現象の個別プロセスは，流域を基本単位として同時進行的に，そして相互に影響を与えながら1つのシステムとしてつながっているとの認識の下に，今後の水環境や環境問題を考える上で，流域を基本対象とした水文科学の立場を記述している．

　本書は第1章から第9章までの構成となっており，自然界における水循環プロセスに沿った配列となっている．第1章「水文科学とは」では，水循環の概念と水文学から水文科学への進展過程について触れ，自然界における水循環システムが流域を基本単位として成り立っていることを記述している．また，地球上の水の総量と水資源，世界における水需要の将来予測と将来的に懸念される問題とそれへの国際的な取り組みについて解説している．第2章「エネルギーと水循環」では，太陽エネルギーと地球システムを対象として，エネルギー収支の観点から水循環の駆動力について記述している．また，熱力学の観点か

ら大気中の水蒸気輸送について，大気境界層を中心として解説している．第3章「降水」では，雲と降水の発生プロセス，降水の維持システム，降水量の測定と面的評価などについて解説し，地球規模の降水量変動機構についても触れている．第4章「蒸発散」では，蒸発散のメカニズムについて，接地境界層内における熱力学・熱収支の観点から記述し，蒸発散量の観測法，推定法とモデルについて解説している．第5章「地表面を介した降雨の分配」では，植生による降雨の分配について，遮断プロセスや樹幹流量の観点から記述している．また，地表面に達した降雨の分配について，浸透プロセス，浸透余剰地表流の発生プロセスと降下浸透プロセスの観点から記述し，浸透能の測定法とモデル式について解説している．第6章「地中水」では，土壌水と地下水について，そのあり方，エネルギーポテンシャル，基本法則，流動の基礎方程式などについて記述している．また，地下水については，地下水流動系の概念について解説し，地下水の涵養プロセスについて触れている．第7章「地表水の循環」では，流域システムにおける水流発生機構について，成分分離の観点から記述し，降雨流出プロセスと流出モデルについて解説している．また，河川の流出特性について，流域特性と流域スケールとの関係において記述し，湖沼の水収支と循環についても触れている．第8章「水・物質循環」では，水質の形成と進化，水質汚染機構について記述している．また，水循環や物質循環の動態を追跡するための水文トレーサーについて解説している．最終章である第9章「流域を基本単位とした水循環」では，自然界における水循環は流域を基本単位として1つのシステムとしてつながっているとの観点から，水に関する環境問題が国内での環境行政という面からどのように扱われてきたのかをふり返るとともに，生態系，特に森林と水循環とのかかわり，アジア地域の代表的な土地利用である水田が水循環や環境に与える影響，都市の存在が水循環と環境に与える影響について記述している．また，最近の重要な環境問題である地球温暖化傾向が水循環にどのような影響を与えるのかについて簡単に触れ，最後に，統合的流域管理といった地球規模での流域を基本単位とした取り組みの広がりについて解説している．

　本書は，大学の専門課程を専攻する学部生と大学院初学年生を対象として，水文科学の基礎を中心として書かれたものである．このため，本書は主に，水

文学を専攻する学生を意図して書かれている．しかし，水文学，環境科学，気象学，気候学，農学，生態学，地質学，海洋学，雪氷学や他の地球科学分野の研究者や技術者にとっても，水文科学の基本概念や水循環のプロセスを知る上で本書が役に立つことを願っている．また，今日的な環境問題の時代を迎え，「健全な水循環系の構築」は1つの社会的なキーワードとなっており，こうした側面を考えるに際しても，本書が役に立てば幸いである．

　本書の出版構想時から2年の歳月が経過しました．この間，ずっと辛抱強くお待ちいただいた共立出版株式会社の信沢孝一取締役に心より感謝の意を表します．また，編集作業においては，同社編集制作課の山本藍子さんに大変お世話になりました．この場をお借りして厚く御礼申し上げます．原稿の取りまとめにあたり，（独）森林総合研究所水土保全研究領域水保全研究室の坪山良夫，玉井幸治両博士には5.1節のドラフトを読んでいただき，有益なご助言をいただきました．東京大学生産技術研究所の沖　大幹教授には図7.11を本書の目的に合わせて修正され，提供いただきました．筑波大学の小崎四郎氏と澤口安代さんには一部の図の作成と編集作業をお願いしました．ここに記して御礼申し上げます．

2009年1月
執筆者を代表して
田中　正

本書の利用方法

本書の執筆方針や構成などを以下にまとめた．本書の利用にあたって参考になれば幸いである．

『水文学』（共立出版）と本書の対応

　ほぼ同時期に刊行された『水文学』（W. Brutsaert 著，杉田倫明訳・筑波大学水文科学研究室監訳）と本書は姉妹編として位置づけられる．『水文科学』が入門編，『水文学』が上級編である．『水文科学』で学習した後により高度な内容を学びたい者が『水文学』にスムーズに入っていけるように配慮してある．このため，用いられる用語は基本的に両書で統一されている．また，章立てにも配慮を払い，本書の各章始めに『水文学』で対応する章・節番号とそのタイトルを記してあり，各章ごとに『水文学』を参照することができるように試みた．全体として両書の対応関係が読者に自明となるように心がけた．

章構成

　本書は9章から構成されており，各章はその内容に合わせて節と項に細分してある．さらに，本書が対象とする読者にとってはやや高度と考えられるような内容や最新の研究結果，そして実際の研究を行うにあたって必要となる定数や数式などを■で始まるカラム記事として配置してある．

人名表記

　論文を引用する場合はアルファベットのままとし，人名をあげる場合はカタカナまたは漢字を用いた．カタカナは，すでに定着した表記がある場合はそれを採用し，複数の表記が用いられている場合，あるいは定まった表記が存在しない場合には，アメリカ合衆国での比較的一般的と考えられる

発音を表すカタカナ表記とした．

地名表記

国，州レベルまではカタカナまたは漢字（中国系の地名の場合）表記を採用し，それより下のレベルの地名はアルファベット表記をそのまま残した．

教材ファイル

読者の学習目的や講義での利便性などを考慮し，本書で用いられる専門用語の日英対訳表や図表の画像ファイルなどを著作権上許される範囲で筑波大学水文科学研究室のwebサイト（http://www.geoenv.tsukuba.ac.jp/~hydro/publication/Hydrologic_science/）で提供している．『水文学』のwebサイト（http://www.geoenv.tsukuba.ac.jp/~sugita/Hydrology/）と同時に利用すると便利である．

執筆者一覧

田中　正　（1, 6, 9章）
筑波大学大学院　生命環境科学研究科地球環境科学専攻・陸域環境研究センター
（現：筑波大学名誉教授）

杉田倫明　（2, 6, 9章）
筑波大学大学院　生命環境科学研究科地球環境科学専攻

山中　勤　（3章）
筑波大学大学院　生命環境科学研究科地球環境科学専攻・陸域環境研究センター

浅沼　順　（4章）
筑波大学大学院　生命環境科学研究科地球環境科学専攻・陸域環境研究センター

飯田真一　（5章）
（独）森林総合研究所　水土保全研究領域　水保全研究室

濱田洋平　（5章）
筑波大学　陸域環境研究センター（現：北海道大学大学院　地球環境科学研究院　地球圏科学部門）

辻村真貴　（7章）
筑波大学大学院　生命環境科学研究科持続環境学専攻

田瀬則雄　（8, 9章）
筑波大学大学院　生命環境科学研究科持続環境学専攻

目 次

まえがき i

本書の利用方法 iv

執筆者一覧 vi

第1章　水文科学とは　　1
1.1　水循環の概念 1
1.2　水文学から水文科学へ 5
1.3　水循環システム 8
　　1.3.1　水循環のシステム的表現 8
　　1.3.2　流域システム 10
1.4　地球上の水 12
　　1.4.1　地球上の水の総量 12
　　1.4.2　世界の水資源量 13
　　1.4.3　世界の水利用の現状と水需要の将来予測 14
　　1.4.4　将来的に懸念される問題とその対処のための国際的な取り組み 17

第2章　エネルギーと水循環　　21
2.1　地球のエネルギー収支 21
　　2.1.1　太陽エネルギーと地球システム 21
　　2.1.2　大気圏でのエネルギー分配と吸収, 反射：放射伝達 22
2.2　地表面でのエネルギーと水の分配 24
　　2.2.1　放射収支 24
　　2.2.2　放射の測定と推定 29
　　2.2.3　熱収支と水収支 32

2.3　大気中の水蒸気·· 36
　　2.3.1　大気の構造と水蒸気輸送·· 36
　　2.3.2　大気境界層と大気乱流·· 41
　　2.3.3　大気の安定度·· 43
　　2.3.4　大気中の水蒸気の輸送プロセス····································· 48

第3章　降水　　　　　　　　　　　　　　　　　　　　　　　　　51

3.1　雲と降水の発生プロセス·· 51
　　3.1.1　水蒸気の相変化·· 51
　　3.1.2　降水粒子の落下と成長··· 52
　　3.1.3　大気の上昇運動と雲·· 54
3.2　降水の発生・維持システム·· 56
　　3.2.1　対流性降水··· 57
　　3.2.2　前線性降水および低気圧性降水······································ 58
　　3.2.3　地形性降水··· 60
　　3.2.4　降水システムの階層構造とスケール間相互作用·················· 61
3.3　地球規模の降水量変動機構·· 62
　　3.3.1　降水量の地理的差異·· 62
　　3.3.2　大気水輸送··· 62
　　3.3.3　大気・海洋・陸面相互作用·· 66
　　3.3.4　降水再循環··· 68
3.4　降水量の測定と面的評価·· 70
　　3.4.1　地点降水量の測定··· 70
　　3.4.2　面積降水量の推定··· 71
　　3.4.3　降水のリモートセンシング·· 73

第4章　蒸発散　　　　　　　　　　　　　　　　　　　　　　　　　75

4.1　蒸発散のメカニズム··· 75
　　4.1.1　蒸発散と土壌水分··· 77
　　4.1.2　蒸散と植生活動·· 78

		4.1.3 水蒸気の輸送プロセス ································· 79

4.2 接地層内の気温・比湿のプロファイル ······················ 80
  4.2.1 中立条件での接地層のプロファイル ················· 82
  4.2.2 安定・不安定条件での接地層のプロファイル ········· 85
4.3 蒸発散量の観測法 ··· 89
  4.3.1 渦相関法 ·· 90
  4.3.2 バルク法・プロファイル法 ·························· 92
  4.3.3 熱収支ボーエン比法 ································ 93
4.4 蒸発散量の推定法・モデル ·································· 94
  4.4.1 可能蒸発量 ·· 94
  4.4.2 裸地土壌面からの蒸発 ······························ 98
  4.4.3 植生面からの蒸散 ·································· 99
  4.4.4 陸面モデル ··· 100

第5章 地表面を介した降雨の分配　　103

5.1 植生による降雨の分配 ······································ 103
  5.1.1 遮断プロセスと定義 ································ 104
  5.1.2 樹冠通過雨量 ······································ 106
  5.1.3 樹幹流量 ··· 108
  5.1.4 遮断損失量に影響を及ぼす因子 ····················· 112
  5.1.5 樹幹流による地下水涵養 ··························· 114
5.2 地表面に達した降雨の分配 ································· 117
  5.2.1 浸透能の時間的・空間的な変動 ····················· 118
  5.2.2 浸透能のモデル式 ·································· 120
  5.2.3 浸透能の測定法 ···································· 124
  5.2.4 浸透余剰地表流 ···································· 125
  5.2.5 降下浸透 ··· 127

第6章 地中水　　133

6.1 地中水の区分とそのあり方 ································· 133

6.2 土壌水 ··· 134
　6.2.1 土の間隙と保水 ·· 134
　6.2.2 土壌水帯の平衡水分分布 ·· 138
　6.2.3 土壌水のエネルギーポテンシャル ···································· 140
　6.2.4 水分特性曲線 ·· 143
　6.2.5 ゼロフラックス面 ·· 145
　6.2.6 土壌水の運動方程式 ·· 147
6.3 地下水 ··· 150
　6.3.1 地下水のあり方 ·· 150
　6.3.2 流体ポテンシャル ·· 151
　6.3.3 ダルシーの法則 ·· 153
　6.3.4 地下水流動の基礎方程式 ·· 156
　6.3.5 地下水流動系 ·· 158
　6.3.6 地下水の涵養プロセス ·· 161

第7章 地表水の循環　　167

7.1 水流発生機構 ··· 167
　7.1.1 降水から流出へ ·· 167
　7.1.2 降雨流出ハイドログラフの成分分離 ·································· 168
　7.1.3 降雨流出プロセス ·· 175
　7.1.4 流出モデル ·· 181
7.2 河川の流出特性 ··· 182
　7.2.1 河川の流出特性と流域特性 ·· 182
　7.2.2 流域スケールと流出特性 ·· 188
　7.2.3 河川と地下水の交流 ·· 189
7.3 湖沼の水収支と循環 ··· 190

第8章 水・物質循環　　197

8.1 水質の形成・進化 ··· 197
　8.1.1 水循環と物質循環 ·· 198

	8.1.2	水質の項目と表示……………………………………………… 198
	8.1.3	水質の形成…………………………………………………… 201
	8.1.4	水体別の水質特性…………………………………………… 205
8.2	水質汚染機構……………………………………………………… 205
	8.2.1	自然起源の水質汚染………………………………………… 205
	8.2.2	人為起源の水質汚染………………………………………… 207
8.3	水文トレーサー…………………………………………………… 209
	8.3.1	水の動態を追うトレーサー………………………………… 211
	8.3.2	水の年齢・滞留時間を決めるトレーサー………………… 217
	8.3.3	物質の動態…………………………………………………… 220

第9章　流域を基本単位とした水循環　　　　　　　　　　223

9.1	流域と水循環・環境………………………………………………… 223
9.2	植生と水循環・環境：森林の役割………………………………… 226
9.3	土地利用と水循環・環境：水田の影響…………………………… 229
9.4	都市と水循環：水循環と水質の保全……………………………… 233
9.5	地球温暖化と水循環………………………………………………… 236
9.6	流域水循環システムの解明−統合的流域管理に向けて−………… 242

参考文献……………………………………………………………………… 245

索引………………………………………………………………………… 263

第1章 水文科学とは

　本章では，水文学の歴史を紐解きつつ，水循環の概念について記述し，水文学から水文科学への進展過程について触れ，自然界における水循環システムが流域を基本単位として成り立っていることを述べる．また，地球上の水の総量と世界の水質源量について解説するとともに，世界の水利用の現状と水需要の将来予測について述べる．最後に，将来的に懸念される水問題とその対処のための国際的な取り組みを紹介する．
☞『水文学』1章「はじめに」，14章「おわりに－水循環の認識の歴史」．

1.1 水循環の概念

　水は地球の表層付近に最も豊富に存在する物質であり，また地球上のあらゆる生命に欠かすことのできない物質である．粘土鉱物中や地層形成時に地層中に取り込まれた化石水，地下深部のマグマ中に存在するわずかな水を除くと，地球上に存在する水に共通する最も基本的な性質は循環していることである．水は循環する過程で自然界に物理的・化学的・生物的な作用を及ぼし，人間の活動様式や農業・工業といった経済活動様式も地球上の水のあり方に強く規制されている．

　水を循環させる駆動力は，太陽エネルギーと重力である．**表1.1**は，地球の表面における主なエネルギー源を示したものである．表から明らかのように，

表1.1　地球表面の主なエネルギー源（Berner and Berner（1987）に基づいて作成．一部改変）

エネルギー源	エネルギーフラックス	
	(Wm^{-2})	(%)
太陽エネルギー	342	99.98
地球内部からのエネルギー	6.1×10^{-2}	0.018
潮汐エネルギー	6.1×10^{-3}	0.002

地球・大気系のすべての物理過程に必要なエネルギーの99.98％は太陽から供給される．2.1節で記すように，地球大気の上端で太陽光線に垂直な面が受け取る太陽放射エネルギーは$1.37 \sim 1.38 \times 10^3 \, \mathrm{Wm^{-2}}$程度であり，これを太陽定数（solar constant, R_{so}）とよぶ．地球は球形をしているので，地球の大気上限に到達する平均太陽放射量は$R_{so}/4 = 342 \, \mathrm{Wm^{-2}}$である（図2.1参照）．平均太陽放射量$342 \, \mathrm{Wm^{-2}}$を100とすると，地表面での正味放射量（net radiation）は30.4となる．この正味放射量が顕熱（sensible heat）と潜熱（latent heat）に配分される．その内訳は，顕熱5.6，潜熱24.9で，地表面での正味放射量の約82％が潜熱に使われる．水の蒸発に使われる潜熱は年間では$2.68 \times 10^3 \, \mathrm{MJ \, m^{-2} \, yr^{-1}}$となる．これを水の気化熱の概略値$2.4 \times 10^9 \, \mathrm{J m^{-3}}$（式（2.12）および（2.14））で除すと約$1 \, \mathrm{m \, yr^{-1}} = 1{,}000 \, \mathrm{mm \, yr^{-1}}$となる．これが世界の年平均蒸発量，つまり年平均降水量である．上記の潜熱の値に顕熱（空気への伝導）を加えると$3.28 \times 10^3 \, \mathrm{MJ \, m^{-2} \, yr^{-1}}$となる．この熱が水循環と対流を生じさせる駆動力となる．

図1.1は，地表付近における水の循環を模式的に表したものである．海洋や陸地面での蒸発散（evapotranspiration），すなわち水面や土壌面からの蒸発

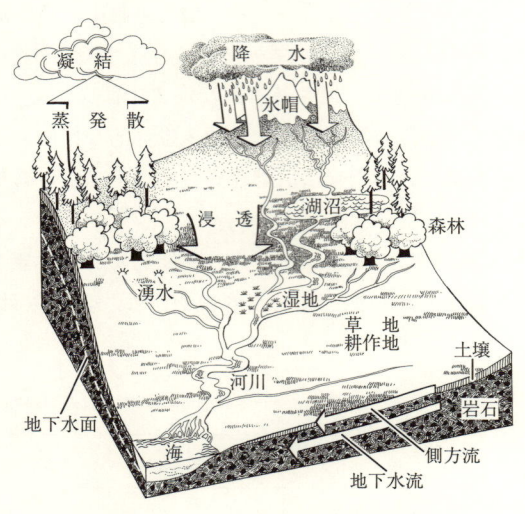

図1.1　地表付近における水の循環を示す模式図（Jones（1983）に基づいて作成）．

(evaporation) や植物を介した蒸散 (transpiration) から生じた水蒸気は，大気上空で冷却されて凝結 (condensation) し，雲となる．これはやがて雨 (rain) や雪 (snow) などの降水 (precipitation) として地表へ到達する．地表へ到達した降水の一部は直接地表を流れて河川や湖沼に流入し，また一部は浸透 (infiltration) して土壌水 (soil water) や地下水 (groundwater) となって，やがて河川や湖沼といった地表水体に流出 (runoff) するか，あるいは直接海洋に流出する．地表水体や海洋に到達した水はふたたび蒸発や蒸散により大気上空へと戻っていく．この一連のプロセスが水循環 (hydrologic cycle) とよばれるものである．

水文学 (hydrology) の歴史を紐解くと，水循環は古来から哲人の思索の対象であった．哲学の父とよばれるタレス (Thales, 紀元前 624-548? 年) は，水循環を次のように考えていた．「川は海から蒸発した水で養われ，風が水を地中に押し込む．地中の水は岩の重みで山頂まで押し上げられ，川となって流れ出す (椛根, 1980)」．また，古代ギリシャの哲学者プラトン (Plato, 紀元前 428-348 年) は，「タルタルス (地獄の意) と呼ばれる巨大な穴が地下にあり，川の水はこのタルタルスに流れ込み，タルタルスが一杯になると近くの空洞に流れ込み，これが一杯になると地下の水路を通って海，湖，川，泉を形成する (ビスワス, 1979)」と考えていた．プラトンの弟子であり『気象論 (Meteorologica)』の著者であるアリストテレス (Aristotle, 紀元前 384-322 年) は，タルタルス説を批判するとともに，「地下の冷たい土壌では空気が凝結して水に変わる (椛根, 1980)」と考えていた．水循環に関するこうした思索は 16〜17 世紀まで続き，常に神秘のベールに包まれていた (椛根, 1980)．

蒸発・凝結・降水・流出という水の循環系の存在を明確に指摘したのは，天才レオナルド・ダ・ビンチ (Leonard da Vinci, 1452-1519 年) である (ビスワス, 1979)．図 1.2 は，レオナルドの水循環についての考えを示したものである．この図には，水循環のプロセスはほぼ正しく示されているが，その駆動力については人体の血液循環との類推から，地球には人体の心臓に相当する体内ポンプがあり，これによって地下水が山頂まで上昇すると考えていた．

椛根 (1980) は，水文学が観測に基づく科学としての基礎を確立したのは，ペロー (Perrault, 1611-1680 年) やマリオット (Mariotte, 1620-1684 年)，ハ

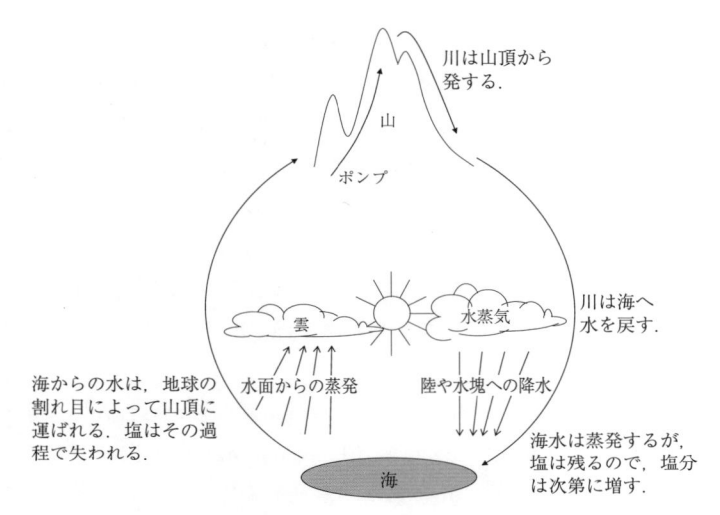

図 1.2 レオナルド・ダ・ビンチの水循環についての考え方
（ビスワス（1979）に加筆）．

リー（Halley, 1656-1742 年）らが活躍した 17 世紀後半であり，18 世紀以降，降水量，蒸発量，流量の測定法が進歩するにつれて，水循環の理解が次第に正確になったと述べている．

本書では，図 1.1 に示した一連の水循環について，各水文プロセス（hydrologic process）ごとに，そこで生起する現象やメカニズムおよび水文プロセス相互間の作用について解説する．第 2 章では，水循環の駆動力である太陽エネルギーについてエネルギー収支の観点から解説し，第 3 章では降水現象を物理的側面から解説する．第 4 章では，蒸発散のメカニズムとその観測法・推定法について解説する．第 5 章では，地表面を介した降雨の分配について，植生による降雨の分配と地表面に達した降雨の分配とに分け，樹冠通過雨（throughfall），樹幹流（stemflow），遮断（interception）と遮断された降水の蒸発（evaporation of intercepted precipitation），浸透（infiltration）・降下浸透（percolation）などについて解説する．第 6 章では，地表面下での水循環現象を地中水（subsurface water）として一括し，土壌水と地下水について解説する．第 7 章では水流発生機構（streamflow generation）と河川の流出特性，

湖沼水の循環を中心として地表水について解説する．また，第8章では，水・物質循環について解説し，第9章では，本書全体の取りまとめとして，流域を基本単位とした水循環と環境保全とのかかわりについて解説する．

1.2 水文学から水文科学へ

　水循環を中心概念として，自然界における水の分布やあり方，水量と水質，循環プロセス，水と環境との関係，人間と水とのかかわりなどを系統的に理解するための科学が水文科学（hydrologic science）である．

　UNESCO（United Nations Educational, Scientific and Cultural Organization，国連教育科学文化機関）は，IHD（International Hydrological Decade, 1965-1974，国際水文学10年計画）の前年にあたる1964年に，水文学（hydrology）を "Hydrology is the science which deals with the waters of the earth, their occurrence, circulation and distribution on the planet, their physical and chemical properties and their interactions with the physical and biological environment, including their responses to human activity. Hydrology is a field which covers the entire history of the cycle of water on the earth." と定義している（高橋，1978）．榧根（1989）は，「水循環の研究－水文学－」のレビューの中で，「この定義は，水循環を中心概念とすると明言した点でユニークであり，また，水と環境との相互作用を人間活動への応答を取り扱うとした点には，環境科学への萌芽が認められる」と述べている．

　わが国で初めての水循環に関する教科書である『水文学』（阿部，1933）において，著者である阿部謙夫（1895-1972年）は，「水文学とはhydrology, Hydrologieの意で，地表及び地下に於ける水の状態，由来，分布，移動などに就いて研究する学問である．人に依っては単に地下水に関する学問であると説くが，今日ではその様な狭義に解するのは不適当であると考える人が多い．その様に狭義に解すれば，水文学は学問として最も面白みのある部分が全然失はれることとなり，又応用の範囲を著しく極限せられる」と水文学を定義している．すなわち，水循環を一括して取り扱う科学が水文学であるとしたのである．榧根（1980）はこの点に触れ，「水文学の定義の変遷をたどってみると，

これは卓見であったことがわかる」と述べている．

　わが国では，水文学とともに陸域の水圏を研究対象とした陸水学という学問分野が存在する．ドイツ語圏においても binnengewasserkunde と hidrologie が存在する（梶根，1989）．水文学と陸水学の違いは何か？という根源的な問いが現在も続いている．陸水学はドイツ語の binnengewasserkunde の訳とされているが，このドイツ語に対応する英語は存在しない（梶根，1989）．上野（1977）によれば，陸水学という国語は，1931 年 6 月 2 日の日本陸水学会創立発起人会で選定されたという．そして，「陸水学（limnology）は，生態系としての陸水の構造と機能の解明を主目的とする自然科学である．生物界を同時に考慮しない水文学（hydrology）が，はるかに古くから発達している．水文学は，地球系における水の状態，変動，作用などに関する一群の概念より成り立ち，その中心問題は海洋－大気－陸地－生物圏をつうずる水の循環，すなわち，水文学的サイクルである．この観点にたてば，海洋学と陸水学とは水文学の両翼をなすともいえよう」と述べている．また，「陸水学の発達を回顧すると，そこに一つの大きな流れがあるのに気づく．湖沼河川などの内陸水域，つまり陸水と，その中に生活している生物との相互間の密接な関係の研究である．いいかえれば，陸水生態系の構造と機能ならびに遷移の解明に，研究の重点をおこうとする流れである．………」とも述べている．

　山本（1968）は，陸水学の立場について「陸水学における初期の傾向は河川，湖沼，地下水などの地学的記載，物理化学的性状の究明にあったが，最近ではこれらの水体を環境として，ここに生活を営む生物の織りなす生活パターンあるいは生産量に重点をおくようになってきた．これは陸水学に対して生物学者が非常な関心をもち，大きな貢献をしたことによるが，この傾向は湖沼学において著しい」のように記述している．これらを参考にすると，陸水学は陸水を研究対象として，化学的・生物学的側面がより強い科学であるといえよう．水文学も陸水学もともに総合科学，学際科学（interdisciplinary sciences）としての色彩が強く，水資源や水環境の保全が急務となっている今日的地球環境時代において，両科学は相互補完して人類の最重要課題に取り組む必要がある．

　1987 年に米国ハワイで開催された「日米水文学セミナー」において，MITの R. Bras 教授は基調講演において "Hydrology, the science of water, has natural place alongside oceanography, meteorology, geology, and others as one of the geosciences; yet in the modern science establishment, this niche is vacant. Why is this?" と述べた (Bras and Eagleson, 1987; 榧根, 1989). 水の科学である水文学は，海洋学，気象学，地質学などとともに，地球科学の一分科を占めるものであるが，近年の科学制度において，水文学は地球科学の中で然るべき位置を占めていない．その後，米国の National Research Council は 1991 年に刊行した *Opportunities in the Hydrologic Sciences* において "Hydrologic science is a geoscience" と定義し，水文科学 (hydrologic science) は，大気科学 (atmospheric science)，固体地球科学 (earth science)，海洋科学 (ocean science) とともに地球科学 (geoscience) を構成する一分科であることを明確にした (**図 1.3**).

　これらの歴史的経緯を考慮すれば，水文学は自然界における水循環を中心概念としつつ，その対象領域を時代とともに拡大してきたことになる．すなわち，1940 年代までの水文学は地表水または地下水を個別に研究する分野とされていたが，1960 年代の後半には人間活動にかかわる社会・経済的分野も含むようになった．さらに，物理・化学的方法を基礎とした地球科学の一分科としての水文科学に再編されつつあるといえる．また，近年，生態水文学 (ecohy-

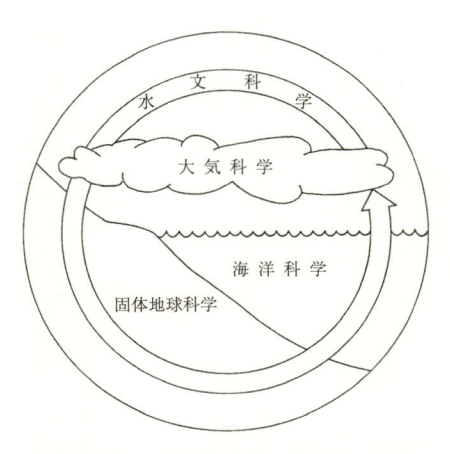

図 1.3 地球科学を構成する学問分野 (National Research Council (1991) に基づいて作成).

drology または hydroecology）が世界の新たな潮流になりつつあり（たとえば，Eagleson, 2002），これに関係する国際会議が毎年のように開催されている．水文科学は，水利用，水資源の確保，循環型社会，環境保全などを考えるための基礎知識を提供する学問であることから，こうした新たなる潮流は水環境や生物多様性の保全といった環境保全を考えるに際し，水循環の視点とそれを考慮することの重要性が世界的に認識され始めたことの表れであろう．

1.3 水循環システム

1.3.1 水循環のシステム的表現

　地球上における水循環はさまざまな分岐と連結を繰り返すきわめて複雑なシステム（系あるいは仕組み）を有している．このシステムには始点も終点もなく，閉じた系（closed system）を構成している．**図 1.4** は，自然界における水循環をシステム的に表現したものである．この図では，長方形で囲んだ4つのサブシステム（貯留体）の組合せとして，システムへの入力としての降水と出力としての流出および蒸発散を結ぶ水文プロセスがシステム的に表されてい

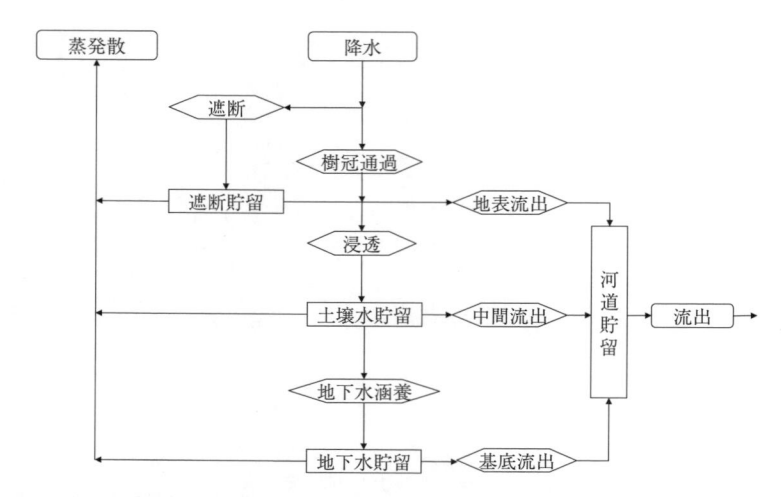

図 1.4 水循環のシステム的表現（Freeze（1974）に基づいて作成）．

る．

おのおののサブシステムについて，tを時間として

$$p(t) - q(t) = \frac{d}{dt}V(t) \qquad (1.1)$$

の水収支式（質量保存則）が成り立つ．ここで，$p(t)$は入力，$q(t)$は出力，$V(t)$は貯留されている水の体積である．水収支式は多くの場合，日，月，年などの有限時間について積分して用いられる．水収支期間を1年のように長くとれば，入・出力に比較して貯留量の変化量は小さくなり，近似的には無視することが可能になる．各サブシステムの水収支（water balance）を明らかにすることは，システムの循環様式や水の利用可能量を考える上で重要である．

水循環の特性を表す指標の1つに平均滞留時間（mean residence time）がある．定常システムでは，平均滞留時間$\overline{t_r}$は

$$\overline{t_r} = \overline{V}/\overline{q} \qquad (1.2)$$

で表される．$\overline{V}$は平均水貯留量，$\overline{q}$は平均輸送量（流束，フラックス，flux）である．表1.2は，各貯水体別の水の平均滞留時間，すなわち各貯水体の水の

表1.2 地球の水の平均滞留時間と水の量（Shiklomanov（1997）に基づいて作成）

貯水体	平均滞留時間	貯留量（×10^3 km³）	全貯留量に対する割合(%)	淡水に対する割合(%)
海洋	2,500 yr	1,338,000	96.5	-
氷雪	1,600〜9,700 yr	24,064	1.74	68.7
永久凍土層中の氷	10,000 yr	300	0.022	0.86
地下水	1,400 yr	23,400	1.7	-
うち淡水		10,530	0.76	30.1
土壌水	1 yr	16.5	0.001	0.05
湖沼水	17 yr	176.4	0.013	-
うち淡水		91	0.007	0.26
湿地の水	5 yr	11.5	0.0008	0.03
河川水	17 d	2.12	0.0002	0.006
生物中の水		1.12	0.0001	0.003
大気中の水	8 d	12.9	0.001	0.04
合計		1,385,984	100	-
うち淡水		35,029	2.53	100

平均更新時間を示したものである．貯水体別の水の滞留時間はその貯水体ごとに大きく異なっており，日単位から 10^4 yr 単位までさまざまである．この滞留時間の概念は，自然界における水循環を考える際に，時間情報を与える1つの指標となる．たとえば，**表 1.2** に示されている貯水体別の滞留時間は，資源としての水利用を考える際に重要となる．この場合，単に貯留量の多少だけではなく，その貯水体の平均滞留時間を考慮することが必要だからである．**表 1.2** に示されているように，滞留時間の観点からは，河川水の平均滞留時間 17 d に対して，地下水のそれは全世界平均では 1,400 yr と見積もられ，河川水に比べて地下水の平均更新時間は5オーダーほど長い．このことは，河川水を文字通りに更新性の水資源（renewable water resources）とすれば，地下水は石油や石炭に近い枯渇性資源（mining resources）の特性を有しているといえる．滞留時間の長い地下水を水資源（water resources）として利用する場合には，この点を十分に考慮する必要がある．滞留時間は式（1.2）から見積もることもできるが，トレーサーを用いて推定することも可能である（8.3.2項）．

1.3.2 流域システム

河川として流れている水は，元を正せば降水である．一般に，河川水の供給源となる降水の降下範囲を流域（watershed または drainage basin）とよぶ．また，隣接する2つの流域の境界を分水界（divide）または流域界とよぶ．この分水界は，一般には稜線に沿う地形的分水界として決められる．海に面した流域では，海岸線が流域界となる．

これまでの水文学が対象としてきた地域単位，すなわち空間スケールとしては，地球（〜 10^4 km 程度），地域（水文地域，10^3 km 程度），流域（10^0 〜 10^3 km 程度），斜面（10^{-3} 〜 10^0 km 程度）があり，それぞれ地球水文学（global hydrology），地域水文学（regional hydrology），流域水文学（watershed hydrology），斜面水文学（hillslope hydrology）が対応している．これら各水文学の概要については，榧根（1980）を参照されたい．また，第3章で解説する降水システムのような大気現象を取り扱う場合には，現象が生起する空間スケールの規模によって，マクロスケール（> 2000 km），メソ α スケール（200〜2000 km），メソ β スケール（20〜200 km），メソ γ スケール（2〜20 km）

などに分けることもある (Brutsaert, 2008).

　水文科学の最も基本的な地域単位は流域である．流域は3次元の空間構造からなり，入力としての降水量を出力としての流量と蒸発散量に変換する仕組みを有している．この仕組みを流域システムとよぶことにする（第7章）．地表面の下には土壌水帯（soil water zone）と地下水帯（groundwater zone）が存在し，地表面から浸透した水はこの中を，物理法則である流体ポテンシャル（fluid potential）（第6章）に基づいて流動している．この土壌水や地下水は河川・湖沼といった地表水体とつながっている．流域を考える場合は，空間3次元と時間軸を含めた4次元の視点が重要となる（第9章）．

　流域への入力は降水量，流域からの出力は蒸発散量と流出量であるから，式(1.1)で示した水収支式を，任意の期間について積分し，流域を単位として表すと

$$P - E - R = \Delta S \tag{1.3}$$

となる．ここで，P は降水量，E は蒸発散量，R は流出量，ΔS は積分期間の開始時と終了時の流域の貯留量変化である．これらの水文量は通常，水柱高（water height, m）[L] で表される．水柱高とは，水文量の体積（m^3）[L^3] を流域面積などの対象面積（m^2）[L^2] で除した値である．また，式(1.3)で表される水収支の期間は，式(1.1)と同様に日，月，年などの単位をとる．水収支期間の単位を1年とした場合には，流域の貯留量変化 ΔS は無視することができると仮定されることが多い．

　流域を対象とした入・出力解析は流出解析（runoff analysis）とよばれ，水資源確保のための流量予測や防災対策としての洪水予測といった社会的要請によって，古くから水文学の中心的研究課題であった．流域システムは，気候，地形，地質，土壌，植生などの自然の要因と土地利用，水利用といった人為的要因が関与しており，そのシステムは複雑である．このため，1960年代ごろまでの流出解析においては，流域はブラック・ボックスとして取り扱われることが多く，予測を目的とした流出モデル（runoff model）の構築が中心課題であった（たとえば，菅原，1972, 1979）．しかし，1970年代以降，流域にもた

らされた降水はどのような経路を経て，どのようなメカニズムによって河川に流出するのか？という水流発生機構に関する研究が盛んになり，より詳細な流域システム内の水の流れを追跡しようとする斜面水文学が世界的な潮流となった（たとえば，Kirkby, 1978）．こうした流域システムに関する研究の進展と環境同位体（environmental isotope）技術の向上（たとえば，Kendall and McDonnell, 1998）とによって，入・出力変換装置としての流域システムの実態解明は急速な進歩を遂げた（たとえば，恩田ほか，1996; McDonnell and Tanaka, 2001）．流域システムの研究に関する進展と動向については，本書の第5章と第7章で解説する．

1.4　地球上の水

1.4.1　地球上の水の総量

地球の貯水体別の水の量は**表 1.2** のように見積られている．地球上に存在する水の総量は約 $13.8 \times 10^8 \mathrm{km}^3$ であり，その 97.5％は主として海洋に存在する海水であり，淡水は残りの 2.5％，約 $3.5 \times 10^7 \mathrm{km}^3$ である．この淡水の中で最も豊富に存在するものは氷雪であり，その 99.5％は南極とグリーンランドに存在する．しかし氷雪はただちに水資源として利用することは出来ない．したがって，人間生活や経済活動に必要とされる淡水資源（fresh water resources）は河川水や湖沼水，地下水などで，その貯留量は地球上の水の約 0.8％である．さらに，この大部分は地下水として存在しているため，水資源として利用することが比較的容易な河川水や湖沼水として存在する淡水の量は，地球上の水のわずか 0.007％を占めるに過ぎない．しかし，1.3.1 項で記したように，水は循環することによって更新可能な資源であり，水資源を評価する場合にはその貯留量の多少のみならず，それぞれの貯水体の平均滞留時間を考慮する必要がある．世界における水供給の 90％以上は更新可能な水資源である河川水に依存している．

1.4.2 世界の水資源量

世界の水資源量を評価する上で重要な点は，自然界における水の循環によって半永久的にもたらされる更新可能な淡水資源量を明らかにすることである．更新可能な淡水資源量とは，一般的には河川および河川や大気と交流が活発な浅層の地下水帯に含まれる淡水と定義される（Shiklomanov, 1997）．

近年における世界人口の増加や都市への人口集中，農業・工業といった経済活動の進展に伴って，水の需要が急速に高まりつつあり，水資源の不足や水質の悪化によって，その持続的利用の可能性が危ぶまれている．こうした状況のもとに，国連の持続可能な開発委員会（UN Commission for Sustainable Development, CSD）は，1994年に世界の淡水資源に関する総括アセスメント（Comprehensive Assessment of the Freshwater Resources of the World）を実施するよう，世界気象機関（WMO）など10の国際機関に呼びかけ，1997年に『世界の水資源と水利用の可能性についてのアセスメント（*Assessment of Water Resources and Water Availability in the World*）』（Shiklomanov, 1997）を取りまとめた．

Shiklomanov（1999）によると，毎年地球上に降る降水量は $577.0 \times 10^3 \text{ km}^3 \text{ yr}^{-1}$ であり，このうち陸域に降る降水量は $119.0 \times 10^3 \text{ km}^3 \text{ yr}^{-1}$ ある．そのうち $74.2 \times 10^3 \text{ km}^3 \text{ yr}^{-1}$ が陸域からの蒸発によって失われ，$2.2 \times 10^3 \text{ km}^3 \text{ yr}^{-1}$ が地中に浸透して流出するため，直接河川へ流出する流量は $42.6 \times 10^3 \text{ km}^3 \text{ yr}^{-1}$ となる．この直接河川へ流出する流量は，全世界約2,500ヶ所の河川流量データと約7,000ヶ所における降水量や気温などの気象観測データを用いて，1921〜1985年の間の平均として見積もられた値であり，現段階においては最も信頼性の高い値である．この河川流出量が世界全体における更新可能な淡水資源量に相当する．表1.3は，河川水など更新可能な水資源量を大陸別に示したものである．表から明らかのように，水は世界的にみて地域的偏在性の高い資源であり，河川の地理的分布の偏在やその流量の大小に影響されている．また，水資源はこの空間的な偏在性のみならず，時間的な変動特性も持ち合わせている．河川流量には季節変動があり，渇水や洪水といった極値現象も年々繰り返されている．したがって，現実的な水供給の面からは年間を通して安定的に水を供給することのできる河川流量，すなわち安定流量（stable baseflow）が重

表 1.3 大陸別の河川水など更新可能な水資源量（Shiklomanov（1997）に基づいて作成）

大陸	河川水などの量 ($km^3\ yr^{-1}$)	更新可能な水資源量 ($\times 10^3\ m^3\ yr^{-1}$)	
		km^2 当たり	1 人当たり
ヨーロッパ	2,900	278	4.2
北アメリカ	7,770	320	17
アフリカ	4,040	134	5.7
アジア	13,508	309	4.0
南アメリカ	12,030	674	38
オセアニア	2,400	268	84
合計	42,650	316	7.6

要となる．この安定流量を知る 1 つの目安として，河川の渇水流量がある．渇水流量とは，年間の 355 日は継続して流れている流量を指し，流況曲線（7.2.1 項）の 355 日流量に相当する．全河川流量に対する渇水流量の割合は世界平均で約 31% と見積られている（Jones, 1997）．これにダムなどの貯水施設による人工的な調節が加わり，安定流量の割合は全河川流出量の約 37% となっている（Jones, 1997）．全世界における平均的な年間の河川流量を $42.6 \times 10^3\ km^3$ とすると，この安定流量は $18.8 \times 10^3\ km^3\ yr^{-1}$ となり，この流量が安定的に水を供給することのできる水資源量に相当する．

1.4.3 世界の水利用の現状と水需要の将来予測

水は地域的・時間的に偏在しながら，農業用水，工業用水，生活用水などさまざまな用途で利用されている．図 1.5 は，1950 年と 1995 年時点における世界の水使用量を示したものである．全世界での水使用量は $3.76 \times 10^3\ km^3\ yr^{-1}$ であり，1.4.2 項で記した河川の安定流量の 20% に相当している．この 20% という数値はわが国においてもほぼ同じであり，河川流量には河川維持用水としての無効放流分が必要であることから，安定して利用可能な河川水は世界的にみてもほぼ使い尽くされているといえる．農業用水が $2.5 \times 10^3\ km^3\ yr^{-1}$ で，全水使用量の 6 割以上を占めており，工業用水が $0.71 \times 10^3\ km^3\ yr^{-1}$，生活用水が $0.35 \times 10^3\ km^3\ yr^{-1}$ となっている．農業用水・工業用水・生活用水と全水使用量との差 $0.19 \times 10^3\ km^3\ yr^{-1}$ は，ダムなどの貯水施設からの水面蒸発量で貯水池効果とよばれている．この量も淡水資源の水利用とされ，ダムなどの水面積から蒸発する水量は世界の全水使用量の 5%，生活用水使用量の約半

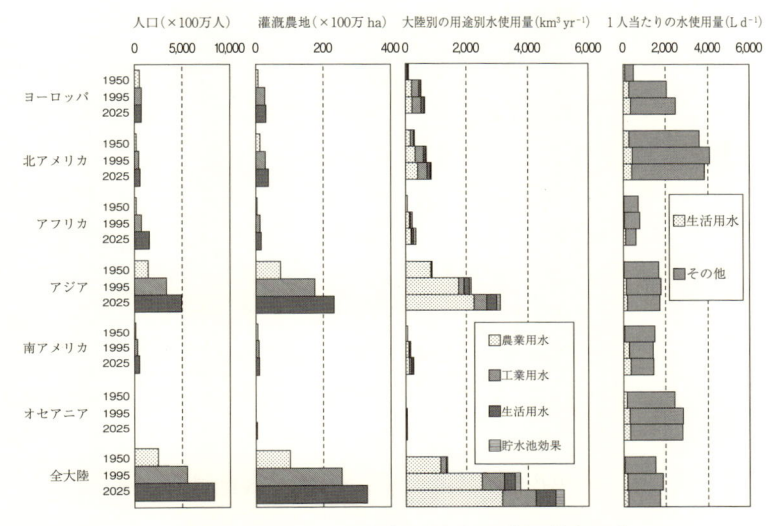

図 1.5 世界の大陸別の水使用量と水需要量の将来予測 (Shiklomanov (1997) に基づいて作成).

分の量に相当している．

　貯水池効果を含め全世界を平均した1人当たりの水使用量は，1995年時点で 1.866×10^3 L day^{-1}，生活用水のそれは 176 L day^{-1} となっている．1人当たりの生活用水使用量では，北アメリカが 425 L day^{-1} で最も多く，63 L day^{-1} で最も少ないアフリカとの較差は約7倍に達している．農業用水はアジアで最も多く使われ，年間 1.74×10^3 km^3 yr^{-1} に達し，世界の農業用水使用量の約70%を占めている．これは，全世界の灌漑地面積の約50%が中国・インド・アメリカ合衆国・パキスタンの4ヶ国に集中していることを反映している．工業用水使用量は北アメリカが最も多く，続いてヨーロッパ，アジア，南アメリカ，アフリカ，オセアニアの順となっている．

　1995年の全世界の水使用量は1950年の約2.8倍であり，水使用量の伸びは同期間における人口の伸びの2.2倍よりも高くなっている．特に，生活用水は6.7倍と伸びが著しく，南アメリカ，アジア，アフリカでは10倍以上となっており，これらの地域における生活様式の変化が生活用水の増大に影響を与えていることを示している．また，工業用水の伸びはアフリカで高くなっているこ

とが特徴的である．

　淡水資源のうち地下水は世界の全水供給の約2割を占めており，特に表流水に乏しい乾燥・半乾燥地域では重要な水資源となっている．全世界における地下水使用量は $0.6 \sim 0.7 \times 10^3 \, \text{km}^3 \, \text{yr}^{-1}$ と見積られており，この約65%が農業用水として利用され，約15%が工業用水，約20%が生活用水として利用されている．地下水の利用は地域的にかなり偏在しており，インドと合衆国の2ヶ国が $0.1 \times 10^3 \, \text{km}^3 \, \text{yr}^{-1}$ 以上の揚水を行っている．また，乾燥・半乾燥地域であるサウジアラビアでは1975年～1985年の間に地下水利用量は3倍以上に達し，エジプトでも約3倍，チュニジアでは約2倍に達している．

　1.3.1項で記したように，地下水は循環速度が遅いため，地域の自然涵養量を超えた過剰揚水が行われると，地盤沈下や地下水の塩水化といった地下水障害が生じる．急激な都市化や穀物生産の増大に伴って，地下水の過剰揚水が世界各地で行われており，インド，アメリカ合衆国のOgallala帯水層（田瀬，2003b），中国の華北平原などではこの過剰揚水によって著しい地下水位の低下が生じており，所によっては地盤沈下が発生している．また，ドイツ，デンマーク，スペイン，イタリア，オランダ，イギリスなどの海岸平野では地下水位が海水面以下に低下し，地下水の塩水化が生じている所もある．地下水資源を持続的に利用するためには，第6章で記すように，自然の地下水涵養量を把握し，これを上回らない利用策を講ずることが必要である．

　Shiklmanov（1997）は，2025年の世界人口を約83億人と予測し，それに伴う農業・工業活動の発展，都市への人口集中に伴う生活様式の変化などを考慮して，2025年における世界の水需要予測を行っている（**図 1.5**）．世界の水需要量は着実に増加していき，2025年における全世界の水使用量は $5.19 \times 10^3 \, \text{km}^3 \, \text{yr}^{-1}$ と予測され，1995年に比較して約1.4倍の伸びが見込まれている．特に，アフリカと南アメリカでの伸びが最も大きく，それぞれ1995年の1.5倍と予測されている．用途別では生活用水の伸びが最も大きく見込まれ，全世界では1995年時点の1.8倍になると予測されている．特に，アフリカとアジア，南アメリカでの伸びが大きく見込まれ，本項で記したように，これらの地域における生活用水の水需要の増大は，発展途上国における都市への人口集中とそれに伴う生活様式が変化するためと考えられる．これに対して，農業用水の伸

びは世界全体では 1995 年の 1.3 倍と見込まれており，大陸別にみても 1.1 〜 1.3 倍の伸びにとどまると予測されている．これは，全世界の人口 1 人当たりの耕地面積は 1980 年代にすでにピークを迎え，今後はこれまで以上には耕地面積は拡大しないとの予測に基づいている．その理由として，新しい灌漑システムの導入がコスト高であること，灌漑による土壌の塩類化が進行していること，灌漑用の水供給が限界に達していること，農薬汚染などの環境問題が存在することなどがあげられる．工業用水は全世界で 1995 年の 1.5 倍が見込まれているが，地域別では南アメリカ，アジア，アフリカが 2.0 〜 3.0 倍と予測されており，21 世紀における発展途上国の工業活動が活発化することを反映している．

1.4.4　将来的に懸念される問題とその対処のための国際的な取り組み

　世界の水使用量は人口の増加とそれに伴う経済の発展，生活様式の変化などにより，これまで着実に増加しており，また水資源は地域的偏在性がきわめて高いため，すでに地球上の多くの地域において水不足の危険にさらされている．Shiklmanov（1997）は，蒸発などによって河川や湖沼に戻らない量を水消費量（water consumption）として，地域における水資源量からこの水消費量を除いた淡水資源の人口 1 人当たりの量を比水利用可能量（specific water availability）と定義し，その量を見積っている．比水利用可能量は世界全体では 1950 年の $16.8 \times 10^3 \mathrm{m}^3 \mathrm{yr}^{-1}$ から 1995 年には $7.3 \times 10^3 \mathrm{m}^3 \mathrm{yr}^{-1}$ と半分以下に減少しており，2025 年にはこの値は $4.8 \times 10^3 \mathrm{m}^3 \mathrm{yr}^{-1}$ まで減少すると見積られている．この減少割合は発展途上国が集中する地域で大きく，アジア，南アメリカでは 1/4 〜 1/5，アフリカでは 1/7 に減少する．これは，2025 年時点では世界人口の 30 〜 35％の人々が，一般的な渇水水準とされる $1.0 \times 10^3 \mathrm{m}^3 \mathrm{yr}^{-1}$ 以下の地域に住むと予想されることを反映している．こうした傾向は特に水が不足しがちな乾燥・半乾燥地域に位置する発展途上国にみられ，これらの国々では水資源が効率よく公平に利用されなければ，水不足から生活水準の低下をきたし，社会経済の発展に深刻な障害になり得ることが予想される．

　また，利用可能な水資源の量は年々の降水量の変動などによって変化し，渇水や洪水などの異常気象が利用可能量に大きな影響を与える．近年における地

球温暖化などによる気候変動が水資源に与える影響も将来的な問題として懸念されている．気候変動に関する政府間パネル（IPCC）『第4次評価報告書統合報告書』（文部科学省・経済産業省・気象庁・環境省，2007）によれば，地球温暖化による気候変動は地球規模での水循環を増大させ，地域ごとの水資源に大きな影響を与えるものであり，地下水および地表水の供給に影響を与えるであろうことを警告している（9.5節）．特定地域への地球温暖化の効果については，高緯度地域では降水量の増加に伴って河川流出量が増加する可能性があり，低緯度地域では蒸発散量の増加と降水量の減少との総合効果で流出量が減少する可能性が指摘されている．また，温暖化は融雪に影響を与え，春の流出量が減少し，冬の流出量が増加する可能性があるとされている．このように，地球温暖化などによる気候変動により，地域的・時間的に水資源量が変化する可能性が大きく，それに対する対策が急務となっている．

　これら水資源にかかわる量や供給面の問題に加えて，質的な面での問題も懸念されている．世界人口の増加，生活様式の変化に伴う生活用水使用量の増大，工業活動の発展と集約型農業の進展などによって，世界規模で河川水や湖沼水，地下水の水質の悪化が進行している．水質の汚染源の中で最も大きなものは家庭廃水に含まれる有機物であるとされ，毎年約 $0.45 \times 10^3 \, \mathrm{km}^3$ の廃水が世界の河川に流入し，発展途上国では家庭廃水の90％が処理されずに排水されていると報告されている（Shiklomanov, 1997）．このため，発展途上国においては，安全な水と良好な衛生環境が得られないために生産性や収入が減少し，国の発展に支障をきたすという状況が生じている．こうした状況を踏まえて，1980年11月の国連総会において，1981～1990年を国際水道と衛生の10ヶ年とすることが決定され，国連開発計画（UNDP）と世界保健機関（WHO）が中心となり，その推進がはかられてきた（国土庁，1999）．この10年間の取り組みによって新たに16億人に安全な水が供給されるようになり，7億5千万の人々に良好な衛生設備を供給することができたとされている．しかし，1994年時点では発展途上国の約34％の人々が安全な飲料水を欠き，46％の人が十分な衛生施設を有していないとされている．世界銀行の推計によれば，2020年には安全な水の供給を受けることのできない人の数は約20億人に達すると見込まれている（国土庁，1999）．こうした状況を踏まえて，2006年の国連総会に

おいて，2008年を国際衛生年とする決議が採択され，わが国はその主導的な役割を果たしつつある（国土交通省, 2008）．

この他にも，農業用肥料による地下水の硝酸汚染，リンによる湖沼や貯水池の富栄養化，灌漑面積の増大に伴う土壌の塩類化，また1.4.3項で記した地下水の過剰揚水による地盤沈下や地下水の塩水化などの拡大が懸念されている．これらはいずれも水環境や地盤環境の悪化をきたし，飲料水の取水など，水資源に重大な影響を及ぼす要因となっており，その拡大が懸念されている（第8章）．

水資源問題は，21世紀における人口増加に伴う食糧危機とエネルギー供給問題とともに地球規模の問題になりつつあり，需要と供給の均衡を図るために国際的な取り組みが行われている．1978年にアルゼンチンの Mar del Plata において開催された最初の国連水会議において，主として乾燥地域に位置する世界の約1/3の国が淡水資源の不足に直面していることが指摘され，これを契機として各国政府による水資源問題に関する国際的な取り組みが開始された．1992年にアイルランドの Dublin で開催された水と環境に関する国際会議では，生命，開発，環境を維持する基本的な資源である水資源の開発と管理について，すべての人々が参加した迅速かつ効果的な行動が必要であることを訴えた「水と持続可能な開発に関するダブリン宣言」が採択されている．また，1992年にブラジルの Rio de Janeiro で開催された環境と開発に関する国連会議では「アジェンダ21」が採択され，水資源に関して「淡水資源の質と供給の保護：水資源の開発、管理及び利用への総合的アプローチの適用」（United Nations, 1993, 第18章）が提案された．その後，1993年に国連に「持続可能な開発委員会（CSD）」が設立され，1998年に開催された第6回の会合では淡水管理への戦略的アプローチが取り上げられ，アジェンダ21の進捗状況のレビュー，淡水資源の持続可能な利用に向けた国際戦略が検討され，今後の行動の指針となる決議が採択された．また，近い将来地球規模で深刻化するであろう水危機に対して、情報の提供や政策提言を行うことを趣旨とした世界水会議（WWC）の第1回総会が1997年カナダの Montreal で開催されている．また，1997年にはモロッコの Marrakesh において第1回世界水フォーラムが開催され，「21世紀における世界の水と生命と環境に関するビジョン」の策定が提唱された．

2000年には国連ミレニアムサミットが開催され，2015年までに安全な飲み水を利用できない人口の割合を半減するという具体的な数値目標が掲げられた．この年，オランダのHagueにおいて第2回世界水フォーラムが開催され，世界水ビジョンが発表され，ハーグ宣言が採択されている．2002年には，南アフリカのJohannesburgにおいて持続可能な開発に関する世界首脳会議が開催され，水に加え衛生についての数値目標が明示され，水問題が世界の重点課題の1つとして認識された．また，2003年には第3回世界水フォーラムが大阪・京都・滋賀において開催され，持続可能な開発のための自立と連携による水問題の解決を謳った閣僚宣言が発表された．2004年の国連世界水の日には，国連水と衛生に関する諮問委員会の第1回会合がNew Yorkの国連本部において開催されている．さらに2006年には，国連水と衛生に関する諮問委員会の第5回会合がMexico Cityで開催され，資金調達，水事業者パートナーシップ，衛生，モニタリング，統合的水資源管理，水関連災害の各分野における具体的な行動が呼びかけられ，これらに関する行動計画が同地で開催中であった第4回世界水フォーラムにおいて発表された．2007年には第1回アジア・太平洋水サミットが別府で開催され，「水インフラと人材育成」，「水関連災害管理」，「発展と生態系のための水」の3つの優先テーマを中心に討議が行われ，水問題の解決に向けて各国政府の努力を促す「別府からのメッセージ」が発表されている．2008年には主要国閣僚会議（G8サミット）が北海道洞爺湖で開催され，水問題においても水と衛生，循環型水資源管理などについての話し合いが行われた．G8サミットで水問題が取り上げられたのは，2003年のエイビアンサミット以来2回目である（国土交通省，2008）．

　以上のように，水資源や衛生問題に関する政府間交流や国際会議などが積極的に行われており，これらの取り組みには先進国はもとより発展途上国も多数参加している．わが国においても今後の水資源問題に関する国際行動に対してより積極的に取り組むことが求められている．

第2章 エネルギーと水循環

　第1章で述べたように，地球上の水循環を駆動しているのは太陽エネルギーである．太陽から放射によりもたらされるエネルギーは，大気中や地球表層でさまざまな形に変換されるが，その一部が水循環に利用されているのである．本章ではこの太陽エネルギーの変換過程，その地表面における分配過程を表すエネルギー，熱，水収支の関係，そして大気中の水蒸気についての基礎理論を扱う．本章で扱う内容と密接に関係する降水は第3章の，蒸発過程は第4章の話題である．

☞『水文学』2章「大気中の水：下部大気の流体力学」，4章「蒸発」．

2.1 地球のエネルギー収支

2.1.1 太陽エネルギーと地球システム

　水循環のエネルギー源はほぼすべてが太陽起源である．太陽から地球に向けて放射エネルギーが到達し，地球システム内ではそのエネルギーがさまざまに方向，形を変えて利用されている．

　地球大気外において太陽光線と垂直な面に到達する単位面積，単位時間当たりのエネルギーを太陽定数 R_{so} ($= 1368 \pm 1$ W m^{-2} ($=$ J s^{-1} m^{-2}), Raschke and Ohmura, 2005 など）とよぶ．一方，大気上端の水平面に対するエネルギーである大気外日射量（extra-terrestrial radiation）R_{se} は，地球の地軸が傾いておりまた地球が自転と公転をしていることから地球上でその分布は一様ではなく，時刻，緯度・経度，季節によって変化する．地球上の任意の地点におけるある瞬間の R_{se} は

$$R_{se} = R_{so}(d_{so}/d_s)^2 \cos\beta$$
$$= R_{so}(d_{so}/d_s)^2(\cos\phi\cos h\cos\delta + \sin\phi\sin\delta) \qquad (2.1)$$

で与えられる．ここで，d_{so}/d_s：太陽と地球間の平均距離に対する瞬間値の比，β：天頂距離，ϕ：緯度，h：太陽の時角で $h=0$ が地方太陽時の正午を表す．δ は太陽赤緯である．日平均値の最大値は夏至の北極圏に現れ $R_{se} = 500$ W m^{-2} 以上になるのに対し，同地域では冬季に $R_{se} = 0$ W m^{-2} となる期間が存在する．また，d_{so}/d_s が1月に最小，7月に最大になるため，南半球と北半球の R_{se} の分布は赤道に対して必ずしも対称とならない．しかし，d_{so}/d_s の年間を通しての変化幅はたかだか $0.9833 \leq (d_{so}/d_s) \leq 1.0167$ 程度であるので，比較的狭い範囲を対象とする水文解析では $d_{so}/d_s = 1.0$ とおいて差し支えない．地球全体としての R_{se} の平均は，地球の平均半径を r とすると，$\overline{R_{se}} = \pi r^2 R_{so}/4\pi r^2 = R_{so}/4$ $= 342$ Wm^{-2} と求めることができる．

　大気外日射のすべてが地球システムで利用できるわけではない．その一部は反射され宇宙空間へと戻っていく．入射した日射のうちの反射される割合をアルベド（albedo）とよび，地球の惑星アルベドは地球全体では30％程度で，平均的には陸上で大きくまた高緯度ほど大きい．海上では雲の有無で大きくその値は異なり，雲量が大きければアルベドは高くなる．

2.1.2　大気圏でのエネルギー分配と吸収，反射：放射伝達

　大気圏に入った日射は，地表面に届くまでに大気による吸収，散乱の影響を受ける（図2.1）．吸収は日射の放射エネルギーが大気の熱エネルギーに変換されることで生じ，放射としてのエネルギー量は減少する．散乱は，放射の進行方向が大気中の分子や雲粒などによって変えられる現象である．放射エネルギーの総量には変化はないが，進行方向のエネルギー量としてみると減衰したことになる．散乱した後に地表面に届く日射を散乱日射，それ以外の太陽から直接地表面に届く日射を直達日射とよぶ．図2.2 は快晴時の大気外と地表面における日射エネルギーを波長に対して表してある．図から散乱が短波長側に偏りがあるもののほぼ全波長にわたって生じるのに対し，吸収は大気中に存在する水蒸気や二酸化炭素などの吸収分子特有の波長で生じていることがわかる．

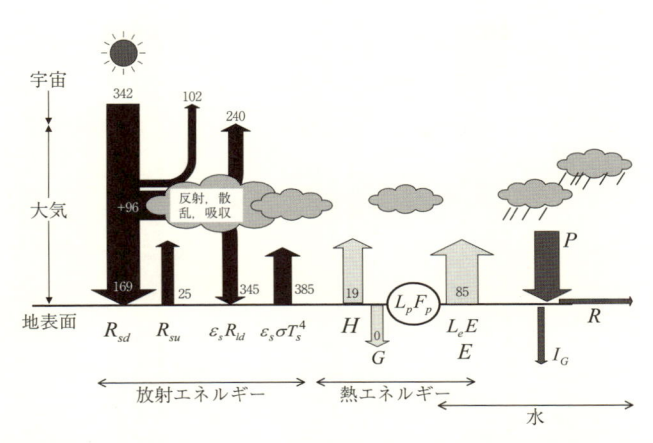

図 2.1 大気と地表面におけるエネルギーと水の分配．各成分は式 (2.5)，(2.11)，(2.16) に示されている．矢印の向きは陸面上の日中の典型的な状態を表している．数字は Ohmura and Raschke (2005) による観測データから推定された地球全体での平均フラックス ($W\,m^{-2}$) である．G は年平均，地球平均なのでゼロとなることに注意．また上の値から地球全体の R_n の平均が $104\,W\,m^{-2}$ 程度であることがわかる．大気の収支としては，短波が $+96$，長波が -200 ($= 385-345-240$) となり全体としては -104 と放射により冷却されているが，この冷却分が地表面からの顕熱と潜熱によって釣り合っている．

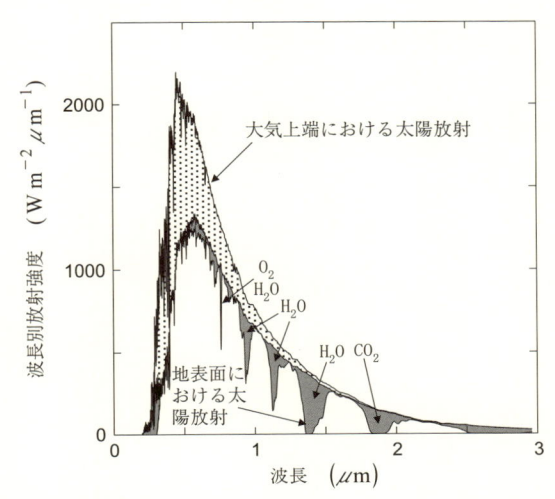

図 2.2 大気上端と地表面における快晴時の波長に対する日射エネルギー強度の分布．太陽が天頂にあるとして，標準大気 (図 2.3)，エアロゾルモデルとして Rural を，視程 23 km として放射計算プログラム LOWTRAN 7 (Kneizys *et al.*, 1988) により求めた結果．■ 記号を付した部分が散乱による減衰，灰色で塗りつぶした部分が水蒸気，二酸化炭素など大気中に存在する吸収物質特有の波長における吸収による減衰を表している．

全波長でみると，大気外日射量 R_{se} に対する地表面における日射量 R_{sd} の割合は地球全体の平均で 50％程度であるが，雲の有無，水蒸気量などの多寡や地表面標高などにより大きく異なる．たとえば，つくばでは日平均値としてみても，10～70％程度の間で日々変化している．

　一方，大気で吸収された日射エネルギーは，熱エネルギーに変換され大気の温度を上昇させる．一般に物体は，その表面温度の関数である放射エネルギーを放出しており，ウィーンの変位則（Wien's displacement law）が放射スペクトル強度のピーク波長を，プランク関数（Planck's function）が関数型と波長ごとの放射強度を与えている．大気の温度は鉛直方向には図 2.3 のような分布を示すが，大気各層はその温度に応じた放射エネルギーを射出する一方，他の層からの放射エネルギーを吸収し，わずかではあるが散乱も生じている．このような放射エネルギー伝達にかかわる一連の過程を放射伝達とよび，地表面には前述の日射エネルギーのほかに，大気全体の放射伝達の結果としてもたらされる長波放射（long-wave radiation）が到達する．長波という名称は，日射の波長に比べて，地球システム起源の放射の波長が長いことに由来し（図 2.4），日射（solar radiation）は短波放射（short-wave radiation）とよばれる．大気および地球表層の温度分布の範囲と太陽の温度が大きく異なることにより，3～4 μm を境にしてほぼ重なりのない 2 つの放射分布が形成されているのである．

2.2　地表面でのエネルギーと水の分配

2.2.1　放射収支

　表面温度 T_s（K）の物体から射出される放射の強度 R_l（W m^{-2}）はステファン・ボルツマンの法則（Stefan-Bolzmann's law）により

$$R_l = \varepsilon_s \sigma T_s^4 \tag{2.2}$$

で与えられる．ここで，σ はステファン・ボルツマン定数（$=5.6704\times10^{-8}$ Wm^{-2} K^{-4}），

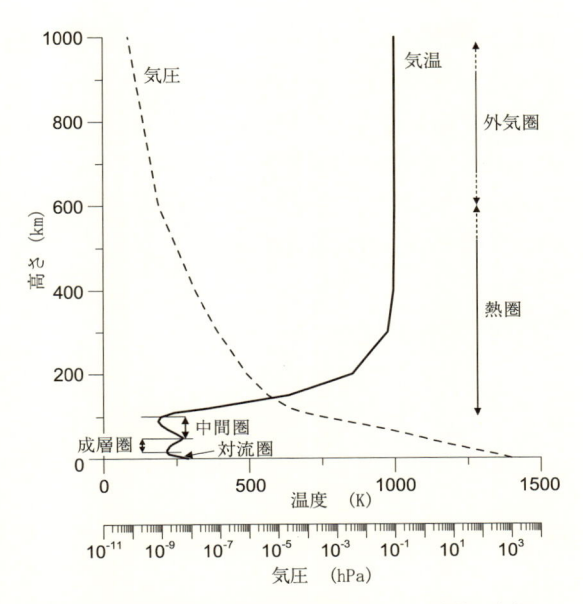

図 2.3 大気の構造．気温と気圧の値として，実際の大気の平均状態を近似している 1976 年版の標準大気を示してある．

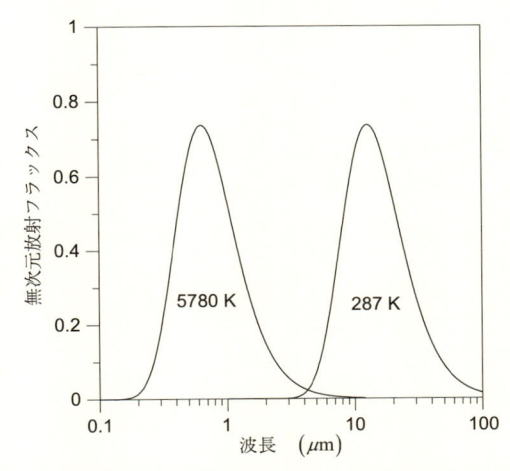

図 2.4 短波と長波の波長に対する無次元放射フラックスの分布．縦軸の値は，まず太陽と地球表面をそれぞれ 5780 K と 287 K の温度をもつ黒体と仮定して射出される放射フラックスをプランク関数で計算し，さらに短波と長波の図の大きさを等しくするために，ステファン・ボルツマンの法則で求められる短波と長波の全放射量で除すことで無次元化してある．

ε_s は表面の放射率（射出率，emissivity）で，式（2.2）から，地表面温度と上向きに射出される長波放射量 R_{lu} の関係も得られる．たとえば，ε_s=1.0 とすると，T_s=293 K の時 R_{lu}=418 W m^{-2}，T_s=273 K の時 R_{lu}=315 W m^{-2} 程度である．さまざまな地表面の典型的な放射率の値を表 2.1 に示す．また，大気から地表面に向かう下向き長波 R_{ld} も同様にして式（2.2）で表すことができる．このとき，T_s, ε_s はともに大気の見かけ上の温度，射出率となる（式（2.8）〜（2.9）参照）ことに注意．

地表面の放射収支（radiation balance）は

$$R_n = R_{sd} - R_{su} + R_{ld} - R_{lu} \tag{2.3}$$

で表される．ここで，R_s：短波放射（日射），R_n：正味放射（net radiation）で，添え字の d, u はそれぞれフラックスの下向き，上向きを表している（図 2.1）．式（2.3）の単位として，一般に時間値など比較的短時間に対する収支を扱う場合には，平均値（W m^{-2}）を使い，日総量などを対象とする場合は，積算値（MJ m^{-2} d^{-1} など）を用いる．また

$$\alpha_s = R_{su}/R_{sd} \tag{2.4}$$

は地球全体の惑星アルベドと同様に地表面のアルベドとよばれ，入射してくる短波放射と出ていく短波放射の比，すなわち反射率であるが，反射率はある狭い波長範囲に対して，また直達成分のみに対して用いられる場合が多い．さまざまな地表面の典型的なアルベドの値を表 2.1 に示す．一方，入射してくる長波放射 R_{ld} の一部は反射され，上向きの成分 $(1-\varepsilon_s)R_{ld}$ となる．以上を考慮すると式（2.3）は

$$\begin{aligned}&R_{sd} - R_{su} + R_{ld} - R_{lu}\\&= (1-\alpha_s)R_{sd} + R_{ld} - [\varepsilon_s \sigma T_s^4 + (1-\varepsilon_s)R_{ld}]\\&= (1-\alpha_s)R_{sd} - \varepsilon_s \sigma T_s^4 + \varepsilon_s R_{ld} = R_n\end{aligned} \tag{2.5}$$

表 2.1 主な地表面の射出率とアルベド．オーク (1981)，近藤 (2000)，Brutsaert (2008) などによる．

地表面の種類	射出率 ε	アルベド α_s
裸地（有機物の多い土壌面）	0.95〜0.97	0.05〜0.35
（鉱物質の砂質土）	0.97〜0.98	
草地	0.97〜0.98	0.15〜0.3
森林	0.96〜0.99	0.05〜0.25
雪面（古い雪〜新雪）	0.82〜0.99	0.4〜0.95
水面（小天頂角〜大天頂角）	0.92〜0.99	0.03-0.1〜0.1-1.0

と書き換えられる．結局，地表面での吸収率が射出率と等しいので，R_{ld} に ε_s を乗じた分が地表面が受け取る長波放射となるのである．

　図 2.5 は草原上で夏の快晴日に測定された放射収支各項の日変化を示している．日の出とともに日射が正に転じ日中の地表面のエネルギー源となっている様子がわかる．一方，長波放射は日射と比較すると 1 日を通した変化は小さく，ほぼ常に出ていくエネルギーが入ってくるエネルギーより多い．すなわち，地表面温度が大気の見かけの温度より高いことがわかる．放射収支として決まる正味放射（式 (2.3)）の日変化は日射の変化とよく似ていることがわかる．し

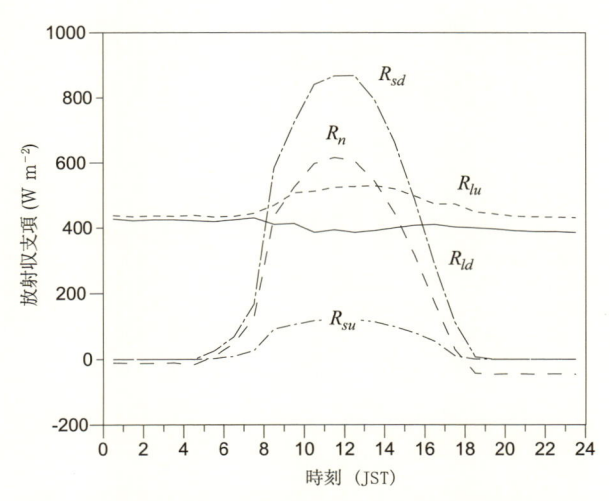

図 2.5 放射収支各項の日変化の例．筑波大学陸域環境研究センター（つくば市）において夏の晴天日に草原上で行われた観測結果．

かし，夜間については，長波放射の収支の結果として負の値を取る．

式 (2.3) の R_{sd} と R_{ld} は狭い地域内であれば，地表面の状態にかかわらず一定である．一方，R_{su}，R_{lu} および R_n は地表面により大きく異なる．**図 2.6〜2.8** は近接したさまざまな地表面被覆上で測定されたこれらの放射量を比較している．日中，絶対値としては R_{su} は R_{lu} に比べて小さいので，R_{su} の地点間の差異は絶対値としては比較的小さいものの，アルベドの大小がこのような違いをもたらしている．一方，長波放射は式 (2.2) からわかるように，主に地表面温度の差異を反映しており，地点間の差が大きい．図の中で最も大きいのが駐車場のアスファルト面で，夜間でも大きな値を有しているのがわかる．一方，水田は水が張ってある分温度が低く，R_{lu} は小さい．このような R_{su} と R_{lu} の違いが最終的に R_n の違いをもたらしており，一般に森林で大きく，草原で小さめとなる．

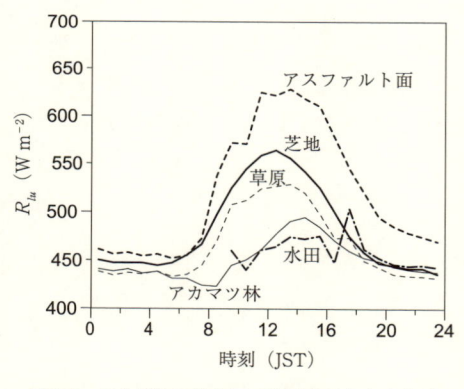

図 2.6 さまざまな地表面で観測された上向き長波放射量の日変化．**図 2.5** と同一日の観測．すべてつくば市内での観測で，アカマツ林（細い実線），草原（細い点線），アスファルト面（点線），芝地（太い実線），水田（一点鎖線）である．

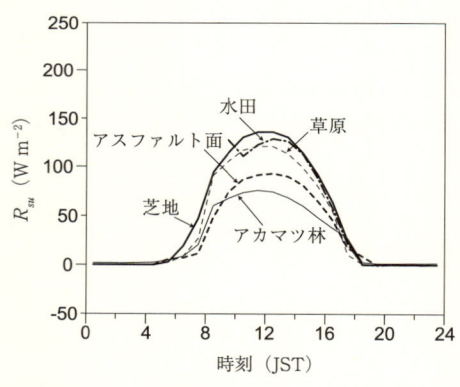

図 2.7 さまざまな地表面で観測された上向き短波放射量の日変化．記号と観測場所，日時は**図 2.6** と同じ．

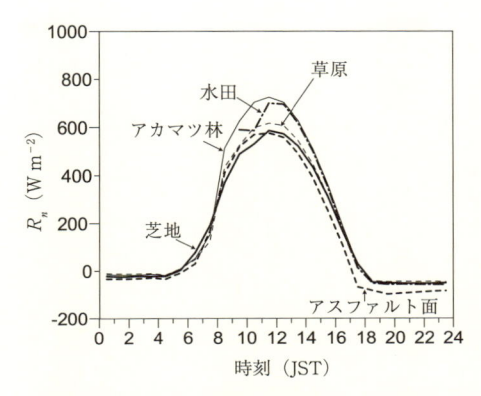

図 2.8 さまざまな地表面で観測された正味放射量の日変化．記号と観測場所，日時は図 2.6 と同じ．

2.2.2 放射の測定と推定

水文解析のためにしばしば必要となる放射にかかわる値として，地表面上の正味放射量，短波放射量（日射），アルベドの3つをあげることができる．測定を行うためには，正味放射計や日射計などを用いる．図 2.9 は正味放射計の一例である．測定器の上側と下側にそれぞれ2つの放射計がついている．一方が長波放射を，もう一方が短波放射を測定するためのもので各放射計には図 2.4 に示された長波，短波のそれぞれの波長範囲のみを透過するようなフィルターがつけられており，センサー部には R_s と R_l のみが入射するように設計されている．この測定器からは，式 (2.3) 右辺の各項が求まり，これらから R_n を算出する．この他にも，短波，長波を含む全波長を1つのドームで測定するタイプもあるが，精度としては各成分を別々に測定する図 2.9 のタイプの方がよい．日射計は，短波放射を測るドームが1つだけある測定器である．アルベドメータは日射計を上下につけて式 (2.4) を評価する測定器である．水文解析のためには，その目的に応じてこれらの測定器から選択して測定する．

一方，測定器による放射測定はデータの記録やドームの汚れを定期的に清掃する必要性などを考慮すると必ずしも容易ではない．また研究目的を除くと気象官署などでルーチン的に測定が行われていることはほとんどなく，既存のデータを利用することは通常できない．このため，放射量を推定する方法が過去

図 2.9 正味放射計の一例.

多く研究され，精度の問題は残るものの，測定値を利用できない場合に用いられてきた．

日射量の推定は，式 (2.1) を用いて任意の地点に対して算出できる大気外日射量 R_{se} と気象官署の観測値が比較的多い日照時間 n を利用する場合が多い．たとえば可照時間 N との比である日照率 n/N を用いた

$$Q_{sd} = Q_{se}[a + b(n/N)] \qquad (2.6)$$

では，Q_{sd}, Q_{se} をそれぞれ地表面日射量 R_{sd} および大気外日射量 R_{se} の日積分または日平均値とすると，a および b は実験的に決められる係数である．$a = 0.25$, $b = 0.50$ 程度であることが，世界各地での研究から得られている (Brutsaert, 2008)．日本国内については，近藤ほか (1991) が仙台管区気象台の回転式日照計データを利用して $0 < n/N \leq 1$ の範囲で $a = 0.244$ および $b = 0.511$，$n/N = 0$ の時に $a = 0.118$ および $b = 0$ を求めている．その他の報告については榧根 (1980) に詳しい．日照率 n/N の測定値はないが雲量 m_c が利用できる場合

$$a(n/N) + b\, m_c = 1 \qquad (2.7)$$

により換算することができる．a および b は実験的に決められた係数で，日本とオランダでの研究から平均として a = 1.1 および b = 0.85 が得られている（Brutsaert, 2008）．

ある瞬間の下向き長波放射量 R_{ld} は，長波放射の吸収に大きな影響をもつ水蒸気量の大気中の鉛直分布がわかると放射伝達の方程式から算出することができる．このようなデータは世界各地でラジオゾンデを用いて測定されている．また最近では衛星を利用したある程度の精度を有する推定値も得られる．しかし，そのようなデータがいつでも利用できるとは限らないこと，また水文学的な目的では多くの場合それほど高い精度は要求されないので，地表面上の水蒸気圧や温度の関数として求められている実験式や半理論式で十分な場合が多い．たとえば，快晴時の下向き長波放射 R_{ldc} を求める Brutsaert（1975）の半理論式は

$$R_{ldc} = \varepsilon_{ac} \sigma T_a^4 \tag{2.8}$$

$$\varepsilon_{ac} = a(e_a/T_a)^b \tag{2.9}$$

で与えられる．ここで，ε_{ac}：大気の見かけの射出率，T_a：地表面近くの気温（K），e_a：地表面近くの水蒸気圧（hPa），a および b は実験的に決められた係数で，標準大気について a = 1.24 および b = 1/7 が得られている．大気プロファイルが異なるとこれらの値は変化することが知られている．これまでの研究が Brutsaert（2008）にまとめられているので，対象とする地域に近い地域，あるいは地理的条件が似かよった地域で得られた係数を利用する．曇天時には雲の影響を考慮する必要があり，たとえば

$$R_{ld} = R_{ldc}(1 + a\, m_c^b) \tag{2.10}$$

を利用できる．a および b は実験的に決められた係数であり，Sugita and Brutsaert（1993）は米国カンザス州での春から秋にかけての観測値を用いて，雲の種類ごとに a, b の値を決めている．また，雲の種類を考慮しない場合，平均として a = 0.0496 および b = 2.45 がよい結果を与えている．

近藤（2000）は，快晴時，雲がある場合（上層雲，中層雲，下層雲），降雨・降雪時それぞれについて ε_{ac} を気圧補正した大気全体の水蒸気量（有効水蒸気量）から求める式を示している．有効水蒸気量はラジオゾンデのデータや地上水蒸気圧から日平均値として推定できる．これを式（2.8）で用いることで R_{ld} の日平均値を推定できる．

2.2.3 熱収支と水収支

熱収支（energy balance）は，放射収支の結果決まる正味放射 R_n が地表面で何に使われているのかを表している．植生地を例として考えよう．地面を下端，上端を植物群落上のある高さに取った単位面積のカラムを考え，その熱の出入りを式で表す熱収支式は以下のようになる．

$$R_n - L_eE - H + L_pF_p - G + A_h = \frac{\partial W}{\partial t} \tag{2.11}$$

ここで，H：気温の上昇，下降とかかわる顕熱フラックス（sensible heat flux），L_eE：水の蒸発（第4章）に使われる潜熱フラックス（latent heat flux），L_e：水の蒸発に必要な潜熱，E：蒸発量，G：地温の上昇，下降にかかわる地中熱流量（soil heat flux），L_pF_p：植物の光合成に使われるエネルギーで，F_p：二酸化炭素フラックス，L_p：単位二酸化炭素量の固定に必要なエネルギー量，A_h：単位面積当たりの移流による正味の熱流入，$\partial W/\partial t$：地表面から R_n の測定高度までの大気カラムの貯熱量変化である．一般に L_pF_p は R_n の数％程度で無視されることが多い．また，水平一様な地表面では $A_h = 0$ とおける．$\partial W/\partial t$ は森林，あるいは日の出，日没時を除けばその寄与は小さい（式（4.1））．式（2.11）は放射収支同様に，時間値といった比較的短時間の現象に対しては平均値（W m^{-2}）が，日総量などに対しては積算値（MJ m^{-2} d^{-1} など）が用いられることが多い．なお，温度 T が氷点下で蒸発面が凍っている場合，大気上層でしばしば生じる過冷却な液相の水からの蒸発を除くと，水の気相への相変化は固相の氷からの昇華（sublimation）として生じるので，この場合，式（2.11）の L_e を昇華の潜熱 L_s に置き換える必要がある．L_s は L_e と融解の潜熱 L_f の和として与えられる．

■ **大気の水蒸気輸送の計算に用いられる定数値や便利な式**

蒸発の潜熱 L_e (J kg^{-1}) は前述のとおり，水が気化するのに要するエネルギーであるが，雲の形成時などに水蒸気が凝結する場合には，同量のエネルギーが放出される（第3章）．このエネルギー量を与える実験式として，気温 T（℃）の1次式

$$L_e = a + bT \tag{2.12}$$

を通常利用する．各係数の値は，たとえば Fritschen and Gay (1979) の式では，$a = 2.50025 \times 10^6$，$b = -2.365 \times 10^3$ である．融解の潜熱 L_f も実験値を1次回帰式にあてはめた

$$L_f = a + bT \tag{2.13}$$

を用いて計算する．たとえば List (1951) の $-50 \sim 0$℃ で 10℃ 間隔で与えられる L_f 値と温度 T の表からは $a = 3.37 \times 10^5$，$b = 2.58 \times 10^3$，Dorsey (1940) の $-20 \sim 0$℃ の 5℃ 間隔の表からは $a = 3.32 \times 10^5$，$b = 4.63 \times 10^3$ が求まる．空気密度は湿潤空気の状態方程式 (2.27) または式 (2.27) から導出される

$$\rho = \rho_d \frac{T_0}{(T+T_0)} \frac{p}{p_s} (1 - 0.378 \frac{e}{p}) \tag{2.14}$$

などの式から計算できる．ここで p：気圧（hPa），p_s（= 1013.25 hPa）は地上気圧，e：水蒸気圧（hPa），ρ_d：地上気圧 p_s，温度 $T_0 = 273.15$ K における乾燥空気密度（= 1.293 kg m^{-3}）である．また，水蒸気密度 ρ_v とすると，$\rho = \rho_d + \rho_v$ である．定圧比熱には弱い温度と水蒸気量への依存性があるが，地表面付近ではおおむね $c_p = 1005$ J kg^{-1} K^{-1} としてよい．

図 2.10 は夏の晴天日に草地上で観測された熱収支項の日変化の例である．放射収支項の日変化を示す図 2.5 と比較すると，R_n，G，H，L_eE の各成分ともに R_{sd} の日変化とよく似た変化をすることがわかるが，これは熱収支のエネルギーの源が太陽であることから当然である．R_n の各成分への分配の様子は，地表面の状態で異なる．図 2.11 ～ 2.13 は5種類の地表面上で同時期，同地域で観測された G，H，L_eE の比較である．地表面により大きな違いが現れているのがみてとれる．たとえば，駐車場では蒸発がないため L_eE は常にゼロで

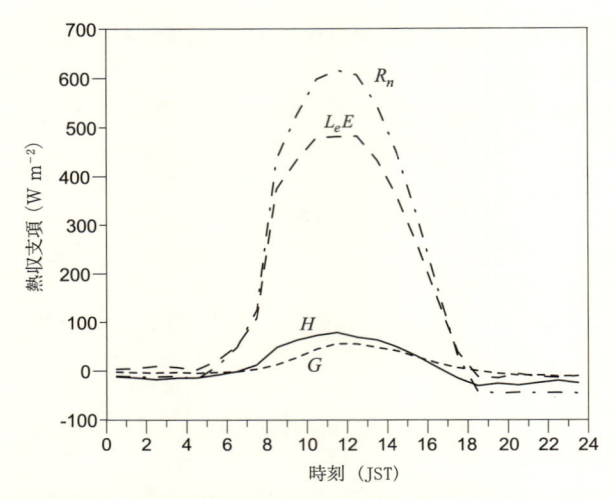

図 2.10 熱収支各項の日変化観測例．筑波大学陸域環境研究センター（つくば市）において夏の晴天日（**図 2.5** と同一日）に草原上で行われた観測結果．

あり，代わりに日中地中熱流量 G が非常に大きくなっているのがわかる．また顕熱フラックス H が夜間でも正であり，気温が夜間でも低くなりにくいという都市特有の現象を引き起こす．この様に，地表面が異なると熱の分配の様子が異なり，その結果その地域の気候形成にも影響を与えることになる．世界的にみると，たとえば砂漠は駐車場と似て L_eE がゼロか非常に小さく，結果として大きな H が砂漠の気温を高めることになる．大きな湖沼や海洋では水田と似て L_eE が大きく H は小さくなりやすい．このような R_n の分配の様子の違いは，実は地表面の乾湿の状態を反映している．乾燥している地表面は相対的に H が大きく，逆に湿潤な地表面では，L_eE が相対的に大きい．このような乾湿を表す指標としてボーエン比（Bowen ratio）

$$Bo = H/L_eE \tag{2.15}$$

を定義すると有用である．ボーエン比は砂漠や乾燥した裸地では大きくなり，植生のある湿潤な地域や水面上では逆に小さくなる傾向にある．Bo はまた，熱収支式（2.11）と組み合わせることで蒸発量を測定するのにも用いられる

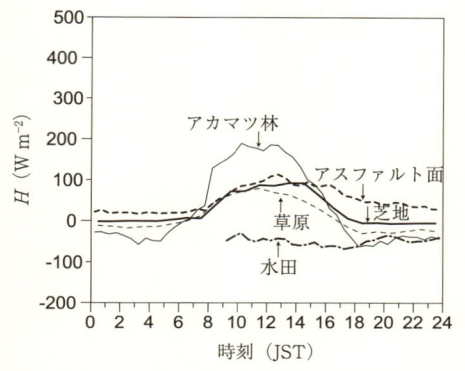

図 2.11 さまざまな地表面で観測された顕熱フラックスの日変化. 図 2.10 と同一日. すべてつくば市内での観測で, アカマツ林（細い実線）, 草原（細い点線）, アスファルト面（点線）, 芝地（太い実線）, 水田（一点鎖線）である.

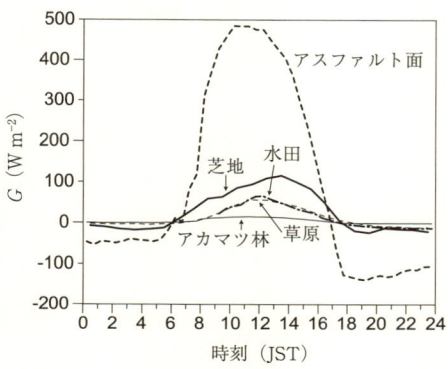

図 2.12 さまざまな地表面で観測された地中熱流量の日変化. 記号と観測場所, 日時は図 2.11 と同じ. 水田の場合, G には水田上の水体への伝導熱フラックスが含まれている.

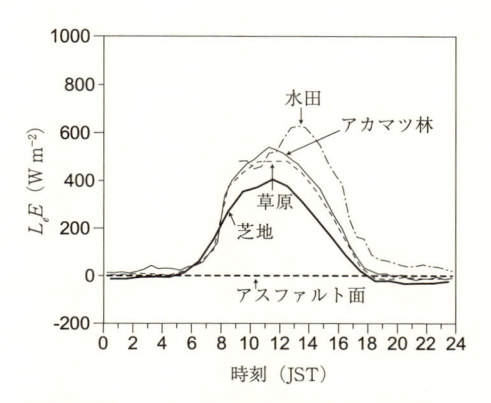

図 2.13 さまざまな地表面で観測された潜熱フラックスの日変化. 記号と観測場所, 日時は図 2.11 と同じ.

(4.3.3 項).

さて, 水循環を扱う上で放射収支や熱収支が大事なのは, 前述したようにほぼすべての水循環のエネルギー源が太陽起源であり, その地球システム内での変化, 分布が水循環の様相に大きな影響を与えるからである. また, これに加えて, 直接的には蒸発が水収支と熱収支の両者に共通な要素である（図 2.1）

ことから，両者に相互の依存関係があることが重要な点である．地表面での水収支式は

$$P = E + I_G + R \tag{2.16}$$

で表される．ここで P：降水量，I_G：地中への浸透量，R：地表（表面）流出量である．蒸発そのものの源は降水であるが，蒸発を引き起こすエネルギー源は太陽である．地表面での水の分配の詳細については第5章で扱っている．

2.3　大気中の水蒸気

2.3.1　大気の構造と水蒸気輸送

　大気は地表面から高度 1000 km を超える範囲に広がっているが，主にその温度分布によって鉛直方向に5つの層に分類される（**図 2.3**）．このうち，地表面に最も近い 10 km 程度までの層を対流圏とよび，平均的には気温は上層ほど低くなっている．これに対して，対流圏の上に地上 50 km 程度までに位置する成層圏では，気温は上層ほど高くなっている．名前のとおり，対流圏では上下の空気の混合が盛んであるのに対し，成層圏では大気が安定状態（2.3.3項）にあり層構造をなすため，上下の交流が少ない．成層圏の上には，中間圏，熱圏，外気圏が存在するが，水循環にとって重要なのは主に対流圏である．**図 2.14** に示すように，水蒸気量の鉛直分布は，水蒸気が蒸発として放出される地表面に最大値があり，高度が高くなるに従って急激に減少し，対流圏上端ではほぼゼロとなる．したがって水文科学が直接的に扱う領域の上限は多くの場合対流圏の上端である．

　水蒸気の量を表す方法として，しばしば水蒸気圧 (e)，混合比 (m)，比湿 (q)，絶対湿度 (a)，相対湿度 (r)，露点温度 (T_d)，飽差などが使われる．**図 2.14** に地球上のさまざまな地域で測定された水蒸気プロファイルをいくつかの異なる単位で表してある．

　水蒸気圧（(water) vapor pressure, e）は，混合気体である空気中の水蒸気

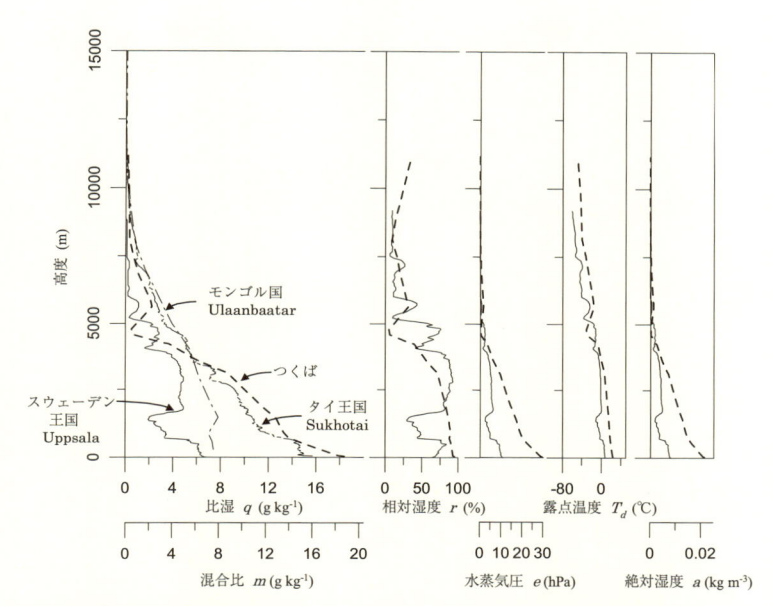

図 2.14 水蒸気量の鉛直分布．各地点でのラジオゾンデによる 8 月の観測例．左の図は 4 地点の比湿 q，混合比 m のプロファイル，右側の図は，左から順に相対湿度 r，水蒸気圧 e，露点温度 T_d，絶対湿度 a の 2 地点での観測値で，左の図と同様，実線はスウェーデン王国 Uppsala，点線はつくばでの値である．

の分圧（hPa）である．混合比（mixing ratio, m）は湿潤空気中の水蒸気質量と残りの乾燥空気の質量の比（kg kg^{-1}）で，それぞれの密度を用いて

$$m = \rho_v / \rho_d \tag{2.17}$$

と定義される．

比湿（specific humidity, q）は水蒸気の質量とその水蒸気質量を含む湿潤空気の質量との比（＝単位質量の大気中に存在する水蒸気質量）（kg kg^{-1}）であり，混合比と同様に

$$q = \rho_v / \rho \tag{2.18}$$

2.3 大気中の水蒸気

で与えられる．m と q は，絶対値が小さいため 10^3 倍して（$\mathrm{g\,kg^{-1}}$）を単位とする場合が多い．また，m と q は水蒸気圧 e と

$$m = 0.622e/(p-e) \tag{2.19}$$
$$q = 0.622e/(p-0.378e) \approx 0.622e/p \tag{2.20}$$

の関係にある．一方，m と q の間には，式（2.17）と式（2.18）から

$$m = q/(1-q) \text{ および } q = m/(1+m) \tag{2.21}$$

の関係があることがわかる．式（2.20）の近似は，水文科学で対象とする地表面近くではほぼ常に成り立つ．p = 1000 hPa，e はたかだか 30 hPa 程度（図 2.14）なので $0.378e/p$ が 1% 程度にしかならないためである．

絶対湿度（absolute humidity, a）は単位体積の大気中にある水蒸気の質量（= 水蒸気密度 ρ_v）（$\mathrm{kg\,m^{-3}}$）である．空気密度 ρ，乾燥空気密度 ρ_d を用いると

$$a = \rho_d m = \rho q = 0.2167e/T \tag{2.22}$$

である．係数の 0.2167 は e，T の単位として hPa，K を採用したときの値である．

相対湿度（relative humidity, r）は，水蒸気圧（e）と飽和水蒸気圧（saturation vapor pressure, e^*）の比

$$r = e/e^* \tag{2.23}$$

で，通常 % の単位で表現する．飽和水蒸気圧とは，大気中の単位体積中の空間に含まれうる水蒸気量の上限値で，温度の関数である（図 2.15）．

■ e^* の算出

Goff and Gratch（1946）の式またはこれに基づいて作成された数表が標準値とし

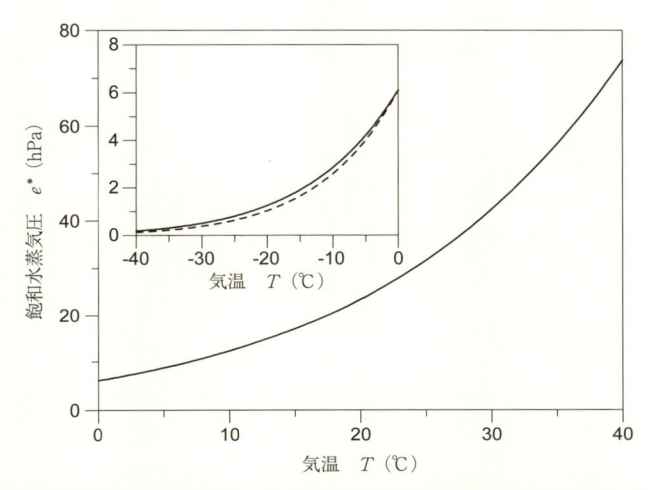

図 2.15 飽和水蒸気圧曲線．気温(℃)と飽和水蒸気圧(hPa)の関係を飽和水蒸気圧曲線とよぶ．氷点下の気温に対しては，水面上の値（実線）e^* と氷面上の値（点線）e_i^* を挿入図に示した．

て利用されてきたが，利用しやすい多くの近似式も提案されている．精度には大きな差はない．その中でも単純な温度 T（℃）の関数として e^*（hPa）を与える

$$e^*(T) = c \exp\left(\frac{aT}{T+b}\right) \tag{2.24}$$

の形の式は，August（1828）によりおそらく初めて提案され，その後多くの研究者によって定数 a, b, c の値が決められてきた．たとえば，Tetens（1930）によると水面上の e^* に対しては $a = 7.5 \times \ln(10)$，$b = 237.3$，$c = 6.107$ である．氷面上の飽和水蒸気圧 e_i^* の場合，式（2.24）で e^* を e_i^* と置き換え，$a = 9.5 \times \ln(10)$，$b = 265.5$，$c = 6.107$ とする．最近では，Bolton（1980）により $-35℃ \leq T \leq 35℃$ の範囲で 0.3%の精度で e^* を与えるとした $a = 17.67$，$b = 243.5$，$c = 6.112$ が提案されている．

露点温度（dew point temperature, T_d）は湿潤空気が冷やされたときに，初めて飽和に達する温度であり，水蒸気圧とは

$$e = e^*(T_d) \tag{2.25}$$

の関係にある．飽差（vapor pressure deficit）は飽和水蒸気圧と水蒸気圧の差（$= e^* - e$）として定義される．

■ 気圧と測高公式

鉛直成分の運動方程式で，コリオリ力，摩擦力，鉛直加速度を含んだ項が無視できるとしたときに得られる静力学の式

$$\frac{\partial p}{\partial z} = -\rho g \tag{2.26}$$

に湿潤空気の状態方程式

$$\rho = \frac{p}{R_d T}\left(1 - 0.378\frac{e}{p}\right) \approx \frac{p}{R_d T(1 + 0.61q)} = \frac{p}{R_d T_v} \tag{2.27}$$

を代入し，$z = 0$ の気圧を p_s として，高度 z（気圧 p）まで積分すると

$$\int_{p_s}^{p} \frac{dp}{p} = -\frac{g}{R_d}\int_0^z \frac{dz}{T_v} = \ln\frac{p}{p_s} \tag{2.28}$$

が得られる．ここで T_v（$= (1 + 0.61q)T$）は仮温度（virtual temperature）で，湿潤空気が同温，同密度の乾燥空気に置き換えられたときに取るべき温度である．大気の安定度や浮力を議論する場合，気温の成層状態に加えて水蒸気の成層が影響をもつので，厳密には気温ではなく仮温度を用いて議論するのがよい．g は重力加速度，R_d は乾燥空気の気体定数（$= 287.04 \text{ J kg}^{-1}\text{K}^{-1}$）で，仮温度が高さ方向に一定であると仮定すると，式（2.28）の積分の結果

$$z = \frac{R_d T_v}{g}\ln\frac{p_s}{p} \tag{2.29}$$

が得られる．また，仮温度の高さに対する減率 $\frac{dT_v}{dz} = -\Gamma_v$ を積分範囲で一定とし，地表面付近の温度を T_s とすると

$$z = \frac{T_s}{\Gamma_v}\left[1 - \left(\frac{p_s}{p}\right)^{(-\Gamma_v R_d/g)}\right] \tag{2.30}$$

が得られる．たとえば式（2.29）から $T_v = 290 \text{ K}, z = 200 \text{ m}, p_s = 980 \text{ hPa}$ とすると，地上 200 m の気圧は，$p = 957 \text{ hPa}$ である．おおむね，10 m の上昇で 1 hPa の気圧減少があることを知っていると便利である．

2.3.2　大気境界層と大気乱流

　地表面の影響を強く受けた大気の下層部分を大気境界層（ABL, atmospheric boundary layer）または単に境界層とよび，典型的には温帯の陸面上で日中に地上数 km 程度の高さにまで発達する（図 2.16）．境界層内では，流れにかかわるほとんどの現象の水平方向のスケールが鉛直スケールに比べてはるかに大きい．たとえば，地表面直上 $10^0 \sim 10^1$ m の高さ範囲において，日中気温が鉛直方向に数度から時として 10℃ 程度まで変化することがしばしば観測される．一方，同じ高さの水平方向でこのような気温の違いが生じるのは，陸域から海洋といった極端な地表面の変化や前線の存在，局所的な現象を除けば，km のスケールでは稀で，通常 10 km 以上のスケールでしか生じない．このため物理量の水平勾配を無視することができ，したがって，しばしば境界層内の現象を取り扱う際には，鉛直 1 次元のみを考えれば十分である．

　大気境界層の典型的な構造を図 2.17 に示す．境界層は地表面直上から順に界面層（interfacial sublayer），遷移層（transition layer），内層（inner region）（大気接地層，ASL, atmospheric surface layer），外層（outer region），逆転層（inversion layer）から構成されるが，地表面条件や日中か夜間かで異なる名称が与えられている．水文科学での主たる興味の対象は日中の境界層の振る舞いである．測定技術の進歩に伴い，夜間の現象も徐々に新たな研究対象になりつつあるが，たとえば，温暖地域の蒸発量の 9 割程度は日中に生じて

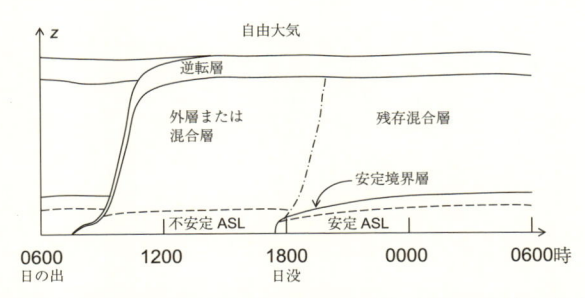

図 2.16　陸面上の分点の頃の典型的な大気境界層構造の日変化（Brutsaert (2008) を一部改変）．日の出とともに境界層が発達し，昼頃には数 km の高さまで達する．夕方地表面での加熱が弱まると，混合層は地表面と切り離されて残存混合層となる．地表面近くには日中は不安定な，夜間は放射冷却により安定な大気接地層（ASL）が発達する．破線は ASL の上部境界，1 点鎖線は日中と夜間の混合層と残存境界層の境界を表す．

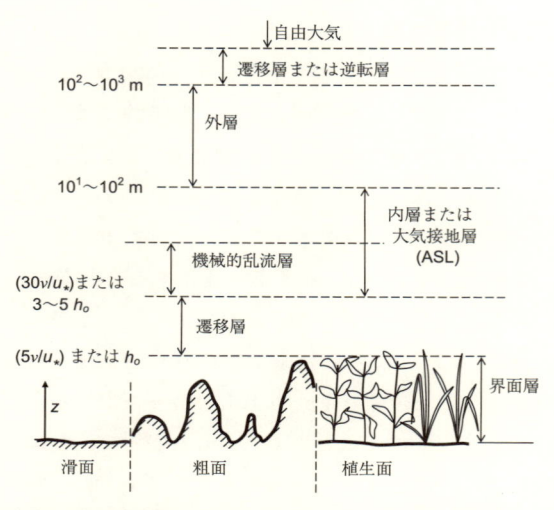

図 2.17 陸面上の大気境界層の典型的な構造（Brutsaert（2008）を一部改変）．鉛直スケールは高さにより誇張，縮小してある．h_0 は粗度要素の（典型的な）代表高さ，v は空気の動粘性係数，u_* は摩擦速度（式（4.13））である．h_0 は粗面や植生面上の層区分に，v/u_* は滑面上の層区分にそれぞれ用いられる（Brutsaert, 2008）．

おり，日中の境界層の振る舞いの理解は重要である．日中の外層内は主に熱対流によりその内部がよく混合されているため混合層（mixed layer）とよばれ，鉛直方向の物理量の勾配が小さい．この層内の現象を支配するのは主にコリオリ力，気圧傾度力，大気安定度である．接地層は特に日中は乱流がよく発達する層で，コリオリ力や気圧傾度力は無視できるが，大気の安定度は重要である．接地層の下部は浮力の効果に比べ風速シアーによる機械的な効果が支配的な機械的乱流層（dynamic sublayer）とよばれ，大気の安定度を無視することができる．このため，この層内では関係する式は単純になる．しかし，その正確な高さ範囲を特定することは難しいので，機械的乱流層と接地層を区別することなく，安定度の効果を考慮した接地層の式を用いることがしばしば重要である（第4章）．植生に覆われた地表面直上の界面層は，キャノピー層（canopy sublayer）とよばれる．裸地面，あるいは都市域などの上の界面層は粗度層（roughness sublayer）である．一方，滑らかな雪面，氷面などの滑面上に発達する界面層は粘性底層（viscous sublayer）とよばれている．界面層内では

せん断応力を引き起こす粘性の働きで乱流が弱められているため，分子拡散によるフラックスも重要となりうる．この層内の輸送には，大気の安定度に加えて，草，森，家屋などの粗度要素の配列の様子や大きさなどの影響を考慮する必要がある．大気境界層の中で接地層は，地表面のプロセスと密接にかかわる一方で，関係する因子が少なく比較的単純な式で水蒸気の輸送を記述でき，また観測を行いやすい高さ範囲に存在するため，水文科学で扱う多くの重要な現象，観測の対象となっている．

2.3.3　大気の安定度

　大気中の現象の多くに多大な影響を及ぼしているのが大気の安定度である．たとえば，大気が安定になる夜間には，鉛直方向の拡散，混合が抑制されるため，大気汚染物質が地表面近くにとどまって高濃度となりがちであるため，さまざまな影響を引き起こしやすい．昼間の不安定な大気条件下では，夜間とは逆に輸送が促進され，蒸発した水蒸気は境界層上部へと素早く移動する．

　大気の安定度を考察する際には，乾燥断熱減率を定義すると便利である．熱力学の第1法則（エネルギー保存則），静力学の式（2.26），状態方程式（2.27）を用いると，静止した大気中で空気塊を周囲の空気と熱のやり取りなしに素早く上昇または下降させた場合，その温度は，$dT_1/dz = -g/c_p = -9.8℃\,km^{-1}$ に従って変化することが示される．この値 $\Gamma_d = 9.8$ を乾燥断熱減率（dry adiabatic lapse rate）とよぶ．減率の値には負号がつかない点に注意すること．

■ 乾燥断熱減率の導出

熱力学の第1法則

$$dh = c_p dT - \frac{1}{\rho} dp \tag{2.31}$$

において，断熱過程なので，単位質量当たりの空気塊に与えられる熱量は $dh = 0$ とおける．また，式（2.31）を鉛直方向の微小変化量として表すと

$$c_p \frac{dT}{dz} - \frac{1}{\rho} \frac{dp}{dz} = 0 \tag{2.32}$$

が得られる．気塊の周囲の空気について，これを添字の1で表すことで同様の式が得られ，$\frac{dp}{dz} = \frac{dp_1}{dz}$ に注意すると

$$c_p \frac{dT}{dz} - \frac{1}{\rho}\frac{dp_1}{dz} = 0 \tag{2.33}$$

であり，静力学の式 (2.26) は

$$\frac{dp_1}{dz} = -\rho_1 g \tag{2.34}$$

である．また，状態方程式は気塊と周囲の空気それぞれについて

$$\rho = \frac{p}{R_d T} \tag{2.35}$$

および

$$\rho_1 = \frac{p}{R_d T_1} \tag{2.36}$$

であるので，式 (2.34) ～ (2.36) を式 (2.33) に代入すると

$$\frac{dT}{dz} = -\frac{\rho_1}{\rho}\frac{g}{c_p} = -\frac{T}{T_1}\frac{g}{c_p} \tag{2.37}$$

となる．ここで $T_1/T \approx 1$ なので，最終的に乾燥断熱減率が $\Gamma_d = |dT_1/dz| = g/c_p$ と求まる．

この様にして求められた Γ_d の値と，実際の大気の気温減率 (adiabatic lapse rate) $\Gamma = |dT/dz|$ を比較することで大気の安定度 (stability) が評価できる．まず初めに水蒸気で飽和していない大気を対象にこの様子を図 2.18 に従った思考実験により考察してみよう．減率が Γ で与えられる不飽和大気において，A 点にある空気塊に微小変位を与え，周囲との熱のやり取りがないように素早く B 点まで持ち上げたとすると，空気塊の温度は Γ_d の線に沿って低下する．$\Gamma > \Gamma_d$ の場合，B 点の温度は同じ高度の周囲（C 点）の気温より高いので，気塊は周りの空気より軽い．結果としてこの空気塊はさらに上昇しようとする傾向をもつ．このような状態を不安定 (unstable) な大気とよぶ．典型

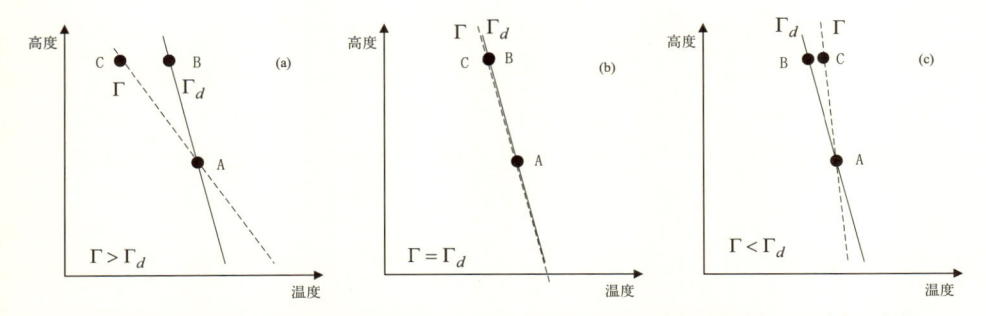

図 2.18 大気の減率と安定度の関係を考察するための思考実験. Γ_d: 乾燥断熱減率, Γ: 大気の実際の気温減率. A 点から B 点の高さへと気塊を断熱的に上昇させ, 周囲の温度 (C 点) と比較する. 順に, (a) $\Gamma > \Gamma_d$ の場合, (b) $\Gamma = \Gamma_d$ の場合, (c) $\Gamma < \Gamma_d$ の場合である.

的には日射のある日中に生じやすい. 同様に $\Gamma = \Gamma_d$ の場合にも, 微小変位により空気塊の温度は Γ_d に沿って低下するが, その結果得られる気温は周囲 (C 点) の気温と同じなので, それ以上に空気塊を持ち上げようとする力も, 下げようとする力も働かず, 結果として空気塊はそこにとどまる. このような状態を中立 (neutral) な大気とよぶ. 日射のない曇天時や夜間の強風下で生じることが多い. 一方, $\Gamma < \Gamma_d$ の場合にも, A 点から B 点にかけて空気塊の温度は Γ_d により低下するが, B 点の気塊の温度は同高度の周囲の気温 (C 点) より低く, 気塊は周りの空気より重い. 結果として, 空気塊を沈降させようとする力が働く. このような状態を安定 (stable) な大気とよび, 主に夜間にみられる状態である. 以上の思考実験から, 不飽和大気の安定度の基準は

$$\Gamma \begin{cases} < \Gamma_d & (安定) \\ = \Gamma_d & (中立) \\ > \Gamma_d & (不安定) \end{cases} \tag{2.38}$$

のように表すことができるのである. なお, この基準では安定か不安定かの判断はできるが, どの程度安定なのかという比較には不十分である. たとえば不安定な大気で気温減率は同じであるが, 風速が弱い場合と強い場合を考えてみよう. 風が強い場合, 機械的な混合が盛んなため, 浮力の効果は相対的に小さ

くなり，結果として大気は中立により近くなるのである．このような安定度の程度を表現するには，オブコフ長（Obukhov length, 4.2.2 項）を利用する．

ここで，温位（potential temperature）を定義すると便利である．大気中の温度 T（K），気圧 p の気塊を断熱的に地表面（気圧で表して通常 p_s = 1000 hPa とする）まで移動させたときに空気塊のもつ温度を温位 θ（K）とよび

$$\theta = T\left(\frac{p_s}{p}\right)^{R_d(1-0.23q)/c_p} \tag{2.39}$$

で定義される．通常水蒸気の効果は小さいので，この項を無視するとべき乗の指数は R_d/c_p = 287.04/1005 = 0.286 である．

温位の定義から推測できるように，不飽和大気の安定度の基準は，温位を用いると

$$\frac{d\theta}{dz}\begin{cases} >0（安定）\\ =0（中立）\\ <0（不安定）\end{cases} \tag{2.40}$$

と表すことができる．また，空気塊の温位は断熱過程で変化せず保存されるので，高さの異なる空気塊のエネルギー状態の比較や 2 高度間のフラックスの算出に用いることができる．しかし，両者の違いは地表面近くでは小さいので，しばしば温度をフラックスの算出に用いることも許されるのである．

式（2.38）や式（2.40）では，水蒸気の成層の安定度への効果は通常あまり大きくないので，これを無視している．対象とする現象でこの効果を無視できない場合や厳密な取り扱いをしたいときには，式（2.38）や式（2.40）中の気温や温位を仮温度 T_v あるいは仮温位に置き換える．仮温位（virtual potential temperature）は仮温度と同様に $\theta_v = (1 + 0.61q)\theta$ で定義される．

次に，水蒸気で飽和した大気中での断熱過程を考察してみよう．この場合，飽和断熱減率（saturated adiabatic lapse rate）は

$$\Gamma_s = -\frac{dT}{dz} = \Gamma_d + \frac{L_e}{c_p}\frac{dq}{dz} \tag{2.41}$$

で与えられる．右辺第 2 項は空気塊の凝結に伴う水蒸気量の減少の効果を表しており，通常負の値をとるので $\Gamma_s < \Gamma_d$ である．温帯における下層大気中では典型的には $\Gamma_s = 5.5℃\ km^{-1}$ 程度の値をとる．飽和大気中での安定度の基準も不飽和大気中の思考実験と同様にして決定でき

$$\Gamma \begin{cases} < \Gamma_s\ （安定） \\ = \Gamma_s\ （中立） \\ > \Gamma_s\ （不安定） \end{cases} \tag{2.42}$$

と表すことができる．

実際の大気では，気塊の上昇に伴って初めは不飽和だった気塊が，上昇に伴う気温の低下により飽和に達する場合がしばしば生じる．このような事例である条件付き不安定（conditional instability）とよばれる大気を考察してみよう．図 2.19 に示すように，安定な大気中の A 点からこれまでと同様に断熱的な気塊の上昇が生じたと仮定する．この気塊の温度は実際の大気の減率 Γ より大き

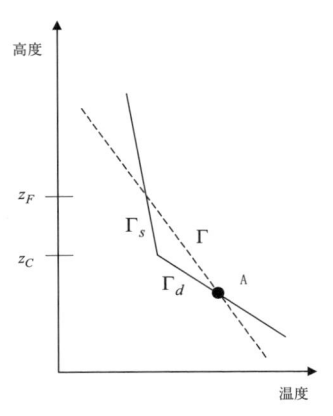

図 2.19 条件付き不安定な場合を考察するための思考実験．z_C：凝結高度，z_F：自由対流高度である．Γ_d：乾燥断熱減率，Γ_s：飽和断熱減率，Γ：大気の実際の気温減率．A 点から気塊を上昇させる．

い乾燥断熱減率 Γ_d に従って低下する．ところが，この気塊がある高度 z_C で飽和に達すると，そこより上では $\Gamma_s<\Gamma$ である飽和断熱減率に従って温度が低下し，z_F においてついに周囲の空気より高温となる．すなわち，この大気では $z<z_F$ では安定，$z_F<z$ では不安定である．このため，初めにある外力で持ち上げられた気塊が，$z_F<z$ では自動的に上昇を続けることになり，これは雲の形成に続く雨滴形成の重要なメカニズムの一部である（第3章）．z_C を持ち上げ凝結高度 (LCL, lifting condensation level) または凝結高度 (condensation level)，z_F を自由対流高度 (LFC, level of free convection) とよぶ．

2.3.4 大気中の水蒸気の輸送プロセス

大気中の水蒸気は，大気の流れと分子拡散 (molecular diffusion) により移動する．大気の運動に伴う輸送は，空気の平均流による移流 (advection) と大気の乱流運動に伴って生じる乱流拡散 (turbulent diffusion) に分けられる．分子拡散は分子運動により起こる輸送である．乱流拡散，分子拡散は水蒸気の濃度勾配の方向に輸送が起こるのに対して，平均流による移流は空気の流れの方向の輸送が起こる．

ある瞬間の水蒸気のフラックス F_v は，たとえば z 方向の1次元について

$$F_v = \rho_v w + F_{mv} = \rho q w + F_{mv} \tag{2.43}$$

で表されるが，3次元でも x, y 成分を同等の式で表すことができる．ここで w は風速の鉛直成分，F_{mv} は分子拡散によるフラックスで，フィックの法則 (Fick's law) により

$$F_{mv} = -\rho k_{mv} \frac{\partial q}{\partial z} \tag{2.44}$$

で与えられる．k_{mv} は水蒸気の分子拡散係数である．一方，乱流による輸送は時空間的に大きく変化するので，瞬間値を扱うことはあまり意味がない．そこで平均と変動成分の和として瞬間値を扱うと便利である．一般にある変数 f について，平均を $\overline{f}$，平均からの偏差を f' とすると，f の瞬間値は $f = \overline{f} + f'$ と

表され，これを風速の鉛直成分 w と比湿 q に適用すると

$$w = \overline{w} + w' \tag{2.45}$$
$$q = \overline{q} + q' \tag{2.46}$$

となる（図 4.8 参照；w, q, および気温の測定データが平均と平均からの偏差にうまく分かれる様子がみてとれる）．これを使って，式（2.43）を変形すると

$$\begin{aligned}F_v &= \rho q w - \rho k_{mv}\, \partial q/\partial z \\ &= \rho\left[\overline{wq} + \overline{w}q' + w'\overline{q} + w'q' - k_{mv}\, \partial \overline{q}/\partial z - k_{mv}\, \partial q'/\partial z\right]\end{aligned} \tag{2.47}$$

が得られる．ここで，式（2.47）の両辺の時間平均を求めると，$\overline{f'} = 0$ であることに注意して

$$\overline{F_v} = \overline{\rho}\left[\overline{wq} + \overline{w'q'} - k_{mv}\, \partial \overline{q}/\partial z\right] \tag{2.48}$$

が得られる．右辺第 1 項が平均流による移流，第 2 項がレイノルズフラックス（Reynolds flux）とよばれる乱流拡散による輸送を，第 3 項が分子拡散によるフラックスをそれぞれ表している．乱流輸送 $\overline{F_{ev}} = \rho\, \overline{w'q'}$ を分子拡散と同様にフィックの法則（式（2.44））の形

$$\overline{F_{ev}} = -\rho k_{ev}\frac{d\overline{q}}{dz} \tag{2.49}$$

で表すことがある．この場合，k_{ev} は水蒸気の乱流拡散係数である．分子拡散係数は輸送される物質とそれが含まれる流体が決まれば，水文科学で扱う現象に対しては温度と圧力に対する弱い依存性を除いてほぼ一定とみなせるのに対し，k_{ev} は流れの状態によって大きく変動する．このため，たとえば蒸発などの鉛直フラックスの測定に利用する場合には，式（2.49）をそのまま適用することはできず，鉛直方向に積分した後に利用する（4.2 節参照）．また一般に

$k_{ev} \gg k_{mv}$ であり，同じ水蒸気勾配に対しては，乱流拡散のほうが分子拡散より効率がよい．実際の地表面近くの大気では，大気が強い安定状態にある夜間や地表面のごく近傍を除けば常に乱流が卓越しており，拡散による輸送は乱流が主体となっている．このため，式（2.48）の右辺第3項は無視できる場合が多い．また，傾斜のない水平面上の水蒸気の鉛直輸送を対象とすれば，鉛直風速の平均は $\overline{w}=0$ とおける場合が多いので，第1項も無視できることになり，これから渦相関法の式（4.25）が得られるのである．

第3章 降水

　大気中の水が液体や固体として地表面に降下する現象(あるいはその降下物)を総称して降水 (precipitation) という．その形態は，雨 (rain)，雪 (snow)，みぞれ，あられ，ひょうなどさまざまである．大気中の水蒸気が地表面に直接凝結・昇華する露 (dew) や霜 (hoar frost) も広義には降水に含まれるが，大気中を浮遊する霧 (fog) や氷霧 (ice-fog) は含まれない．ただし，霧滴が風に流されて植物などに付着したり，集積した水滴が地面に落下したりする場合は，降水の一形態とみなされる．したがって，広義の降水は大気から地表面への水フラックスすべてを意味するが，本章では雨や雪などの狭義の降水を中心に述べる．

☞『水文学』3章「降水」．

3.1 雲と降水の発生プロセス

3.1.1 水蒸気の相変化

　水蒸気を含む空気塊が冷却されるとやがて飽和状態に達し，気体から液体 (凝結，condensation) あるいは気体から固体 (昇華，sublimation) への相変化が生じて雲 (cloud) ができる．凝結によってできた微水滴を雲粒 (cloud droplet) とよび，昇華もしくは雲粒の凍結によってつくられた氷の単結晶を氷晶(ice crystal)という．空気塊がさらに冷やされると飽和水蒸気圧が低下し，雲粒や氷晶の生成・成長が促進される．このとき，相変化が速やかに進行すれば空気塊の水蒸気圧は飽和水蒸気圧と常に等しく，式 (2.23) で定義される相対湿度は100%を超えないが，実際の大気中ではしばしば相対湿度が100%を超えるようなことも起こりえる．たとえば，清浄な大気中で微小な凝結核 (condensation nucleus) しか存在しない場合である．一般に飽和水蒸気圧とは，

平らな純水の表面における平衡水蒸気圧として定義され，図2.15に示されるように温度のみの関数となる．この場合の"平衡"とは，大気から水面に突入する水分子の数と水面から大気中へ散逸する水分子との数が等しい状態を指す．水面が平らではない場合，平衡水蒸気圧は温度だけでなく水面の曲率によっても変化する．周囲に向けて凸な曲率をもつ雲粒の表面では，平衡水蒸気圧は同じ温度での飽和水蒸気圧よりも大きくなる．したがって，凝結の足場となる凝結核として極めて小さな（＝曲率の大きな）雲粒しか存在しない場合は，相対湿度が100％を大きく上回った状態で液相・気相間の平衡が達成される．このような状態を過飽和（supersaturation）とよび，相対湿度（％）から100を差し引いた値を過飽和度（％）とよぶ．

　実際の大気中には大小さまざまな微粒子（エアロゾル，aerosol）が浮遊しており，これらが凝結核として機能する．エアロゾルの中には，陸地から舞い上がった土壌粒子，海面からの飛沫が蒸発した後に残る海塩粒子，火山噴出物，自動車や工場からの排煙・粉塵のほか，気体として放出されたのち光化学反応などによって生成される微粒子も含まれるが，吸湿性のエアロゾルは特に効果的な凝結核となる．同じ温度条件では水溶液に対する平衡水蒸気圧は純水に対する飽和水蒸気圧よりも低いため，吸湿性エアロゾルの表面では凝結が生じやすくなるのである．このようなエアロゾルの働きによって，氷点以上の温度条件下では過飽和度が1％を超えることは稀である．

　氷点以下では氷晶が形成されるはずであるが，$-4°C$程度まではほぼすべての雲粒が液体のままであり，$-4 \sim -41°C$では雲粒と氷晶が共存する．このように0°C以下で凍結していない水滴を過冷却水という．過冷却現象は，雲粒が小さいほど，また水の純度が高いほど顕著である．雲粒と氷晶が共存する場合，氷面に対する飽和水蒸気圧は水面に対するそれよりも低い（図2.15）ので，水面に対する過飽和度が1％以内であっても氷面に対する過飽和度は20％を超えることがある．このため，過冷却の雲粒から蒸発した水蒸気が氷晶表面で昇華し，氷晶の成長に寄与することもある．

3.1.2　降水粒子の落下と成長

　水蒸気の相変化によって生成された水滴は重力の働きにより落下する．空気

から受ける粘性抵抗（摩擦による抵抗）はその速度に比例して大きくなるため，ある速度まで達したときに重力と抵抗力が釣り合い，落下速度が一定となる．この速度を終端速度（terminal velocity）といい，水滴が大きいほど大きくなる（図3.1）．たとえば，半径0.1 mm以下の水滴の終端速度は0.8 m s^{-1}程度以下で，雲内の典型的な上昇流速度（概略1 m s^{-1}程度）よりも小さい．このため，こうした大きさの水滴は雲底下に落下しないか，あるいは落下してもまもなく蒸発して消滅する．一方，半径0.1 mm以上に成長した水滴は上昇流に打ち勝って地面まで落下することができるため，これを雲粒と区別して雨滴（rain drop）とよぶ．

　半径1 μmの雲粒がその表面での凝結によって成長する場合，温度0℃，過飽和度0.23%として，半径0.1 mm（=100 μm）になるまで約5.5時間かかり，半径1 mmの雨滴に成長するには実に3週間以上の時間を要する（計算式については，たとえば小倉（1999, p.85-87）を参照）．したがって，凝結プロセスのみでは雲粒から雨滴への成長を十分には説明できないが，ある程度の大きさまで成長した雲粒は他の微小雲粒よりも早く落下するため，その途中で衝突が生じ，それらを併合してさらに大きくなる．水滴が大きくなると落下速度が増すと同時に衝突面積も増大するため，このような衝突・併合プロセスによる雨滴の成長は加速度的である（図3.2）．つまり，水滴成長の初期段階では凝結プロセスが重要であるが，ある大きさ（図3.2では0.045 mm程度）を超えると衝突・併

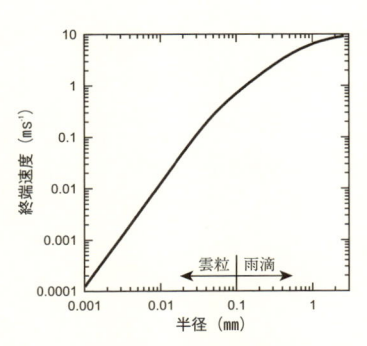

図3.1 水滴の大きさと終端速度の関係（Jones（1997）を基に作成）．

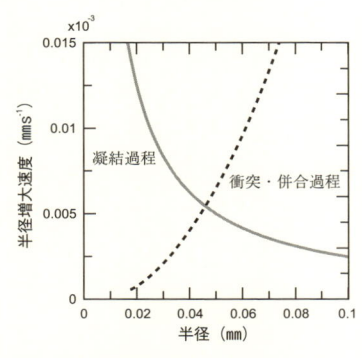

図3.2 凝結過程と衝突・併合過程による水滴成長速度の比較例（Houghton（1986）を一部改変）．

合プロセスによる成長が支配的となる．閾値となる粒径は温湿度や粒径分布などの条件によって異なる．雨滴は大きくなりすぎると分裂してしまうため，半径が 3 mm を超える雨滴はほとんど存在しない．

　前述したように，氷面に対する飽和水蒸気圧は水面に対するそれよりも低いため，氷晶が存在する場合は昇華プロセスだけでも十分に成長でき，雪結晶が形成される．雪結晶も雨滴同様に落下途中で衝突して接合することがあり，これを雪片とよぶ．また，過冷却の雲粒が雪結晶や雪片に衝突するとその表面で凍結し付着する現象（着氷）が起き，あられ（霰, snow pellet）が形成される．さらに，雲内で強い上昇気流が存在する場合にはあられは容易に落下せず，上昇・下降を繰り返して大きく成長し，強固なひょう（雹, hail）となる．ひょうの直径は 5 mm から時に 10 cm 以上に及び，落下時の衝撃によって農作物や家屋に損害を及ぼすこともある．雪片やあられが落下途中で部分的に融解すると，固体と液体が交じり合った状態のみぞれ（霙, sleet）ができる．しかし，完全に融解して雨になることも多い．雪・雨・みぞれのどの形態で地表に達するかは，下層大気の温度・湿度条件に依存する．湿度が影響するのは，蒸発により降水粒子が冷却されるためである．

　以上のような氷晶プロセスが関与する雨を冷たい雨（cold rain）といい，中緯度の降雨のほとんどがこれに該当する．一方，雲粒や雨滴の衝突・併合のみで生じる雨を暖かい雨（warm rain）とよぶ．これは，熱帯や亜熱帯の海洋性気団で起りやすい．前述のように，雲粒の生成や初期成長は氷晶の場合と比較して進行しにくいため，暖かい雨では巨大海塩粒子などの吸湿性エアロゾルの存在が特に重要となる．概略，地球上の全降水のうち 25% が暖かい雨，70% が冷たい雨，残りの 5% が降雪であるとされている（Jones, 1997）．降雪の寄与が小さいのは，低温では水蒸気量が少ないことと高緯度帯の面積が狭いことに起因している．

3.1.3　大気の上昇運動と雲

　大気の上昇運動は空気塊を冷やす効果があり，降水の発生には必要不可欠といえる．相対的に低温な空気塊との混合や放射冷却でも水蒸気の相変化は生じるが，上昇運動なしでは降水をもたらすまでには至らない．

式 (2.29) 〜 (2.30) で表されるように，高度の増加とともに気圧は低下するので，単位質量の空気塊が上昇するとその体積は増加する．このとき，空気塊の内側と外側で熱のやり取りがなければ，膨張のために消費されたエネルギー分だけ空気塊の温度は低下する．空気塊内部で水蒸気の相変化が生じない状態を考えると，温度の低下率は乾燥断熱減率 $\Gamma_d = 9.8$℃ km^{-1} に等しい．このようなプロセスで空気塊の温度が低下してゆくと，持ち上げ凝結高度 (LCL, lifting condensation level) z_C で飽和状態に達する (2.3.3 項，図 2.19)．この高度はおおむね実際の雲底高度とみなすことができる．

■ LCL の推定方法

LCL は次のヘニングの公式 (Henning's formula)

$$z_C = 125(T_a - T_d) \tag{3.1}$$

を用いて地表付近の観測値から推定することができる．z_C の単位は m，T_a (℃) は地表付近の気温，T_d (℃) は露点温度である．

LCL 以上の高度 (すなわち雲内) では，温度の低下率は飽和断熱減率 (式 (2.41)) 約 5.5℃ km^{-1} となり，乾燥断熱減率よりも小さい．これは，温度低下とともに凝結が生じ，潜熱が放出されるためである．対象とする空気塊の周囲の気温低下率は一般に 6.5℃ km^{-1} 程度であり，乾燥断熱減率よりも小さい．このため，空気塊が上昇して LCL に達したときの温度は周囲の気温よりも低く，空気塊に浮力は働かない．しかし，湿潤断熱減率は周囲の気温低下率よりも小さいので，外力によって空気塊が雲内をなお上昇させられると，やがて自由対流高度 (LFC, level of free convection) z_F で空気塊の温度と周囲の気温が等しくなる．これより上層では空気塊の温度が周囲の気温よりも高くなるため，空気塊は浮力によって自然と上昇する自由対流状態となる (2.3.3 項，図 2.19)．このため，LFC の上層では雲がもくもくと上方に成長する．

以上に述べたような，上昇する空気塊の温度変化と周囲の気温プロファイルの関係は図 2.19 に示されたとおりであるが，表 3.1 に示す 10 種の雲形 (cloud

表3.1　雲形

	名称	温帯での高度域
層状雲	巻雲（Ci）Cirrus	上層：5〜13 km
	巻積雲（Cc）Cirrocumulus	
	巻層雲（Cs）Cirrostratus	
	高層雲（As）* Altostratus	中層：2〜7 km ＊上層に及ぶことも多い
	高積雲（Ac）Altocumulus	
	層積雲（Sc）Stratocumulus	下層：地面付近〜2 km
	層雲（St）Stratus	
	乱層雲（Ns）Nimbostratus	中層に多いが，上・下層にも及ぶ
対流雲	積雲（Cu）Cumulus	0.6〜6 km
	積乱雲（Cb）Cumulonimbus	雲底は下層にあるが，雲頂は中・上層に及ぶ

type）のうち，対流雲（convective cloud）についてはこのような説明がそのままあてはまるものの，層状雲（stratiform cloud）は広い範囲にわたってゆっくり大気が上昇する場合に発生する（すなわち，空気塊と周囲の大気の温度差がない状態で全体的に冷却される）ので，やや状況は異なる．また，層状雲のなかで部分的に対流が発生したり，そこから対流雲が成長したりすることもある．

3.2　降水の発生・維持システム

　降水現象をある特定の側面から類型化したものを降水型（precipitation type）というが，上昇気流の主な成因に着目すれば，①対流性降水（convective precipitation），②前線性降水（frontal precipitation），③低気圧性降水（cyclonic precipitation），④地形性降水（orographic precipitation）の4種に大別することができる．これらは互いに独立したものではなく，1つの降水イベントが複

数のタイプの降水によって構成されることも稀ではない．特に温帯低気圧は前線を伴うのが常なので，ここでは②と③を合せて説明する．

3.2.1 対流性降水

地表面が日射によって著しく加熱されると，大気下層の鉛直気温勾配が乾燥断熱減率以上に大きい不安定状態（図 2.18(a)）となり，いわば強制的な対流が生じる（しかし，その結果，混合層内の気温勾配は乾燥断熱減率とほぼ等しくなる）．味噌汁の入った鍋の底を加熱したとき，上昇流が起こる場所と下降流が起こる場所ができるが，同じように混合層内でも上昇域と下降域ができる．上昇域の上方では積雲ができたり，時に積乱雲が発達したりする．降水をもたらすような個々の雲・対流循環システムを降水セル（precipitation cell）といい，おおむね単一の積乱雲に対応する．

降水セルの水平スケールは数 km～10 km で，寿命は 30 分から 1 時間程度である．最盛期の降水セルでは，落下する降水粒子に引き摺られて下降流が生じ，さらに降水粒子の融解・蒸発による冷却がそれを強化する．このため，降水セル内の上昇気流が弱まり，やがて消滅するが，雲底下で周囲に流出した冷気が外気と衝突する部分（ガストフロント）で上昇気流を作り，そこで新たな降水セルを生み出すことがある（図 3.3）．また，複数の降水セルが組織化されたり，時に単一のまま大規模に発達したりすることによって，長時間にわたり多量の降水をもたらすこともある．雷を伴う激しい対流性降水（雷雨，thunder storm）は，そのような降水セル（群）によって生じる．地表面加熱を主因とする雷を熱雷，前線性のものを界雷，低気圧性のものを渦雷というが，いずれの場合も上空に寒気が入り込んだときには激しさを増す．

複数の降水セルが組織化されたもの，あるいは単に集合化したものや単一のまま大規模化したものを総称してメソ対流系（mesoscale convective system）といい，線状のものと団塊状のものに大別される．前者のうち，降水セルの列と直交する方向に素早く移動するものをスコールライン，それ以外を降水バンドとよぶ．メソ対流系の多くは衛星画像上では雲の塊（雲クラスター，cloud cluster）として視認され，地表面の昇温が著しい大陸内部のほか熱帯や梅雨前線帯の海洋上でもよくみられる．これは，下層大気の湿度が高い海洋上では

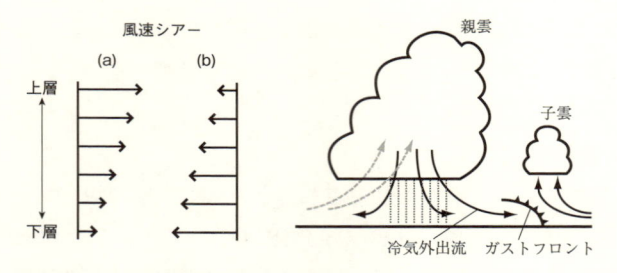

図 3.3　降水セルの自己増殖の模式図．風速シアー (a) の場合は進行方向前方に，(b) の場合は後方に，それぞれ新しいセルが発生する．

LCL および LFC が低く，自由対流が発生しやすいためである．メソ対流系は後述する大気擾乱や地形と無関係ではないことも多いが，擾乱に関係なく一様な気団内で局地的加熱のみによって発生する場合もある．

3.2.2　前線性降水および低気圧性降水

　温暖前線（warm front）では暖気が寒気の上を徐々に上昇していくため，気層が全体的にゆっくりと冷却され，弱いが広域的な降水をもたらす．一方，寒冷前線（cold front）では寒気が暖気を急激に押し上げるため，より激しい降水が比較的狭い領域にもたらされる．暖気内の成層状態によっては両前線とも積乱雲を生じることがあるが，寒冷前線のほうがその頻度は高い．

　温帯低気圧（extratropical cyclone）は一般に，その中心から南西に伸びる寒冷前線と南東に伸びる温暖前線を伴い，偏西風によって西から東に流される．上空に切離低気圧（寒冷渦ともいう）が形成された場合は停滞し，長雨や雷雨をもたらす．温帯低気圧の中心付近では弱い上昇気流が存在しており，層状雲からの降水をみることもあるが，前線による降水と分離することは難しい．

　前線を伴わない低気圧としては，熱帯低気圧（tropical cyclone）がある．これには，台風やハリケーンも含まれる．台風の構造は同心円的，もしくはスパイラル的で，周囲から中心に向かって風が吹き込み，中心付近に強い上昇気流が存在する．ただし，同心円の接線方向の風速は中心に近づくほど大きくなり，遠心力はその 2 乗に比例するため，勢力が強い台風では中心まで風が吹き込めない．このため，中心部の雲は少なく（いわゆる台風の眼），それを取り

囲むように背の高い積乱雲と層状雲からなるアイウォール（雲壁）が形成される（図3.4）．また，雲壁の外側にはスパイラルバンド（らせん状降雨帯）が形成され，やはり活発な積雲対流が生じる．熱帯低気圧の多くは前述した熱帯の雲クラスターから発達し，そのエネルギー源は凝結の潜熱（2.2.2項）である．したがって，熱帯低気圧は極度に組織化され大規模化した対流システムであるともいえる．北上した台風が中緯度で前線を形成したり，既存の前線を強化したりすることもある．

必ずしも低気圧を伴わない前線として，梅雨前線などの停滞前線がある．梅雨前線は，単に温度・湿度条件の異なる気団が接しているだけでなく，南西気流によって大量の水蒸気が運び込まれる点に特徴がある．これによって，対流が生じやすくなり，背の高い積乱雲が発達する．また，梅雨前線が南北に波打ち，結節部に（温帯低気圧よりも水平スケールが小さい）小低気圧が形成されると，対流活動の組織化がよりいっそう促進される（3.2.4項）．このように，梅雨前線は降水の発生・持続に適した条件を備えているが，次項で述べる地形の影響が加わることによって，しばしば集中豪雨をもたらし甚大な災害を引き起こす．

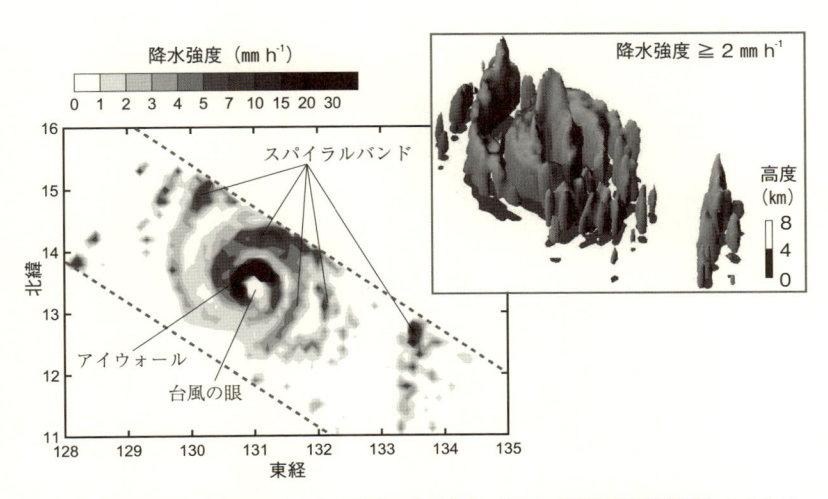

図3.4 2003年台風2号における降水強度の水平分布（左下；点線内が観測領域）と3次元構造（右上）．宇宙航空研究開発機構地球観測利用推進センター提供のデータ（TRMM台風データベース Ver. 1.2）を用いて作図．

3.2.3　地形性降水

　山岳に突き当たった空気塊がこれを乗り越えようとするとき，強制的に上昇運動が起こり，対流活動の引き金となったり，これを促進したりする．このような地形効果（orographic effect）により，山岳域の特に風上斜面で多量の降水がもたらされる．逆に，風下斜面では同標高の風上斜面と比較して降水量が少なくなる傾向があり，これを雨陰効果（rain shadow effect）とよぶ．しかし，山岳によって励起された波動が風下の対流を強化する場合もある．上記のような機械的上昇気流のほか，山岳が日射により加熱されて斜面上昇風が生じ，これによって積乱雲が生成・発達することもある．夏季の関東地方では，秩父や日光の山岳域で生じるこうした降水セルが東進もしくは南東進し，平野部で夕立や雷雨をもたらす．

　個々の対流活動には地形以外のさまざまな要因が関与するため，たとえば1時間降水量でみた場合，地形効果はあまり明瞭ではない．しかし，対象とする時間スケールが長くなるほど，また累積降水量が多くなるほど，ランダムな現象は相殺されて地形効果が明瞭になる．月単位や年単位では，降水量と標高の間に線形関係が認められることも多い（図3.5）が，日本では標高800〜1300 mを越えると降水量はふたたび減少傾向を示す（榧根，1973, p.82-85）．10,000㎜（= 10 m）を超えるような年降水量が記録されるインド・メガラヤ州Cherrapunjiなどは山岳の風上斜面に位置している．

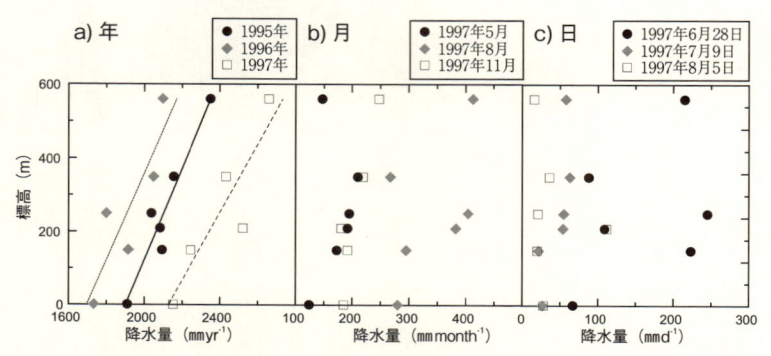

図3.5　高知県中部における降水量と観測標高の関係．気象庁アメダスデータ（高知・池川・本川・本山・繁藤・大栃）より．

3.2.4 降水システムの階層構造とスケール間相互作用

積乱雲（降水セル），メソ対流系，前線，低気圧などの降水をもたらす対流・擾乱システムを降水システム（precipitation system）という．これら大小さまざまなスケールの降水システムは互いに無関係ではなく，時に構造化されて強い相互作用が働く．図3.6に，梅雨期にしばしばみられる降水システムの階層構造を示す．この例では，マクロスケールの梅雨前線帯，それに準ずる規模の小低気圧，メソαスケールの雲クラスター，メソβスケールの線状対流系，およびメソγスケールの降水セル（積乱雲）の5つの階層が認められる（スケール区分については1.3.2項参照）．

相対的に大きな降水システムは，気流や水蒸気の収束を通じて小さなシステムの発生・組織化をコントロールする．一方，小さなシステムは水蒸気の相変

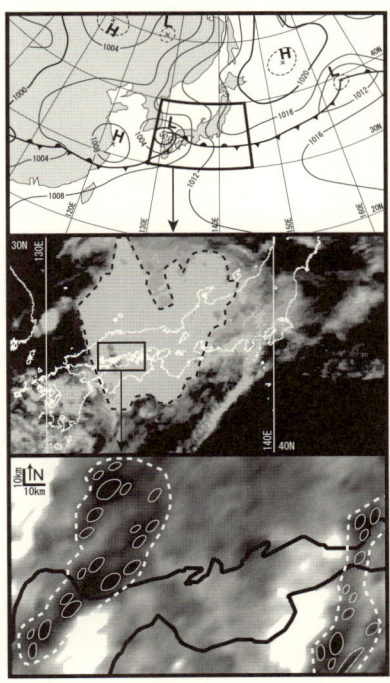

(a) マクロスケール
梅雨前線と小低気圧．
気象庁提供の地上天気図．
［1999年6月29日午後3時］

(b) メソαスケール
小低気圧東部に形成された
複合バンド状の広域雲クラスター
（黒太破線内）．
気象庁提供のGMS5衛星雲画像
（淡色部ほど雲が厚い）．
［1999年6月29日午後3時］

(c) メソβ・γスケール
雲クラスター内の線状対流系
（白太破線内）とその中の
降水セル（白細実線内）．
宇宙航空研究開発機構提供の
TRMM衛星降水強度データ
（濃色部ほど降水強度が大きい）．
［1999年6月29日午後4時］

図3.6　1999年6月29日の西日本豪雨における降水システムの階層構造（Ninomiya and Akiyama（1992））の概念図を基に作成．この豪雨により，広島県で土砂災害，福岡市の地下街で浸水害が生じた．

化によるエネルギーの供給を通じて，より大きなシステムの維持・発展に影響を及ぼす．前述のように，台風においてもこのようなスケール間相互作用が認められる．さらに視野を広げれば，メソ～マクロスケールの降水システムは地球規模の大気水循環システムとも結びついている．

3.3 地球規模の降水量変動機構

3.3.1 降水量の地理的差異

　降水量の全球分布（図3.7）の特徴として，赤道付近で降水量が著しく多い点がまずあげられる．北東貿易風と南東貿易風が収束する熱帯内収束帯（ITCZ, intertropical convergence zone）では頻繁に対流性降水が生じ，雲クラスターや熱帯低気圧に発達することも多いためである．ITCZの主軸は日射量の緯度分布の季節変化に応じて北緯10°～南緯10°の範囲で南北に移動し，夏半球側で降水活動は活発となる．

　緯度20～30°の亜熱帯では，ITCZで上昇した気流が下降するため高気圧が形成されやすく，降水量は少ない．しかし，熱帯低気圧が高緯度に向けて移動する大陸東岸・海洋西部やモンスーンの影響を受ける南・東アジアでは，亜熱帯に属していても夏季に多量の降水がもたらされる．ITCZでの上昇気流と亜熱帯高気圧での下降気流は南北－鉛直断面内で循環構造を成しており，これをハドレー循環とよぶ．

　熱帯気団と寒帯気団がせめぎあう極前線帯（緯度40～60°）では，ITCZに準ずる規模の多雨域が形成されている．特に降水量の多い地域は温帯低気圧の移動経路とほぼ一致しており，そのような地域では低気圧の活動が活発な冬季に降水量が多い．大陸上では逆に夏季の降水量が多く，地表面加熱による対流の影響が示唆される．

3.3.2 大気水輸送

　単位底面積の大気柱に含まれる水蒸気の総量を可降水量（precipitable water）といい

(a) 年平均

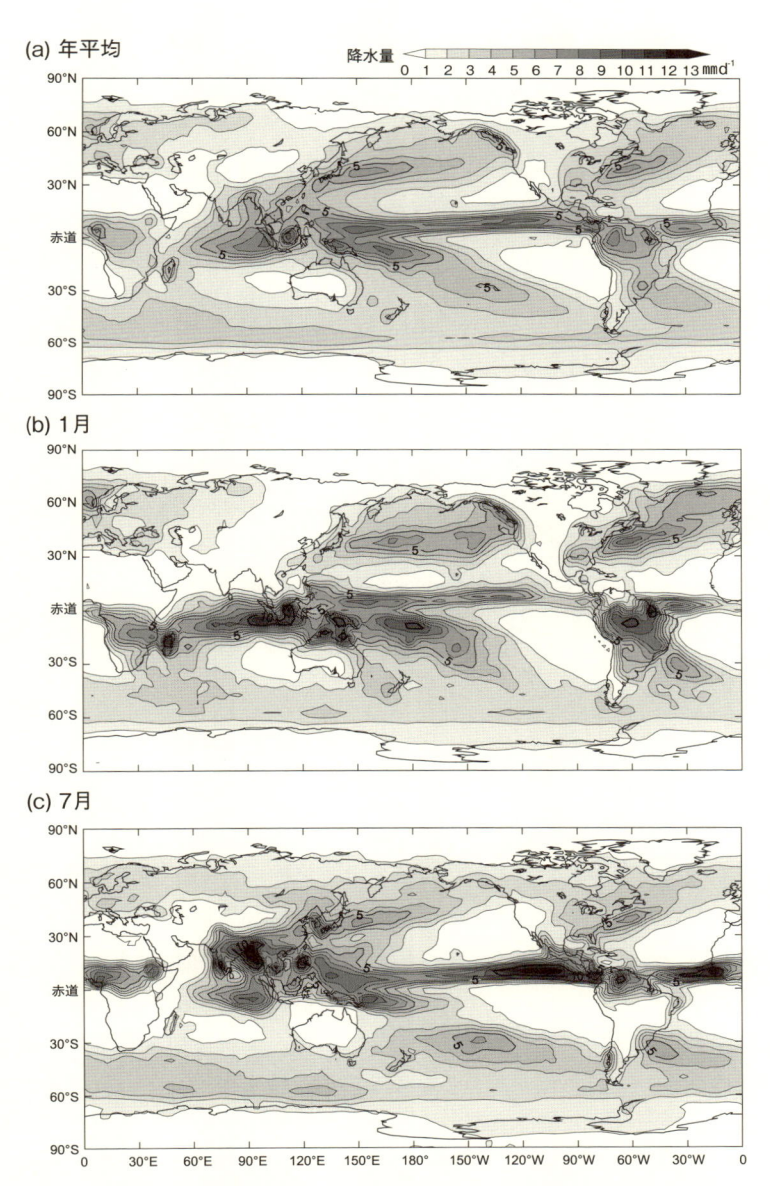

(b) 1月

(c) 7月

図 3.7 降水量の全球分布（1979〜2005年の平均）．NASA Goddard Space Flight Center 提供の Global Precipitation Climatology Project (GPCP) Ver.2 データより．

3.3 地球規模の降水量変動機構

$$P_W = \int_0^\infty \rho_V dz = -\frac{1}{g} \int_{p_s}^0 q\,dp/100 \qquad (3.2)$$

で定義される．P_W（kg m^{-2}；水深換算するとmm）は可降水量，ρ_V（kg m^{-3}）は任意の高度 z（m）における水蒸気密度，g（m s^{-2}）は重力加速度，q（kg kg^{-1}）は高度 z における比湿，p（hPa；= 100 m^{-1}kg s^{-2}）は高度 z における気圧，p_s は地上気圧（hPa）である．一般に，高層気象観測値は気圧の関数として与えられるため，式（2.26）を利用して高度による積分を気圧による積分に置き換えることが多い．可降水量の全球平均値はおよそ 30 mm で，熱帯では 60 mm に及ぶ．しかし，日降水量がこれらの値を上回ることは普通にあり，時には 10 分間で可降水量相当の降水が生じることもある．もちろん，そのような場合でも水蒸気が消費し尽くされるようなことはなく，常に周囲からの補給がある．したがって，降水の原料となる水蒸気がどこからどのように供給されているかを知ることは，降水量の空間分布や時間変動を考える上でとても重要である．

単位面積の地表面上を通過する水蒸気フラックスの総量，すなわち鉛直積分された水蒸気輸送量 F（kg m^{-1} s^{-1}）は，式（3.2）と同様にして

$$F = \int_0^\infty \rho_V \mathbf{V} dz = -\frac{1}{g} \int_{p_s}^0 q\mathbf{V} dp/100 \qquad (3.3)$$

で与えられる．$\mathbf{V}$ は風ベクトル（m s^{-1}）である．

式（3.3）で計算された水蒸気輸送量の全球分布（図 3.8）をみると，局所的に流れの強い領域が認められ，それらが降水量の多い領域（図 3.7）とおおむね合致していることがわかる．たとえば，中緯度偏西風帯の海洋上では東，あるいは北半球で北東，南半球で南東に向かう強い水蒸気流があり，水蒸気輸送量と降水量の分布は極めて相似性が高い．一方，低緯度偏東風帯では南北に幅広い西向きの水蒸気流が認められるものの，降水が生じているのは海面水温が特に高い領域（太平洋東部と大西洋で 27℃ 以上，太平洋西部とインド洋で 28.5℃ 以上）に限定される．同様に，夏半球海洋上の亜熱帯高気圧周縁で強い水蒸気循環場が形成されているが，東縁部では降水はほとんど生じていない．これは，次項で説明するように対流が発達しにくいためである．逆に，ア

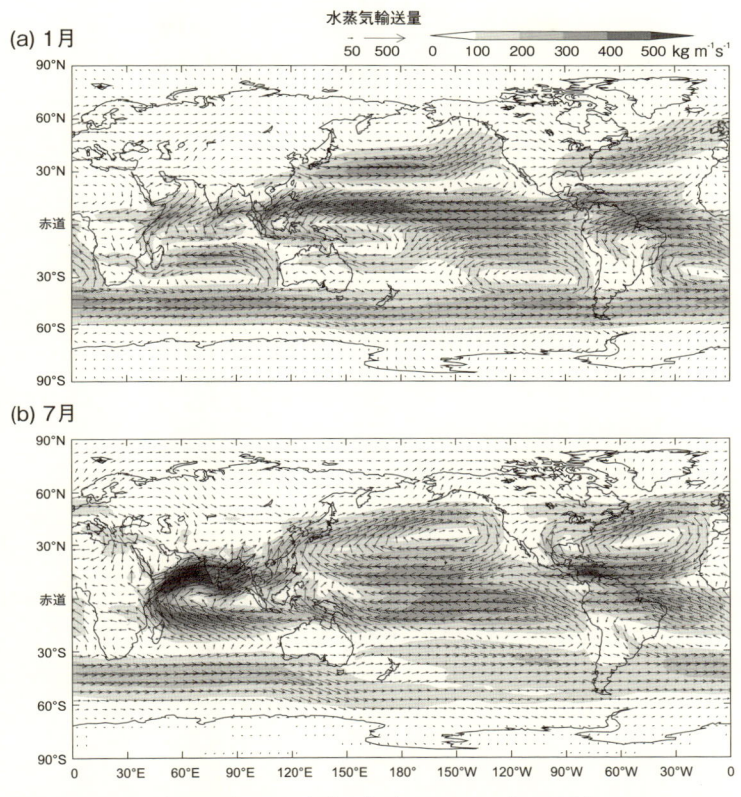

図 3.8 鉛直積分水蒸気輸送量の全球分布（1979〜2005年の平均）．NOAA-CIRES Climate Diagnostics Center 提供の NCEP/NCAR 再解析データを用いて計算．

フリカ大陸の低緯度域や夏季の南米中部では水蒸気流がさほど強くなくても降水は多く，対流が効率的に生じていることが示唆される．地球上で最も強い水蒸気流は，インド西方のアラビア海上にある．ここでは，夏季に出現する大気下層のジェット気流（ソマリジェット）によってインド洋の南半球側から多量の水蒸気が運び込まれ，さらにアラビア海からの蒸発によっても水蒸気の供給を受ける．ソマリジェットの吹く海域では亜熱帯高気圧東縁と同様に降水が生じにくいが，インド半島・ヒマラヤ山脈と衝突する場所やベンガル湾からの水蒸気流と合流する部分で莫大な量の降水をもたらす．さらに，この南西気流は

太平洋高気圧の南西縁を北上する水蒸気流と合流して日本に至る．モンスーン（monsoon）とはこのような季節風のことをいうが，季節風に伴う降水活動を含めてよぶことが多い．

図3.8は長期平均的な流れの場を描いたものであるが，実際の水蒸気流は時々刻々と変化し，また高度によっても異なる．ここでは詳述しないが，水蒸気（厳密にはそれを含んだ空気塊）の移動経路を追跡する手法としてトラジェクトリー解析があり，豪雨をもたらす水蒸気の供給源の特定などに用いられる（たとえばJames et al., 2004）．また，水分子の同位体をトレーサー（8.3節）として用いる場合もある（たとえばYamanaka et al., 2002）．

3.3.3 大気・海洋・陸面相互作用

降水量の変動は水資源の変動に直結し，また干ばつ・洪水などの自然災害ともかかわりが深い．このため，降水量の変動は社会的重要度の高い現象といえるが，降水システムの寿命は長くても1～2週間以下であるため，それ以上の時間スケールにおける降水量変動を理解するには，大気だけではなく海洋あるいは陸面との相互作用を考慮する必要がある．

図3.8から読み取れるように，水蒸気供給源としての海洋の役割は大きい．このため，大気・海洋相互作用（ocean-atmosphere interaction）は降水量の変動に強い影響力をもつ．その典型例が，エルニーニョ・南方振動（ENSO, El Niño/southern oscillation）である．亜熱帯高気圧の東縁から赤道寄りの一帯では高緯度から低緯度に向かう寒流と深層からの冷たい湧昇流が存在するため，海面水温（SST, sea surface temperature）が相対的に低く維持され，対流が生じにくい．一方，熱帯海洋西部では偏東風により表層の暖水が吹き寄せられ，SSTが高くなるので対流が活発化する．この傾向は東西に広い太平洋で特に顕著となる．このため，熱帯太平洋上では，西側の低圧部で上昇した気流が東側で下降して高圧部を形成し，偏東風を強化する（図3.9 (a)）．このような東西方向の循環構造をウォーカー循環という．しかし，偏東風が弱まるとSSTの東西差が小さくなり，ウォーカー循環がさらに弱まって対流活発域が東に移動する（図3.9 (b)）．図3.9に示した2つの状態（エルニーニョとラニーニャ）は数年おきに入れ替わり，熱帯域の降水量分布を変化させるが，

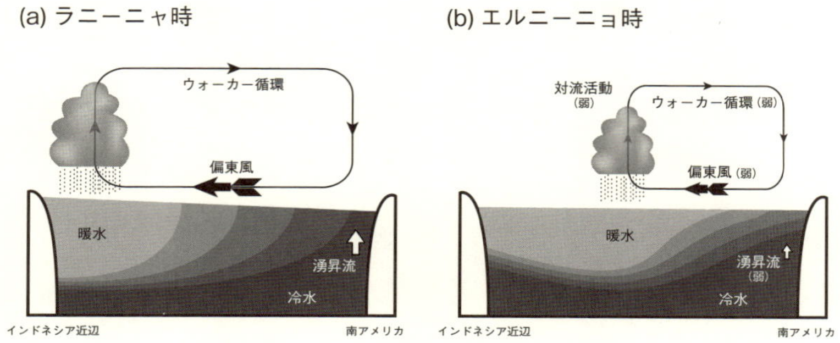

(a) ラニーニャ時 (b) エルニーニョ時

図 3.9 エルニーニョ・南方振動の概念図.

　その影響は熱帯太平洋だけにとどまらない．熱帯の対流強度はハドレー循環を介して亜熱帯高気圧の勢力を左右し，偏西風の蛇行や極前線帯の温帯低気圧活動にも影響を及ぼす．また，アジアモンスーンの活動も ENSO と密接に関連している（安成，1992）．

　熱帯の対流活動には 30～60 日周期の季節内変動（intraseasonal variation；別名 MJO, Madden-Julian oscillation）が顕著にみられ，雲クラスターの集合体（スーパークラスター）が偏東風に逆行して東進したり，対流活発域がインド洋を北上してモンスーンの活発度に影響を及ぼしたりすることが知られている（中澤，1994）．これらも大気・海洋相互作用の好例といえる．

　一方，陸域の降水量の変動は SST の影響も受けるが，当然ながら陸面状態の影響も無視できない．大気・陸面相互作用（land-atmosphere interaction）における重要な要素としては，積雪，植生，土壌水分などがあげられる．たとえば，ユーラシア大陸の冬の積雪面積と引き続く夏のインドの降水量の間に負の相関関係があることはよく知られており，アマゾンの森林伐採やサヘルの砂漠化が当該地域の降水量を減少させるという数値シミュレーション結果も得られている（たとえば Charney et al., 1977; Lean and Warrilow, 1989）．土壌水分は，蒸発による大気への水蒸気供給や地表面熱収支の制御を通じて降水量の変動，特に偏差の持続性に影響を及ぼす．土壌水分が平年より多ければ，蒸発による水蒸気供給の増大，LCL の低下，対流活動の活発化，そして降水量の増加をもたらし，土壌水分の正偏差が持続する．逆に，土壌水分が少なけれ

3.3　地球規模の降水量変動機構　● 67

ば降水量も減少し，負偏差が持続する．確率論的な計算によれば，このような正のフィードバック機構によって干ばつが 10 年以上継続することもありうる (Entekhabi et al., 1992)．しかし，土壌水分と降水の関係は単純ではなく，土壌水分の減少が顕熱フラックスの増加を通して対流活動を活発化させることもある．

3.3.4　降水再循環

ある領域内で生じた降水 P を，当該領域内での蒸発により供給された成分（すなわち内部起源水）P_{local} と領域外から運び込まれた成分（すなわち外部起源水）$P_{external}$（$=P-P_{local}$）に分けて考えるとき，P_{local}/P を降水再循環率（precipitation recycling ratio）という．この値が大きければ降水と土壌水分の間に正のフィードバックが働きやすくなるだろうし，大規模な灌漑や貯水池の築造によって乾燥地域の降水量を増やすことができるかもしれない．

降水再循環率の算定手法はこれまでにいくつか提案されているが，簡便のため流線に沿った長さ L（m）の単位幅の長方形領域を想定すると，再循環率 r_{PR} は

$$r_{PR} = EL/(2F + PL) \tag{3.4}$$

で与えられる（Trenberth, 1999）．ここで，E, F, P はそれぞれ蒸発量（kg m^{-2} s^{-1}），水蒸気輸送量（kg m^{-1} s^{-1}），降水量（kg m^{-2} s^{-1}）の領域内平均値である．この式の導出にあたっては，他の算定手法と同様に，内部起源水蒸気と外部起源水蒸気の完全混合が仮定されている．

$L=10^6$ m（$=1000$ km）としたときの r_{PR} の全球分布を図 3.10 に示す．海洋で最も再循環率が高い領域は冬半球の亜熱帯で，冬（1 月）の北西太平洋や北大西洋がこれに次ぐ．陸上では，夏・冬ともにチベット高原で高い値が示されているが，これは標高が高いために外部からの水蒸気流入が少ないためである．しかし，水蒸気輸送量の小さな領域では蒸発量の評価誤差の影響が大きいことに注意しなければならない．一方，夏（7 月）の北半球高緯度でも再循環率が高く，特に北緯 50°以北のシベリア北部では 0.4 以上に及んでいる．これは，

(a) 1月

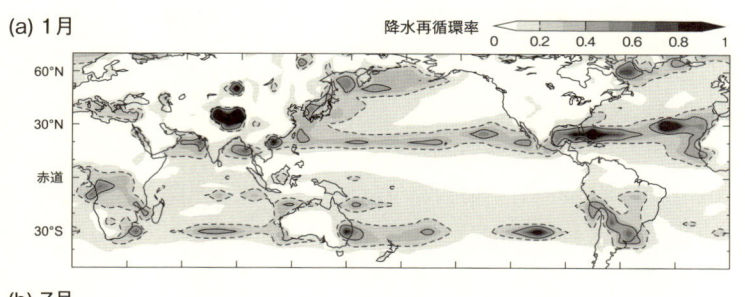

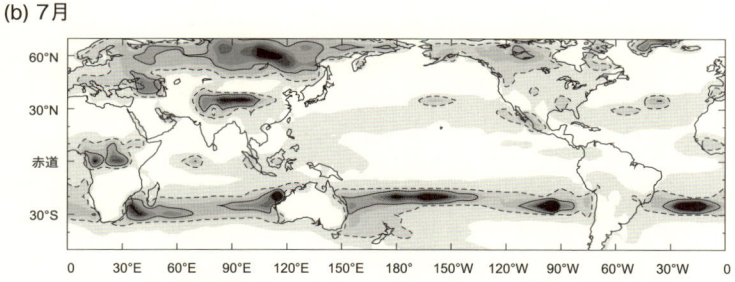

(b) 7月

図 3.10 降水再循環率の全球分布（1979〜2005年の平均）．GPCP Ver.2 データおよび NCEP/NCAR 再解析データを用いて計算．

寒候期にこの地域に輸送されて積雪として貯留された水分が夏季に大気へと還流するためである．また，冬季の降水量が多い地中海北岸でも夏季の再循環率が高くなっており，季節を越えた土壌水分の貯留効果がうかがえる．これに対して，アフリカや南米の中南部では雨期の再循環率が高く，時間スケールの短い活発な再循環が示唆される．乾燥・半乾燥域の再循環率は概して 0.2 以下と低く，大規模灌漑によって蒸発を強化したとしても飛躍的な降水量の増加は期待できそうにない．実際，灌漑地周辺で降水量が増加したという報告例（たとえば Barnston and Schickedanz, 1984）はあるが，軽微な増加にとどまっている．

■ 再循環率の定義

再循環率を E/P として定義することもあるが，蒸発した水がすべて降水として戻ってくるわけではないので，P_{local}/P とは意味合いが異なる．E/P が 1 に近いということは，単に地下水涵養量や河川流出量が少ないことを意味しているにすぎない．

3.3 地球規模の降水量変動機構

3.4 降水量の測定と面的評価

3.4.1 地点降水量の測定

ある地点における単位時間・単位面積当たりの降水量は雨量計（rain gauge）を用いて測定され，（時間単位は任意として）水深（水柱高）で表現される（1 mmは1 kg m^{-2}に相当）．現在，日本で最も普及しているのは転倒ます型雨量計（図3.11）である．気象庁で採用しているものは受水口の直径が20 cmで，0.5 mm相当の降水がますに溜まるごとにシーソーのように転倒し，電気信号を発する仕組みとなっている．寒冷地では受水器をヒーターで保温し，固体降水は融かして測定する．転倒ます型の他に，貯水型雨量計やはかり型雨量計もあるが，自動観測が容易で比較的安価という点で転倒ます型が優れている．しかし，ますやろ水器に残留した水の蒸発や，ますが転倒する間の降水が取りこぼされるなどの原因で，転倒ます型雨量計による測定値は真値よりも数%〜5%程度過小評価される傾向がある．

すべての雨量計に共通の誤差要因として，捕捉率の問題がある（Brutsaert, 2008, 3.5節）．雨量計の受水口近傍は気流が乱れるため，本来受水口内に落下するはずの降水が捕捉されないことがある．この傾向は風速が大きいほど顕著で，また落下速度の小さい降雪時に深刻な過小評価をもたらす．このため，さまざまな形状の風除けが考案されているが（鈴木，1996），捕捉率を100%に

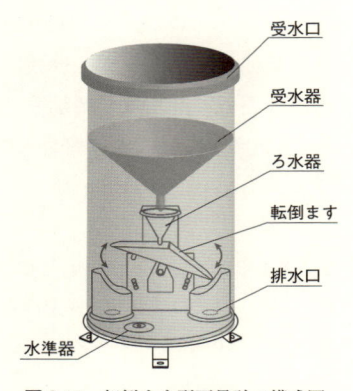

図3.11 転倒ます型雨量計の模式図．

近づけることは容易でなく，経験的な係数を乗じることにより測定値を補正することがある（上野，2001）．

地点降水量の時間変化をグラフ化したものをハイエトグラフ（雨量図，hyetograph）という．第7章（**図7.1, 7.4, 7.10**）で述べられるように，流量の時間変化を表すハイドログラフとともに用いられ，流域の流出特性を知る上での基本情報となる．

3.4.2 面積降水量の推定

流域の水収支を算定する際，ある1地点での降水量測定値で全体を代表させるのは難しく，領域全体の積分値あるいは平均値，すなわち面積降水量（areal precipitation）が必要となる．面積降水量の求め方は**図3.12**に示すようにいくつかあるが，それぞれの特徴を以下に簡単に述べる．

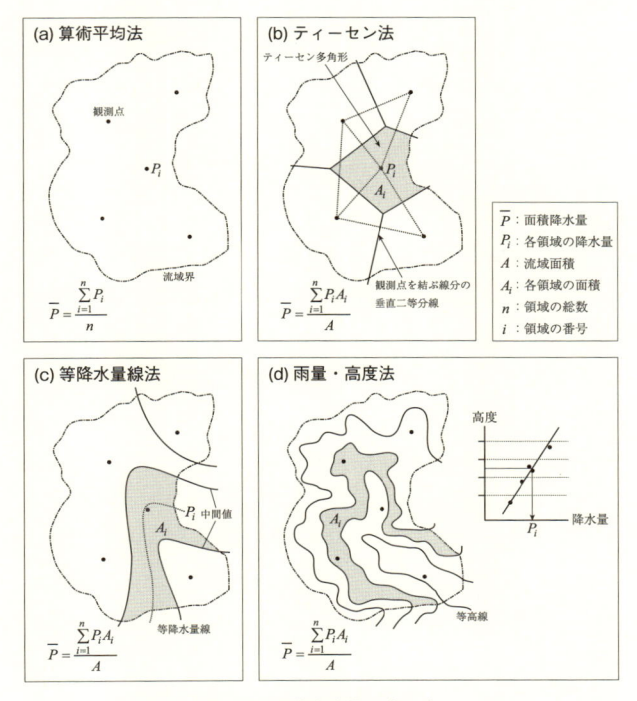

(a) 算術平均法
$$\overline{P} = \frac{\sum_{i=1}^{n} P_i}{n}$$

(b) ティーセン法
$$\overline{P} = \frac{\sum_{i=1}^{n} P_i A_i}{A}$$

(c) 等降水量線法
$$\overline{P} = \frac{\sum_{i=1}^{n} P_i A_i}{A}$$

(d) 雨量・高度法
$$\overline{P} = \frac{\sum_{i=1}^{n} P_i A_i}{A}$$

$\overline{P}$：面積降水量
P_i：各領域の降水量
A：流域面積
A_i：各領域の面積
n：領域の総数
i：領域の番号

図3.12 面積降水量の求め方．

算術平均法（arithmetic mean method）は単純に領域内の地点降水量の算術平均値をもって面積降水量とする方法で，観測地点が均等に，しかも十分な密度で配置されていればよい結果が得られるが，そうでない場合は無視し得ない誤差をもたらすことがある．

ティーセン法（Thiessen polygon method）は，観測地点の分布が不均等な場合に，各地点降水量が代表する範囲（ティーセン多角形）の面積割合に応じて加重平均値を求めるものである．古くから面積降水量の推定に多用されてきた代表的手法であるが，単純な幾何学的概念に基づくものであるため，降水量分布の不均一性を考慮する上では限界がある．

降水量分布の不均一性をより正確に考慮できるものとして，等降水量線法（isohyetal method）がある．この手法は，まず等降水量線図を描き，等値線間の面積とそこでの平均降水量を掛け合わせ，それらを領域内ですべて合算したのちに総面積で除すことによって，面積降水量を求めるものである．等降水量線図を精度よく描くことができれば有効な手法であるが，観測地点の密度が十分でない場合（特に山岳域）は等降水量線図自体の信頼性が劣る．

3.2.3項で述べたように，降水量は標高とともに増加する傾向を示すことが多いので，地形図から各高度帯の面積を求めておき，高度と降水量の関係から高度帯面積加重平均値を求めることもできる．この方法は雨量・高度法（rainfall-altitude method）とよばれ，山地を含むような領域でもよい結果を生み出すが，高度と降水量の関係が明瞭でない場合は当然適用できない．

以上で紹介した手法はやや古典的なものであるが，最近では，領域内に高密度の格子点を設定し，クリギング（kriging）法や逆距離加重（inverse distance）法などの地球統計学的手法（間瀬・武田，2001; Wackernagel, 2003など）を用いて各格子点における降水量を空間内挿し，領域内の全格子点の値を算術平均することで面積降水量を求めることも多い。空間内挿の際に地形効果を考慮する工夫も試みられている。こうした空間内挿は等降水量線図を描く際にも適用可能であるので，この手法は原理的には等降水量線法と類似したものといえるが，コンピューターで大量のデータを処理できるようになった現在では実用性が高い．

いずれの手法を用いるにせよ，面積降水量の推定精度は観測地点の密度に

決定的に依存する．一般に，30 km²当たり1地点の密度であれば一雨面積降水量の推定誤差を5%程度に抑えることができるとされている（榧根，1980, p.79-81）．月単位や年単位では，誤差はより小さくなる．しかし，気象庁アメダスによる日本国内の降水量観測地点数は約1300で，290 km²（≒ 17 km × 17 km）に1地点しかない．国土交通省，地方自治体，電力会社などの観測地点を含めれば密度はかなり高くなるが，降水量の空間変化が激しい山地での観測地点数は依然として少なく，正確な水資源評価を行う上で問題となっている．

3.4.3 降水のリモートセンシング

　地上観測の欠点を補うものとして，気象レーダー（weather radar）による降水量のリモートセンシング（remote sensing）がある．一般的な気象レーダーは，アンテナから大気に向けて発射された電波が降水粒子などで反射して戻ってくる様子を観測する装置で，電波の往復時間と方向から降水域の位置を，反射波（レーダーエコー）の強度からそこでの降水量（厳密には瞬間的な降水強度）をそれぞれ求める．エコー強度は降水の量だけでなく，降水の状態（固体か液体か）や粒子の大きさにも依存し，地表近くでの降水粒子の蒸発が考慮されないなどの欠点がある．このため，気象レーダーは降水域の移動速度と活動度の変化から短時間予報を行うのに適しているが，レーダーデータだけで降水の絶対量を求めることは難しい．そこで，アメダスによる地上観測データを用いて補正されたデータが，レーダー・アメダス解析雨量（新保，2001a; 2001b；予報部予報課，1995）として作成されている．データの空間分解能は現在1.0 kmであり，面積降水量を評価する上で十分な解像度をもつが，エコー強度から降水量への変換手法にはなお改善の余地があり，地点降水量や前述の面積降水量推定値との比較により信頼性を吟味する必要がある．

　人工衛星に搭載されたセンサーを用いて地球上のあらゆる場所の降水量を推定する試みもなされている．可視・赤外領域の光センサーは雲の種類や雲頂高度（すなわち対流の活発度）を捉えることができ，マイクロ波センサーは雲水量の推定に有効である．これらの衛星データと降水量の地上観測値を合成することにより，緯度・経度2.5°もしくは1°間隔で全球をカバーする格子点降水量データセットが作成されている（たとえばGlobal Precipitation Climatology

Project (GPCP) データセット；Huffman *et al.*, 2001). 1997年には，上記のセンサーに加えて降水観測用レーダーを搭載した熱帯降雨観測衛星（TRMM, Tropical Rainfall Measuring Mission）が打ち上げられ，水平分解能4.3km，鉛直分解能250mで台風やメソ対流系などの3次元構造が北緯35°～南緯35°の緯度範囲で観測できるようになった（**図3.4**参照）．こうした衛星リモートセンシング技術の発展は，面積降水量の精度向上とともに，降水プロセスそのものに対する理解の深化をもたらすものと期待される．

第4章 蒸発散

　水循環の中での蒸発散（evapotranspiration）プロセスは地球表層付近において液体水が気化（vaporization）して水蒸気となり，大気中に放出されるプロセスである．蒸発散は陸上と海上において起こるが，水文科学では，主に陸上からの蒸発散を取り扱う．本章では，蒸発散のメカニズムと観測法，モデルなどの推定法について説明する．
☞『水文学』2章「大気中の水：下部大気の流体力学」，4章「蒸発」．

4.1 蒸発散のメカニズム

　蒸発散は水循環において重要なプロセスであるほか，地表面における熱の再分配プロセスとしても，重要である．第2章で述べた地表面の熱収支式（式2.11）のうち，主なものをあげると

$$R_n = L_e E + H + G \tag{4.1}$$

となる．ここで R_n，$L_e E$，H，G はそれぞれ，正味放射量，潜熱フラックス，顕熱フラックス，地中熱流量である．式（4.1）に示すように，蒸発散に伴う潜熱フラックスは，地表面の熱収支の重要な要素の1つであるが，熱収支の中でどの程度の相対的な役割を担うかは，対象とする地表面が属する気候帯や土地被覆・植生，そして降水量や気温などの気象条件のような，さらに短期的に変化する諸条件によって左右される．

　図4.1 は，乾季におけるタイの水田（Aoki *et al.*, 1998），モンゴルの半乾燥草原（Li *et al.*, 2006），そしてシベリアのタイガ林（Ohta *et al.*, 2001）で観測された夏季の典型的な晴天日における熱収支の時間変化である．緯度の違い，季節の違いによる正味放射 R_n に多少の差異はあるが，それよりもさらに顕著

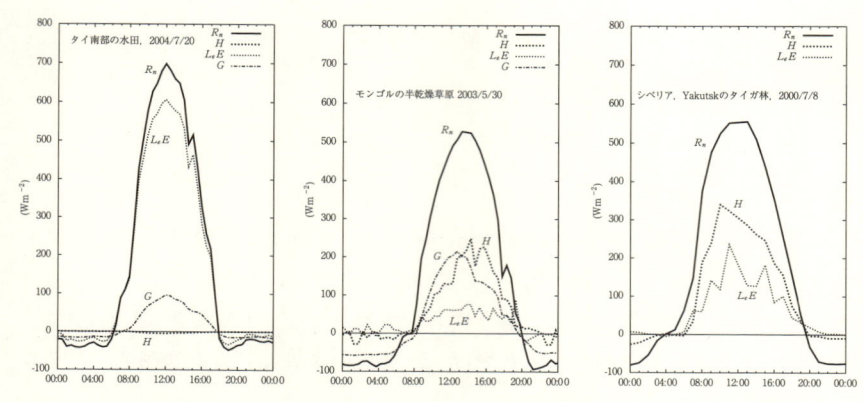

図 4.1 タイの水田（左，Aoki *et al.*, 1998），モンゴルの半乾燥草原（中央，Li *et al.*, 2006）およびシベリアタイガ林（右，Ohta *et al.*, 2001）での典型的な晴天日における熱収支各項目の観測例．タイは雨季，モンゴルは乾季に相当する．

な違いは，熱収支の式（4.1）右辺各項の構成比率である．タイの水田では，正味放射量 R_n のほとんどが蒸発散による潜熱 L_eE で消費されるのに対し，シベリアタイガ林では，顕熱フラックス H，そしてモンゴルの半乾燥草原では顕熱フラックス H と地中熱流量 G が R_n のほとんどを消費している．このように，対象とする地表面によって地表面熱収支の構成が大きく異なるのは，蒸発散にまつわるさまざまなプロセスが関係した結果である．

　陸上からの蒸発散のうち，植物の生理活動を通じた水の気化現象を蒸散，それ以外の水の気化現象，たとえば裸地土壌面や湖沼などの水面における気化，あるいは植物の葉面上に付着した水滴の気化（遮断蒸発）を蒸発とよんで区別する．蒸発散は両者を併せた総称であるが，これを蒸発とよぶ場合も多い．蒸発と蒸散の大きな違いは，蒸発は土壌水が土壌の間隙において気化するのに対し，蒸散では土壌水が根系から植物中にいったん吸収されて，植物の生理活動に伴って葉面の気孔中で気化が引き起される点にある．そのため蒸発と蒸散では，日射や降水などの外部条件に対する応答に大きな違いがある．この章では主に，植生からの蒸散と土壌面からの蒸発を扱う．湖沼からの蒸発については近藤（1994b）などに詳しい．植生での遮断蒸発については 5.1 節で扱う．

　この他の蒸発散に伴う重要なプロセスとして，2.3.4 項で説明したように，

地表面で気化した水蒸気が大気境界層中の乱流によって大気上方へ輸送される乱流輸送プロセスがあげられる。乱流輸送プロセスの理解は，蒸発散量の計測に応用されるとともに，大気と地表面の間の熱，水，物質交換に関する相互作用（大気・陸面相互作用；land-atmosphere interaction）の仕組みの理解に役に立つ．

4.1.1 蒸発散と土壌水分

土壌面からの蒸発量も，植生からの蒸散量も土壌水分（soil moisture）に強く依存することがわかっている。ここでは，裸地面蒸発が，どのように土壌水分量に依存するかについて説明する．

土壌中に浸透した降水は，土壌水分として土壌中に蓄えられる．蒸発に必要な熱が放射などによって地表面に供給されると，まずは表層土壌中の間隙水が気化し，大気中に放出される．蒸発した分の土壌水分はより深い土壌中からの水分移動によって補われる（6.2.5 項）．このような，降雨直後の表層土壌水分が豊富な時の土壌面蒸発を，蒸発の第 1 段階（たとえばヒレル，2001c, 第 22 章）とよぶ．この段階の蒸発量は，主として正味放射量（R_n）が主要な制限要因である．

蒸発の第 1 段階が続くと，地表面からの蒸発量に深い土壌から表層への土壌水の補給が追いつかず，表層の土壌水分が乾燥していく．そのため，土壌水が気化する深度が，表層から少しずつ深くなっていく．地中で気化した水蒸気は，乾燥した表層（乾砂層）内の土壌間隙中を，分子拡散（式（2.44））によって輸送される（Milly, 1982; Yamanaka et al., 1998 など）．分子拡散による水蒸気移動は，後に述べる乱流拡散による水蒸気移動よりも千倍近くも遅い（2.3.4 項）ため，乾砂層中の水蒸気移動が蒸発全体の速度を決める律速段階（ボトルネック）となり，蒸発量が抑制されることになる．無降雨期間が続き表層土壌が乾燥すると，表層に乾燥した乾砂層が形成され，これによって蒸発量が抑制される．このような土壌水分の減少に伴う蒸発抑制の段階を土壌面蒸発の第 2 段階とよぶ（ヒレル，2001c など）．乾砂層の厚さは，たとえば温帯湿潤気候の日本などでは数 cm（Kondo et al., 1990 など）程度で，また乾燥気候では数 m から数 10 m にも達することがある．

4.1.2 蒸散と植生活動

蒸散は，土壌中の水分が植生の生物活動を通じて，大気中に水蒸気として放出される現象である．土壌水分は植物の根（図 4.2）から吸収されていったん植物体内に取り込まれる．そのため，蒸発と同様，地表付近の土壌水分が不足し，より深い深度の土壌水分を利用する必要が生じると蒸散量は減少する．しかし一般的には，裸地面よりも植生面の方が土壌の乾燥に伴う蒸発散量の減少は少ないと考えられている．これは，植生が根系網を深く張り巡らせることで，深い深度の土壌水分を使用することができるからである．また，蒸散と土壌水分の関係は，蒸発の場合よりも数段複雑である．

植物体内に取り込まれた土壌水分は，茎や幹の中の導管を葉まで輸送された後，葉の気孔から水蒸気として放出される．まず気孔の奥のクチクラ細胞の表皮において細胞水の気化が行われ，水蒸気が気孔から拡散することによって，大気中へ放出される．このとき，植物は気孔の開閉によって蒸散量，すなわち植物体から失われる水分量を制御する．たとえば，晴天日が続き土壌水分が減少すると，植物体内の水分保持のために，気孔を閉じて蒸散量を少なくするのである．蒸散は，植物の生命活動の一環であり，そのため蒸散速度は外部条件に対する植物の生理応答に強く依存し，植物の種類によっても大きく異なる．

図 4.2 植物の根系の例．モンゴルの乾燥草原において採取された *Anabasis brevifolia*．乾燥地の植物であるため，根が深度方向に伸びていることに注意．

また，気孔の開閉は，大気からの二酸化炭素の取り込みも行うため，蒸散は炭素同化作用（光合成）とも密接な関係をもつ（Larcher, 2004 など）．

図 4.3 は，半乾燥地の草原における熱収支各項目と降水量，土壌水分量の 4 ヶ月間の観測値を示したものである．降水があると土壌水分が増加し，それに伴ってその後の蒸発散量が増加する（たとえば 5/12 前後，5/27）が，無降雨期間が続くとそれに伴って蒸発散量は減少する．

4.1.3 水蒸気の輸送プロセス

地表面付近において液体の水は気化して水蒸気となり，さらに大気中を上方に輸送される（2.3.4 項）．この大気中の水蒸気の輸送は蒸発散が持続する上で重要である．2.3.2 項で説明したように，大気の最下層に存在する大気境界層中の大気は，乱流（turbulence, turbulent flow）とよばれる状態になっている．乱流は，大気の運動量が気体の分子間の粘性による制動力よりも大きく，そのため乱れが強くかつ不規則性の強い流れの状態であり，分子粘性の支配下にあり静穏な状態の層流（laminar flow）とは対象的である．一般に，流れの状態

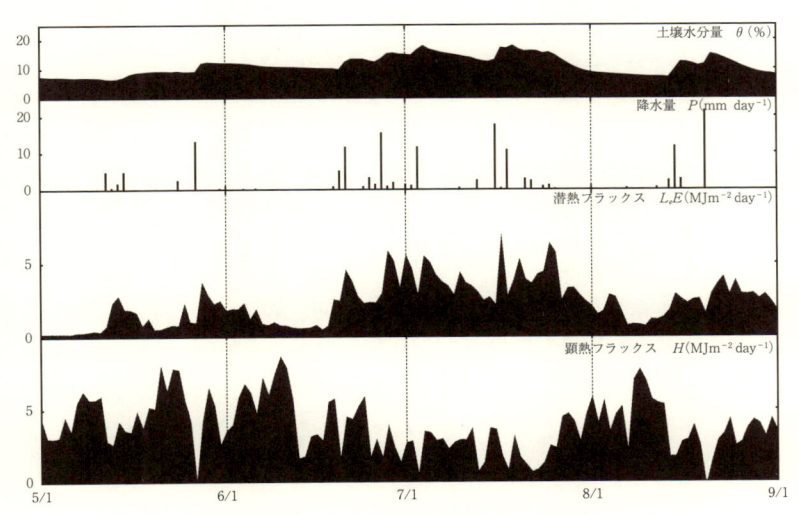

図 4.3 半乾燥草原での蒸発散量の時間変化の例．モンゴルにおける 2003 年 5 月から 4 ヶ月間の観測結果（Li *et al.*, 2006）．

が層流か乱流かは,

$$\mathrm{Re} = \frac{UL}{v} \quad (4.2)$$

で定義されるレイノルズ数（Reynolds number, Re）によって，判別することができる．ここで U と L は代表的な流速と長さであり，v は動粘性係数（kinematic viscosity）で流体の粘性を表す．通常の条件では，Re が数千よりも大きいと乱流である．地表面近くの大気の場合は，U と L はそれぞれ風速と地表面からの高さであり，$U = 1\,\mathrm{ms}^{-1}$，$L = 1\,\mathrm{m}$ とすると，$v = 1.4 \times 10^{-5}\,\mathrm{m^2 s^{-1}}$ 程度であるので $\mathrm{Re} \approx 7.0 \times 10^4$ となる．したがって，地表面近くの大気乱流は，乱れの強い乱流に分類される．

2.3.4 項で説明したとおり，乱流では強い乱れのために，水蒸気や熱が分子拡散よりも格段に早く輸送される．この乱流輸送は大気の安定度（2.3.3 項）や地表面の粗度（2.3.2 項）の大きさに依存する．この乱流輸送と安定度および地表面粗度の関係について，次節で述べる．

4.2　接地層内の気温・比湿のプロファイル

接地層内における気温や比湿，風速のプロファイル（鉛直分布）は，地表面での顕熱，潜熱，運動量フラックスと密接なかかわりをもつ．ここでは，気温，比湿，風速のプロファイルと，顕熱，潜熱，運動量フラックスとの関係式を導出する．

一般に物理過程の記述は支配方程式の解を求めることによって得られるが，乱流輸送の支配方程式（レイノルズ方程式）の解を求めることは，単純な条件下においても非常に困難な問題である．そのため古くから，相似則（similarity）を通じた経験的な手法が取られてきた．相似則とは，主に次元解析を用いて，物理量同士がもつ普遍的な関係を導き出す手法であり，流体力学などで古典的に用いられてきた手法である（谷，1967, p55）．ここでは，相似則を用いて，接地層における水蒸気および温度，風速のプロファイルを導くこととする．

■ **相似則**

相似則の適用例として，高さ h から質量 m の質点が落下し，地面に落ちるときの速度 v_0 を求めてみよう（**図 4.4**）．通常の力学的方法では，まず支配方程式（Newton の第 1 運動法則）と境界条件を

$$支配方程式：\frac{d^2z}{dt^2} = -g \quad (4.3)$$

$$境界条件：\begin{cases} z = h \\ \dfrac{dz}{dt} = 0 \end{cases} \quad (t=0 について) \quad (4.4)$$

のように設定する．ここで z, t はそれぞれ，地表からの高さと時間，g は重力加速度である．式（4.3）を式（4.4）のもとに積分して解くと

$$z = -\frac{1}{2}gt^2 + h \quad (4.5)$$

となる．この解において $z = 0$ とおくことにより，$t = \sqrt{2h/g}$ となり

$$v_0 = -\sqrt{2gh} \quad (4.6)$$

が得られる．

同じ問題を相似則を使って求めてみよう．v_0 に関連する（支配する）パラメータを考えると，高さ h，重力加速度 g，質量 m が考えられる．求める v_0 とともに，これらのパラメータの次元を調べてみると，

$$\begin{cases} m : [\mathrm{M}] \\ g : [\mathrm{LT}^{-2}] \\ v_0 : [\mathrm{LT}^{-1}] \\ h : [\mathrm{L}] \end{cases} \quad (4.7)$$

である．ここで M, L, T はそれぞれ，質量，長さ，時間の次元である．4 つのパラメータと 3 つの次元が存在することになる．

これらのパラメータを使って，無次元量（無次元数，無次元変数ともよぶ；dimensionless number, dimensionless variable）を作ることを考える．ある無次元量 X を

$$X = m^a g^b v_0^c h^d \quad (4.8)$$

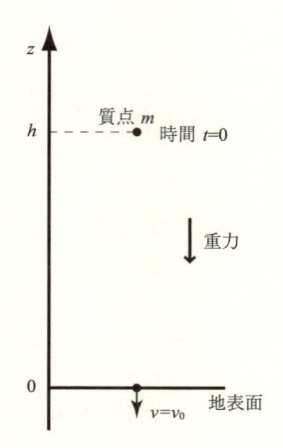

図 4.4　質点 m の自由落下問題.

とおいて，X が無次元になるように a, b, c, d を決めると，1つの無次元量 gh/v_0^2 を得る．バッキンガムの π 定理を応用すると，関係するパラメータから無次元量が1つ得られた場合は，これが定数に等しい．よって，この定数を C とおくと，

$$\frac{gh}{v_0^2} = C \quad （定数） \tag{4.9}$$

すなわち，

$$v_0 = \sqrt{\frac{gh}{C}} \tag{4.10}$$

が得られる．ここで，C は無次元の定数でありその値は実験的に得られる．式 (4.6) の力学解と比較すると $C = 1/2$ となることがわかる．

このように，相似則による現象の推論の中で最も重要であるのは，対象となる現象がどのようなパラメータに支配されているかを推論することであり，これが相似則を単なる次元解析と大きく分け隔てるところである．

4.2.1　中立条件での接地層のプロファイル

相似則を用いて，平均気温 $\overline{T}$ のプロファイルを求めてみる．ここで，2.3.4 項での議論に従い，$\overline{}$ で平均値，$'$ で平均からの偏差を表すこととする．

中立を仮定すると，気温の鉛直勾配 $\partial \overline{T}/\partial z$ に関連するパラメータとして，まず地表面からの高さ z が考えられる．また，気温の上昇，下降は顕熱の出入りと密接にかかわりがある．式（2.48）と同様の式を顕熱フラックス（鉛直方向の顕熱輸送）に対して示すと，

$$H = \rho c_p \overline{w'T'} \tag{4.11}$$

と表される．ここで，w は鉛直風速，ρ は空気密度，c_p は定圧比熱である．また，鉛直風速の平均はゼロ，すなわち $\overline{w}=0$ を用い，分子拡散を無視した．この $\overline{w'T'}$ を関連するパラメータとして考える．

　さらに，風速の強弱も気温の鉛直プロファイルに大きな影響を与える．風速の強弱に関するパラメータとして，運動量フラックスを考えよう．地表面付近の乱流によって，顕熱や水蒸気だけでなく，大気の運動量も輸送される．地表面は大気にとって摩擦として作用し，運動量を吸収して熱に変換するため，運動量の輸送は常に下向きになる．2.3.4項の議論を運動量に適用すると，運動量フラックス τ は

$$\tau = -\rho \overline{u'w'} \tag{4.12}$$

と表すことができる．ここで u は，主風向方向の風速である．式（4.12）からわかるように，τ/ρ は風速の2乗の次元をもつので，摩擦速度（friction velocity）u_* を

$$u_* = \sqrt{\tau/\rho} \tag{4.13}$$

で定義し，これを風速（「風の強さ」）の指標として用いる．u_* が気温の鉛直勾配 $\partial \overline{T}/\partial z$ を支配する3つめのパラメータと考えられる．

　気温の鉛直勾配と，上記であげられた3つのパラメータ，それぞれの次元は，

$$\begin{cases} \dfrac{\partial \overline{T}}{\partial z} & [\Theta\, L^{-1}] \\ u_* & [L\, T^{-1}] \\ z & [L] \\ \overline{w'T'} & [\Theta L\, T^{-1}] \end{cases} \tag{4.14}$$

となる．ここで Θ は温度の次元である．次元が3つに対して4つのパラメータがあるので，式 (4.9) と同様に無次元量が1つこれらのパラメータから作られ，これが定数に等しくなる．この定数を $1/k$ と表すと，

$$\frac{zu_*}{\overline{w'T'}}\frac{\partial \overline{T}}{\partial z} = \frac{1}{k} \tag{4.15}$$

となる．k はカルマン定数（von Kármán constant）とよばれる量で，近年の研究（Högström, 1996）ではほぼ 0.4 をとることが知られている．上式を $z = z_1$ から $z = z_2$ まで積分すると，気温の対数プロファイル

$$\overline{T}_1 - \overline{T}_2 = \frac{\overline{w'T'}}{ku_*}\ln\left(\frac{z_2}{z_1}\right) \tag{4.16a}$$

が得られる．ここで $\overline{T}_1$ と $\overline{T}_2$ は，それぞれ $z = z_1, z_2$ における平均気温である．同様にして，平均風速 $\overline{u}$，平均比湿 $\overline{q}$ のプロファイル

$$\overline{u}_2 - \overline{u}_1 = \frac{u_*}{k}\ln\left(\frac{z_2}{z_1}\right) \tag{4.16b}$$

$$\overline{q}_1 - \overline{q}_2 = \frac{\overline{w'q'}}{ku_*}\ln\left(\frac{z_2}{z_1}\right) \tag{4.16c}$$

を導くことができる．また，z_1 を地表面にとると $\overline{u}_1, \overline{T}_1, \overline{q}_1$ はそれぞれの地表面での値，すなわち $\overline{u}_s$（= 0, 地表面での風速はゼロ），$\overline{T}_s, \overline{q}_s$ となり

$$\overline{u} = \frac{u_*}{k}\ln\left(\frac{z}{z_0}\right) \tag{4.17a}$$

$$\overline{T_s} - \overline{T} = \frac{\overline{w'T'}}{ku_*}\ln\left(\frac{z}{z_{0h}}\right) \tag{4.17b}$$

$$\overline{q_s} - \overline{q} = \frac{\overline{w'q'}}{ku_*}\ln\left(\frac{z}{z_{0v}}\right) \tag{4.17c}$$

が得られる．ここで，z_0 と z_{0h}，z_{0v} はそれぞれ，比湿，風速，気温が地表面の値 $\overline{u_s} = 0$ と $\overline{T_s}$, $\overline{q_s}$ をとる高さで，粗度長（roughness length）とよぶ．粗度長 z_0 の大きさは，地表面上の大気の流れに対する抵抗物の大きさと強い関連があり，平坦な積雪面や裸地では 10^{-4} m 程度，畑や草地では 10^{-2} ～ 10^{-1} m 程度，森林で 10^{-1} ～ 1 m 程度，大都市では 10^1 m 程度というのが代表的な値である（近藤（1994a），表 5.2）．また，丘陵など，なだらかな地形が主な抵抗物となる場合も，大都市と同じ程度になる場合もある（Sugita and Brutseart, 1990a; Parlange and Brutsaert, 1989; Asanuma et al., 2000）．z_{0h} は z_0 の 10^1 ～ 10^{-3} 倍，z_{0v} は z_0 の 10^{-1} ～ 10^{-10} 倍などの値を取る（近藤（1994a），表 5.2）．z_{0h} と z_{0v} は，必ずしも同じ値を取らないことに注意が必要である．これらの粗度は，衛星リモートセンシングなどから $\overline{T_s}$ と $\overline{q_s}$ を求め，広域での蒸発量を求める時などには重要なパラメータである（たとえば，Brutsaert and Sugita, 1996）．

式（4.16a）～（4.16c），および式（4.17a）～（4.17c）は，比湿，風速，気温の鉛直プロファイルが中立条件で地表面からの高さの対数に比例して分布することを示している．これを対数分布（logarithmic profile）とよぶ．また，式（4.16a）～（4.16c）は，2 高度での風速，気温，比湿の差が，地表面フラックスに比例することを表している．図 4.5, 4.6 は，それぞれ風速，比湿のプロファイルの例である．

4.2.2 安定・不安定条件での接地層のプロファイル

大気の状態が安定・不安定条件の場合，中立条件に比べて，大気安定度が関連するパラメータとして加わってくる．このときは，式（4.15）のように右辺が定数ではなく，安定度の関数となる．モニン・オブコフ相似則（Monin-Obukhov similarity，たとえば，文字，2003; Brutsaert, 2008）においては，オ

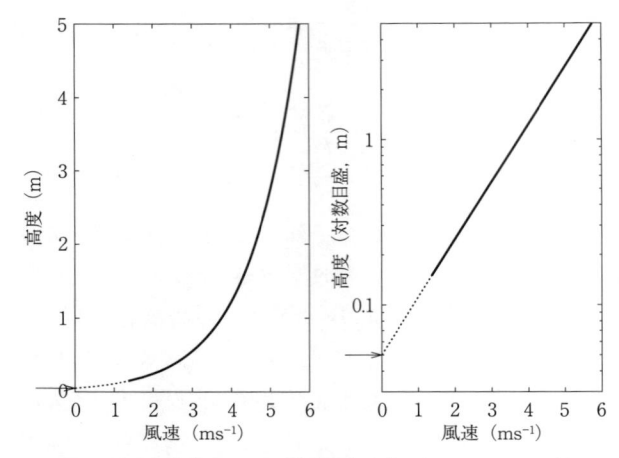

図 4.5 中立条件下での風速の対数分布の例．上図中の y 軸の矢印は粗度（$z_0 = 0.05$ m）を示す．左は実スケール，右は y 軸を対数目盛としたもの．界面層中では対数分布は成立しないので，点線で表していることに注意．

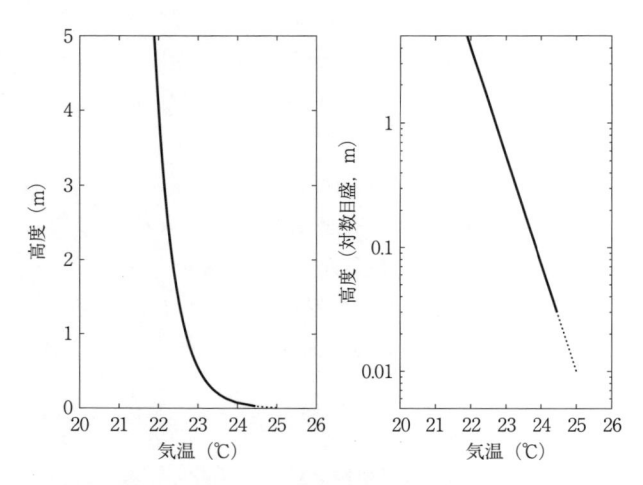

図 4.6 図 4.5 に同じ．ただし気温の対数分布の例で，$z_{0h} = 0.01$ m.

ブコフ長（Obukhov length），

$$L = \frac{-T_a u_*^3}{kg \overline{w'T_v'}} = \frac{-T_a u_*^3}{kg(\overline{w'T'} + 0.61 T_a \overline{w'q'})} \tag{4.18}$$

を用いて

$$\frac{z}{L} = -\frac{kgz \overline{w'T_v'}}{T_a u_*^3} = -\frac{kgz(\overline{w'T'} + 0.61 T_a \overline{w'q'})}{T_a u_*^3} \tag{4.19}$$

を安定度の指標とする．ここで，T_a は気温（絶対温度），g は重力加速度である．正確には，z/L は，地表面付近における浮力による乱れの生成と，風速シアーによる乱れの生成の比を近似的に表しており，詳細は文字（2003）などの大気境界層科学の書籍に詳しい．式（4.19）の分母は常に正であるのに対し，分子は中立時にはゼロ，不安定時に正，安定時に負になることから，z/L の符号は

$$\frac{z}{L} \begin{cases} <0 & \text{（不安定）} \\ =0 & \text{（中立）} \\ >0 & \text{（安定）} \end{cases} \tag{4.20}$$

となる．式（4.20）は，式（2.38），（2.40）と同じことを別の形で表現していることになる．

安定度のパラメータ z/L を用いて，気温の鉛直勾配は

$$\frac{zu_*}{\overline{w'T'}} \frac{\partial \overline{T}}{\partial z} = \frac{1}{k} \phi_{sh}\left(\frac{z}{L}\right) \tag{4.21a}$$

のように表される．風速，比湿に対しても同様に

$$\frac{z}{u_*} \frac{\partial \overline{u}}{\partial z} = \frac{1}{k} \phi_{sm}\left(\frac{z}{L}\right) \tag{4.21b}$$

$$\frac{zu_*}{\overline{w'q'}} \frac{\partial \overline{q}}{\partial z} = \frac{1}{k} \phi_{sv}\left(\frac{z}{L}\right) \tag{4.21c}$$

となる．ここで $\phi_{sh}(z/L)$, $\phi_{sm}(z/L)$, $\phi_{sv}(z/L)$ は，安定度 z/L のみに依存する関数であり，普遍関数（universal function）とか，無次元シアー関数（dimensionless shear function）などとよばれている．

中立の場合と同様に，式 (4.21a) を2つの高度の間で積分することによって，プロファイル

$$\overline{T}_1 - \overline{T}_2 = \frac{\overline{w'T'}}{ku_*} \left\{ \ln\left(\frac{z_2}{z_1}\right) - \Psi_{sh}\left(\frac{z_2}{L}\right) + \Psi_{sh}\left(\frac{z_1}{L}\right) \right\} \tag{4.22}$$

が求められる．ここで

$$\Psi_{sh}\left(\frac{z}{L}\right) = \int_{z_{0h}/L}^{z/L} \frac{1 - \phi(x)}{x} dx \tag{4.23}$$

である．または，式 (4.22) で $z_1 = z_{0h}$ とおくと

$$\overline{T}_s - \overline{T} = \frac{\overline{w'T'}}{ku_*} \left\{ \ln\left(\frac{z}{z_{0h}}\right) - \Psi_{sh}\left(\frac{z}{L}\right) \right\} \tag{4.24}$$

となる．$\overline{u}$, $\overline{q}$ についても，同様の式が得られる．式 (4.24) を (4.17b) と比較すると，中立条件の時（$z/L = 0$）は，$\Psi_{sh}(0) = 0$ であり，Ψ_{sh} は安定度に依存する対数則からのずれを補正している．Ψ_{sh} および風速や比湿プロファイルにおける同様の関数は，無次元関数（dimensionless function）あるいは無次元相似則関数（dimensionless similarity function）などとよばれるが，安定度補正関数とする方が，その機能をよりふさわしく表すかもしれない．

図 4.7 では，安定および不安定条件下での風速と気温のプロファイルを，中立条件下と比較した．風速プロファイルにおいても気温プロファイルにおいても，不安定条件下では，中立条件に比べて風速および気温の鉛直勾配が小さくなる．これは，2.3.3 項にあるように，不安定条件下では大気中の混合が促進されるため，高度ごとの差が小さくなるのである．これに対して安定条件ではこの逆で，大気中の混合が抑制されるため，鉛直方向の風速・気温の差が大きくなる．

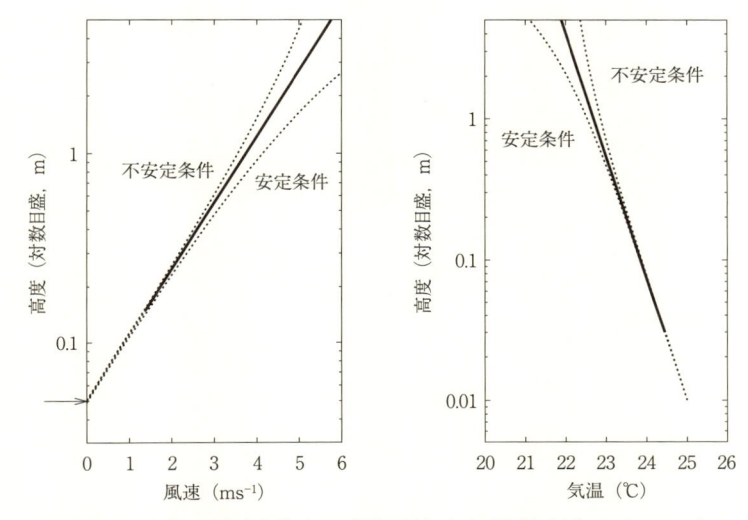

図 4.7 中立・安定・不安定条件下での風速（左）および気温（右）のプロファイルの概念を表した図．実線が中立条件下におけるプロファイル（**図 4.5, 4.6**），点線が安定，不安定条件下のプロファイル．

4.3 蒸発散量の観測法

1990 年代以降，地球環境計測の進展に伴って蒸発散量の観測方法は格段に進歩した．現在ではシベリアやチベットといった辺境地帯の条件のよくない地域でも，定常的な観測が長期間にわたって行われるようになった．その牽引的な役割を果たしたのは，ここで説明する渦相関法を中心とする微気象学的な手法である．

これまで，水文学における蒸発散研究は，そのまま観測法の研究であったといってよいほど，多くの観測手法が提案されてきた．すべての観測方法をここで解説するのは不可能であるので，いくつか代表的なもののみについて，解説を行う．工学的な応用を念頭においた蒸発散量の観測法，算定手法の解説は立川（2006）に詳しい．また，これまで観測方法とされてきたものも，今日においては，推定手法とした方がよいものがあり，次の 4.4 節において，そのいくつかを説明することとする．

本書で取り扱わない観測法，推定法の 1 つに，パン蒸発量があげられる．こ

れは，屋外に設置された蒸発パンとよばれる水槽からの蒸発量であり，旧来は可能蒸発量の1つとして考えられてきたが，近年では，あまり利用されることが少なくなっている．また，降水量や流出量の観測値を用いて，流域の水収支式の残差として流域蒸発散量を求める水収支法もある．これは，蒸発散量の観測法というよりは，水収支研究（たとえば新井，2004など）の一環と考えてよいであろう．

4.3.1 渦相関法

4.2.2項で述べたように，顕熱フラックスは気温と鉛直風の変動値との共分散に比例し（式（4.11）），運動量フラックスは水平風速と鉛直風の共分散によって表される（式（4.12））．これと同様に，潜熱フラックスは，比湿と鉛直風の共分散として

$$L_e E = \rho L_e \overline{w'q'} \qquad (4.25)$$

のように表される．渦相関法（eddy correlation method），あるいは渦共分散法（eddy covariance method）は u', w', q', T' といった変動成分の瞬間値を高速に計測することにより，式（4.11），式（4.12），式（4.25）の共分散を得て，潜熱・顕熱・運動量フラックスを観測する手法である．乱流による変動の瞬間値を観測するため，地表面付近では約1Hz以上での高速な観測が必要であり，特別な機器を必要とする．通常は，T' および w' を超音波風速計で測定し，q' を赤外線式ガス分析計で計測する．詳細なセンサーの原理や観測方法，観測データのデータ処理方法については，塚本ほか（2001），文字（2003），Lee *et al.*（2005）などに詳しい．また，同様の手法は二酸化炭素フラックスの観測にも応用が可能であり，さまざまな植生面での炭素収支の長期的な観測ネットワークによって得られる情報から，地球上の植生における二酸化炭素交換の支配要因が明らかになりつつある（Baldocchi *et al.*, 2001）．

渦相関法は，式（4.25）をそのまま計測するので，仮定を必要としない直接観測法として，最も信頼できると考えられている．渦相関法における問題点，観測データ処理の手法などについては，Lee *et al.*（2005）や Mahrt（1998）

に詳しく解説されている。図4.8は、晴天日の昼間における鉛直風速、気温、比湿の30秒間の観測値の例である。

　過去20年間での渦相関法のもう1つの進歩として、航空機搭載センサーによる渦相関法の適用があげられる（浅沼ほか、2003a）。航空機により移動観測を行うことで、広域平均の蒸発量、あるいはその空間分布を計測することが、今日ではそれほど珍しくなくなった（たとえば、Hiyama *et al.*, 2003; Strunin *et al.*, 2004 など）。これは、1980年代前半までに開発が進んできた航空機による乱流計測技術（Lenschow, 1986）を、1980年代後半のHAPEX-Mobilhy（Asanuma and Brutsaert, 1999）や、FIFE（浅沼ほか、2003b）などの大型プロジェクトで地表面フラックスの計測に応用したものである。

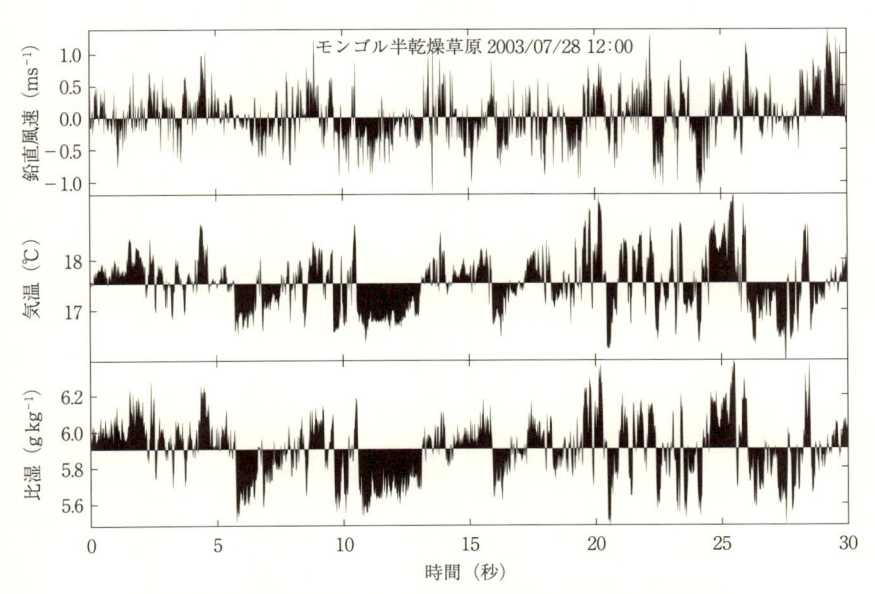

図4.8　鉛直風速 w，温度 T，比湿 q の乱流変動成分．モンゴル半乾燥草原での観測値（Li *et al.*, 2006）．平均からの偏差を黒で塗りつぶして表示している．

4.3.2 バルク法・プロファイル法

中立条件での接地層のプロファイル式(4.16b)と(4.16c)から

$$L_e E = \rho L_e \overline{w'q'} = \frac{\rho L_e k^2}{\{\ln(z_2/z_1)\}^2}(\overline{u}_2 - \overline{u}_1)(\overline{q}_1 - \overline{q}_2) \qquad (4.26\mathrm{a})$$

式が導き出される．顕熱フラックス，運動量フラックスについても同様に，式(4.16a)と(4.16b)から

$$H = \rho c_p \overline{w'T'} = \frac{\rho c_p k^2}{\{\ln(z_2/z_1)\}^2}(\overline{u}_2 - \overline{u}_1)(\overline{T}_1 - \overline{T}_2) \qquad (4.26\mathrm{b})$$

$$\tau = \rho u_*^2 = \frac{\rho k^2}{\{\ln(z_2/z_1)\}^2}(\overline{u}_2 - \overline{u}_1)^2 \qquad (4.26\mathrm{c})$$

となる．式(4.26a)～(4.26c)は，2高度の比湿，温度，風速の観測から，潜熱，顕熱，運動量フラックスを計算するものであり，プロファイル法(profile method)とよばれる．

プロファイル法の z_1 を地表面にとり，式(4.17a)～(4.17c)を用いると

$$L_e E = \rho L_e C_E \overline{u}(\overline{q}_s - \overline{q}) \qquad (4.27\mathrm{a})$$

$$H = \rho c_p C_H \overline{u}(\overline{T}_s - \overline{T}) \qquad (4.27\mathrm{b})$$

$$\tau = \rho C_D \overline{u}^2 \qquad (4.27\mathrm{c})$$

を得る．式(4.27a)～(4.27c)はバルク法(bulk method)とよばれ，地表面の比湿，温度と1高度の比湿，温度，風速の観測から潜熱・顕熱，運動量フラックスを計算するものである．定数 C_E, C_H, C_D は，バルク係数(bulk coefficient)あるいはバルク輸送係数(bulk transfer coefficient)とよばれ

$$C_E = \frac{k^2}{\ln\left(\frac{z}{z_0}\right)\ln\left(\frac{z}{z_{0v}}\right)} \quad C_H = \frac{k^2}{\ln\left(\frac{z}{z_0}\right)\ln\left(\frac{z}{z_{0h}}\right)} \quad C_D = \frac{k^2}{\left\{\ln\left(\frac{z}{z_0}\right)\right\}^2} \qquad (4.28)$$

で与えられる．バルク法については，近藤(1994a)に詳しい．

式（4.28）は，中立条件下における式である．一般条件下では，バルク係数 C_E, C_H, C_D は一定ではなく安定度に依存する．モニン・オブコフ相似則の表現（比湿に対する式（4.24））を用いれば，C_E は

$$C_E = \frac{k^2}{\left\{\ln\left(\frac{z}{z_0}\right) - \Psi_{sm}\left(\frac{z}{L}\right)\right\}\left\{\ln\left(\frac{z}{z_{0v}}\right) - \Psi_{sv}\left(\frac{z}{L}\right)\right\}} \quad (4.29)$$

と表される．L の計算に H や u_* が必要なので，実際にこの式を用いて地表面フラックスを計算するには，式（4.27a）〜（4.27c），（4.18），（4.13）などの関連する式とともに非線形連立方程式として，数値解を求めることになる（Sugita and Brutsaert, 1990b など）．

4.3.3 熱収支ボーエン比法

式（4.16a）と（4.16c）の比をとると，式（2.15）で定義するボーエン比が

$$\mathrm{Bo} = \frac{H}{L_e E} = \frac{c_p}{L_e} \frac{\overline{T_1} - \overline{T_2}}{\overline{q_1} - \overline{q_2}} \quad (4.30)$$

のように得られる．これは，2高度での温度，比湿の観測があれば，ボーエン比が求められることを示している．得られたボーエン比を熱収支式（式（4.1））とともに用いると，顕熱，潜熱フラックスが

$$L_e E = (R_n - G)\frac{1}{1 + \mathrm{Bo}} \quad H = (R_n - G)\frac{\mathrm{Bo}}{1 + \mathrm{Bo}} \quad (4.31)$$

のように求められる．このように2高度の温度，比湿の観測と正味放射，地中熱流量の観測から，顕熱，潜熱フラックスを求める方法を熱収支ボーエン比法（energy balance Bowen ratio method）あるいは単にボーエン比法（Bowen ratio method）とよぶ．熱収支ボーエン比法は，最も古典的な熱収支観測法の1つである．

式（4.16a）と（4.16c）は中立時のものであるが，中立条件以外の時も，式（4.21a）と（4.21c）を比較すれば

$$\phi_{sv}\left(\frac{z}{L}\right) = \phi_{sh}\left(\frac{z}{L}\right) \tag{4.32}$$

が成立する時は，やはり式（4.30）が得られる．式（4.32）は，温度と比湿の鉛直プロファイルの安定度依存が等しいことを示す．一般に温度や比湿などをスカラー量とよぶが，スカラー量が接地層内の乱流によって，同じメカニズムで輸送されていれば，式（4.32）が成立する．このようなスカラー量同士の輸送特性が同じであることを，スカラー間の相似性（scalar similarity）（たとえば Katul *et al.*, 1995；Asanuma *et al.*, 2007 など）とよび，特に接地層の重要な性質であるが，地表面が不均一な場合など厳密には成立しない時もあることに注意が必要である．

4.4　蒸発散量の推定法・モデル

4.4.1　可能蒸発量

可能蒸発量（potential evaporation）は，十分に広くかつ一様な地表面が，十分に水分を供給された時の蒸発量の最大値（Brutsaert, 1982）を指す．「十分に広く」および「一様な」とは，局地的な移流の影響を受けないことを示し，また「十分に水分を供給された」とは，土壌水分の減少に伴う蒸発抑制の影響を受けないことを示す．

古くから，可能蒸発量を温度や日射などの経験的な式で表そうとする試みが行われてきた．この中にはハモン式やソーンスウェイト式などがあり，現在でも実用の場で用いられている（榧根，1980，第 3 章；高橋，1990，第 3 章など）．その一方で，第 2 章で述べた熱収支やこの章で触れたバルク法などを用いて，より理論的に求めようという試みは，まず Penman（1948）によってなされた．

地表面が十分に湿っている時，地表面の水蒸気圧 $\overline{e_s}$ は地表面温度 $\overline{T_s}$ に対する飽和水蒸気圧 $\overline{e_s} = e^*(\overline{T_s})$ で与えられる．ボーエン比法（式（4.30））において，z_1 を地表面，z_2 を大気中に取り，比湿と水蒸気圧の関係 $q = 0.622 e/p$（式 2.20）を用いると，ボーエン比は

$$\mathrm{Bo} = \frac{c_p p}{0.622 L_e} \frac{\overline{T_s} - \overline{T}}{e^*(\overline{T_s}) - \overline{e}} = \gamma \frac{\overline{T_s} - \overline{T}}{e^*(\overline{T_s}) - \overline{e}} \tag{4.33}$$

と表される．ここで，$\gamma = c_p p / (0.622 L_e)$ は乾湿計定数 (psychrometric constant) である．式 (4.33) は

$$\begin{aligned}\mathrm{Bo} &= \gamma \frac{\overline{T_s} - \overline{T}}{e^*(\overline{T_s}) - e^*(\overline{T})} \frac{e^*(\overline{T_s}) - e^*(\overline{T})}{e^*(\overline{T_s}) - \overline{e}} \\ &\simeq \frac{\gamma}{\Delta} \frac{e^*(\overline{T_s}) - e^*(\overline{T})}{e^*(\overline{T_s}) - \overline{e}} = \frac{\gamma}{\Delta} \left\{ 1 - \frac{e^*(\overline{T}) - \overline{e}}{e^*(\overline{T_s}) - \overline{e}} \right\}\end{aligned} \tag{4.34}$$

のように，近似することができる．ここで，$\Delta \equiv de^*(T)/dT$ は飽和水蒸気圧曲線の傾きで気温のみの関数である．式 (4.34) を熱収支式 $R_n - G = H + L_e E = L_e E(1 + \mathrm{Bo})$ に代入すると

$$R_n - G = L_e E \left(1 + \frac{\gamma}{\Delta}\right) - L_e E \frac{\gamma}{\Delta} \frac{e^*(\overline{T}) - \overline{e}}{e^*(\overline{T_s}) - \overline{e}} \tag{4.35}$$

となる．式 (4.27a) から $L_e E = L_e f(\overline{u}) \{ e^*(\overline{T_s}) - \overline{e} \}$ とおき，式 (4.35) の右辺第2項に代入すると，

$$L_e E_{pen} = \frac{\Delta}{\Delta + \gamma}(R_n - G) + \frac{\gamma}{\Delta + \gamma} L_e E_A \tag{4.36}$$

を得る．ここで，$E_A = f(\overline{u}) \{ e^*(\overline{T}) - \overline{e} \}$ である．式 (4.36) はペンマンの可能蒸発量 (Penman's potential evaporation) あるいはペンマン式 (Penman equation) とよばれ，代表的な可能蒸発量算定式である．Δ，γ は主に気温に依存するため，式 (4.36) の右辺第1項は，熱収支の分配の温度による依存を表している（**図 4.9** 参照）．

式 (4.36) 右辺第2項の $f(\overline{u})$ としては，Penman (1948) は，高さ2mの風速 $\overline{u_2}$ を用いて

$$f(\overline{u}) = 0.26(1 + 0.54 \overline{u_2}) \tag{4.37}$$

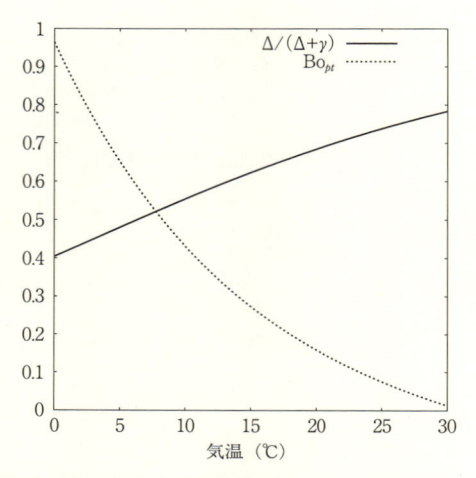

図 4.9 $\Delta/(\Delta+\gamma)$ と式 (4.41) から得られる Bo_{pt}. 1 気圧の時.

を提案している．式中の定数は，E_A，e の単位がそれぞれ，mm d^{-1}，hPa であることを前提としている．式 (4.27a) を用いると

$$E_A = \rho \frac{0.622}{p} C_E \overline{u}(e^*(\overline{T}) - \overline{e}) \tag{4.38}$$

となる．長期平均の可能蒸発量を求めるためには，このような大まかな経験式で十分な計算値が得られることは，Brutsaert (2008, p.101-102) に詳しい．厳密な相似則に基づいた式 (4.29) を用いると，安定度を考慮した E_A の式が

$$E_A = \frac{0.622\rho k^2}{p} \frac{\overline{u}(e^*(\overline{T}) - \overline{e})}{\left\{\ln\left(\frac{z}{z_0}\right) - \Psi_{sm}\left(\frac{z}{L}\right)\right\} \left\{\ln\left(\frac{z}{z_{0v}}\right) - \Psi_{sv}\left(\frac{z}{L}\right)\right\}} \tag{4.39}$$

のように導出できる．式 (4.39) を用いた式 (4.36) はペンマン・ブルツァールト式 (Penman – Brutsaert equation) とよばれ，Katul and Parlange (1992) などに応用例がある．

式 (4.36) の右辺第 2 項は，飽差 (vapor pressure deficit) $e^*(\overline{T}) - \overline{e}$ に依存し，湿潤な地表面が広大であれば，大気が地表面と平衡して小さくなることが

予想される.そのため,この右辺第2項は,移流の影響を表すと考えられることから,移流項（advection term）とよばれる.Priestley and Taylor (1972) は,移流が最小限の条件では,可能蒸発量は

$$L_e E_{pt} = \alpha_{pt} \frac{\Delta}{\Delta + \gamma}(R_n - G) \tag{4.40}$$

のように表されるとした.ここで α_{pt} は定数で,Priestley and Taylor (1972) は $\alpha_{pt} = 1.26$ とした.式（4.40）を用いるとボーエン比は

$$\mathrm{Bo}_{pt} = \frac{\Delta + \gamma}{\alpha_{pt} \Delta} - 1 \tag{4.41}$$

となる.図 4.9 に示すように,Bo_{pt} は気温に対して減少傾向となり,湿潤条件では気温の上昇とともにボーエン比が減少することを示している.

　実務面でも研究面でも可能蒸発量は,実用的でかつ有用な蒸発散量の指標である.しかしながら厳密な意味では可能蒸発量は曖昧な概念である（近藤,1989, 1997；近藤・徐,1997）.この理由には2つある（Brutsaert, 2008, p.103-104）.1つは植生との関係である.前述のとおり,可能蒸発量は十分に湿った地表面からの蒸発量であるが,植生面の場合は植生の生育段階や種類,植生密度などに大きく依存し,ペンマンの可能蒸発量よりも大きな蒸発散量が植生面上で観測されることも稀ではない.そのため,「可能蒸発量＝蒸発散量の最大値」という単純な考え方が,必ずしも植生面では成立しない.可能蒸発量が曖昧な2つめの理由は,可能蒸発量は湿った地表面からの蒸発量と定義されているが,現実には完全に湿っていない地表面が,仮想的に十分に湿った場合の蒸発量として求められることが多いためである.このような場合は,仮想的な湿潤面蒸発量を完全に湿っていない地表面上で計測された気象条件から求めることとなり,高い気温から過大な可能蒸発量が計算されてしまうことになる.乾燥地などの気象観測値を用いて可能蒸発量を計算すると,非現実的な値となるのはこのためである.これを真の可能蒸発量と区別するため,見かけの可能蒸発量（Brutsaert, 2008）とよぶ.

■ 飽和水蒸気圧曲線の傾き

式（2.24）を用いると，飽和水蒸気圧曲線の傾きは

$$\Delta = \frac{de^*(T)}{dT} = \frac{abc}{(T+b)^2} \exp\left(\frac{aT}{T+b}\right) \tag{4.42}$$

を用いて評価することができる．

4.4.2 裸地土壌面からの蒸発

裸地面土壌からの蒸発量の土壌水分への依存性を定式化する方法として2通りが考えられてきた．第1は，蒸発散量の可能蒸発量に対する比（蒸発比）を土壌水分の関数としてとらえる方法である．初期の代表的な例として，Davies and Allen (1973) は Priestley and Taylor (1972) の可能蒸発量（式 (4.40)）に対する蒸発比を表層土壌水分量の関数として

$$L_e E = \alpha_{pt} \beta(\theta) \frac{\Delta}{\Delta+\gamma}(R_n - G) \tag{4.43}$$

のように表し，$\beta(\theta)$ の経験式として $\beta(\theta_5) = 1 - \exp(-10.563\theta_5/\theta_f)$ を与えている．ここで θ_5，θ_f はそれぞれ，地表面から5cmまでの土壌水分，圃場容水量（field capacity, 6.2.1項）である．同様の関係式がこれまで多く提案されている (Chen and Brutsaert, 1995)．

第2の方法は，バルク法（式 (4.27a)）に土壌水分に依存するパラメータを組み込む方法である．これには従来から

$$L_e E = \rho L_e C_E \bar{u} \{\alpha(\theta) q^*(\overline{T_0}) - \bar{q}\} \tag{4.44a}$$

$$L_e E = \rho L_e C_E \bar{u} \beta(\theta) \{q^*(\overline{T_0}) - \bar{q}\} \tag{4.44b}$$

という2通りが存在する (Kondo et al., 1990; Lee and Pielke, 1992; Ye and Pielke, 1993 など)．$q^*(\overline{T_0})$ は $\overline{T_0}$ における飽和比湿である．このうち式 (4.44a) は，地表面の相対湿度（式 (2.23)）を $r = \alpha(\theta)$ として表層土壌水分の関数として与えている．一方，式 (4.44b) は，次項で述べる植生の葉面からの蒸散と同様の概念を用いて，抵抗値を土壌水分の関数で表したものに相当する．

4.4.3 植生面からの蒸散

植生面での蒸発散が裸地面と大きく異なる点は，2点ある．その第1は，前述のとおり，蒸散は植生の生理活動であるため，蒸散量は気温，湿度，土壌水分などに加えて，植物の生理活動そのものに依存する．第2は，植生が時に数cmから数10mという大きな力学的な粗度を形成するため，植生と大気との間の交換プロセスが，裸地のような小さい粗度の場合よりも，大きな乱流の渦によって効率的に輸送されることにある（Finnigan, 2000; 文字, 2003, 第3章など）．

植生面からの蒸発散量は，バルク法（式 (4.27)）よりも抵抗形式の記述にして，議論することが多い．式 (4.27b) を

$$H = \rho c_p \frac{\overline{T_s} - \overline{T}}{r_a} \tag{4.45}$$

のように書き直す．ここで，$r_a = 1/(C_H \overline{u})$ を空気力学的抵抗（aerodynamic resistance）とよび，葉面から熱が大気中に拡散する時の抵抗を表す．

植物からの蒸散量は，植物の生理活動などの効果を組み込むことを念頭に，以下のように考える．まず，葉1枚，1枚の個葉レベルについては

$$L_e E = \frac{\rho c_p}{\gamma} \frac{e^*(\overline{T_s}) - \overline{e}}{r_a + r_{st}} \tag{4.46}$$

のように記述できる．ここで，r_{st} は気孔抵抗（stomatal resistance）で，水蒸気が葉面の気孔の中から気孔の外側に拡散するまでの抵抗を表す．式 (4.46) は，気孔抵抗と空気力学的抵抗が直列に連結している概念を用いている．

式 (4.46) は，個葉レベルの蒸散を表す式であるが，群落全体からの蒸散は

$$L_e E = \frac{\rho c_p}{\gamma} \frac{e^*(\overline{T_s}) - \overline{e}}{r_a + r_c} \tag{4.47}$$

のように表される．ここで，r_c は群落抵抗（canopy resistance）で，群落全体の気孔抵抗に相当する部分である．気孔抵抗と群落抵抗の1次近似的な関係としては（Pitman, 2003）

$$r_c = r_{st}/L_A \tag{4.48}$$

などがある．ここで，L_A は葉面積指数（LAI, leaf area index）とよばれ，単位面積中に存在する葉の片面の面積の総量（$m^2 m^{-2}$）である．代表的な値としては，温帯常緑樹林（$12\,m^2 m^{-2}$），草原・ステップ・農耕地（$4\,m^2 m^{-2}$）などである（Larcher, 2004, 表 2.18）．群落抵抗は，外部条件に対する気孔の開閉に依存し，植物種ごとに水分生理や植物季節（フェノロジー）などと密接に関係し（塚本，1992, 第 3 章），光合成有効放射（PAR, photosynthetically active radiation），気温，飽差，葉内水分ポテンシャル，大気中の二酸化炭素濃度などの関数としてモデル化されることが多い（Jarvis, 1976 など）．

式（4.46）に示す群落抵抗の概念をペンマンの可能蒸発量に適用するとペンマン・マンティース式（Penman-Monteith equation）

$$L_e E_{pm} = \frac{\Delta(R_n - G) + \gamma L_e E_A}{\Delta + \gamma(1 + r_c/r_a)} \tag{4.49}$$

を得られる．

4.4.4　陸面モデル

1990 年代以降，地表面における熱・水収支分配をさらに正確に表現しようとするモデル構築は，大循環モデル（GCM, General Circulation Model）や領域気候モデルなどの大気モデルの，地表面部分の計算部分を担う陸面モデル（あるいは陸面パラメタリゼーション，陸面スキーム，land surface model）の開発を中心に行われている．陸面は大気運動にとって重要な熱や水蒸気の源であるため，水文プロセスを含む陸面プロセスを正確にモデルで表現することは，天気予報や気候変動予測の精度向上にとって重要である．

初期の陸面モデルは，Manabe（1969）のバケツモデルなどのように，最低限のプロセスを簡略に表現したものであった．その後，計算機能力の向上に伴って，陸面モデルは土壌浸透，河川流出や植生生理プロセスなど，陸面におけるさまざまなプロセスのモデルを含む複雑なものになっている（Pitman, 2003 など）．特に近年では，地表面での炭素放出・吸収プロセスを表現するために，

植生の光合成プロセスが組み込まれ，植物の生理活動と蒸散の関係がよりよく表現されるようになった．代表的な陸面モデルとして，SiB2 (Sellers et al., 1996)，CLM (Dai et al., 2003) などがあげられる．また国内で開発されたものにも，SiBUC (田中ほか，2003)，MATSIRO (Takata et al., 2003) などがある．

　陸面モデルは，大気モデルの各時間ステップごとに，地上付近での気温，比湿，風速，気圧，降水量，日射量を入力値として大気モデルより受け取り，土壌や植生の水文特性，放射特性，形態特性などのパラメータを用いて，地表面熱収支（式 (4.1)），水収支（式 (2.16)），放射収支（式 (2.3)）の各項目を計算して，大気モデルにわたす．また，土壌水分量や地温などの熱や水の陸面での貯留量をモデル内に記憶して，次の時間ステップに引き継ぐ．地表面熱収支の計算には，式 (4.43)，(4.46) あるいはその発展形などを用いている．

　陸面モデルは，本来は大気モデル内の陸面での熱・水の再分配プロセスの計算用に開発されたものであるが，大気モデルとは切り離した単体のモデルとして，すなわちオフライン (off line) で，地表面の熱・水収支や水文プロセスのモデルとして使用されることも多くなった．特に，再解析データを入力値にして全球や広域を対象に計算を行い，さまざまな気候帯および土地被覆における熱収支の依存因子を明らかにする試み（たとえば，Kato et al., 2007 など）や，過去の長期計算を行うことによってその長期変動要因を明らかにする試み（たとえば，Qian et al., 2007 など）などの研究が行われている．今後は，高解像度再解析データの利用による陸面モデル計算の高解像度化や，衛星観測によって得られたデータを効率的に陸面モデルの計算に取り込むことによって，計算結果の精度向上をはかる陸面同化手法 (land data assimilation) (Houser et al., 1998) などによって，より現実に近い推定を行うことが課題である．

　図 4.10 は米国国立大気研究センターで開発されている全球陸面同化システム (Rodell et al., 2004) によって計算された，全球の蒸発散量の気候値の計算例である．図 3.10 の降水量と対比すると，アマゾンなどの熱帯の多雨地域で多く，中央アジアやアラビア半島などの乾燥地域で少ないといった一般的な地理分布が表現できている．モデルによる蒸発散量の推定値にはまだ多くの不確実性が含まれており，今後地上あるいは衛星観測と比較・検証され，精度と解

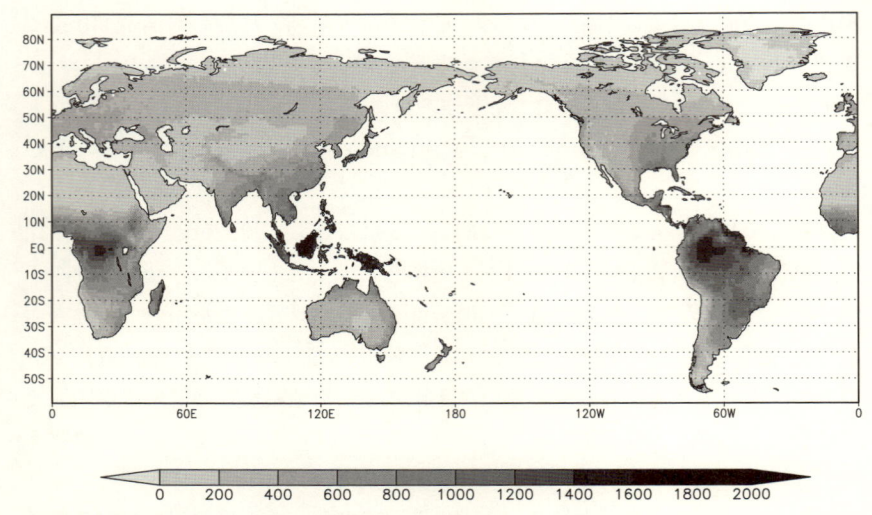

図 4.10 陸面モデルを用いた全球の陸面蒸発散量の推定の例．全球陸面データ同化システム（Rodell *et al.*, 2004）上で，CLM を用いた推定の例．1979 〜 2007 年の平均（mm yr^{-1}）．

像度が向上していくことが期待される．その際に，4.3 節で述べた最近の測定方法の進歩や，全球に展開された観測ネットワークが，重要な役割を果たすであろう．

第5章 地表面を介した降雨の分配

　地表面にもたらされた降水（第3章）は，地上部の植生や比較的浅い深度の土壌を含めた地表面近傍の領域を介して分配される．すなわち，地表面に植生が存在すれば，降水はそれに付着して流下したり，あるいはふたたびしたたり落ち，または地表面に到達することなく大気へ蒸発したりする．植生による分配を経て地面に達した降水は，地中に浸み込み土壌水や地下水（第6章）となる．本章では，このような地表面近傍における降水の分配プロセスを中心に解説する．

☞『水文学』3.4節「遮断」，8章「地中の水：多孔体中の流体力学」，9章「浸透および関連する不飽和流」．

5.1 植生による降雨の分配

　地表面に植生が存在すると，降水が地中へと浸透するまでに複雑な経路をたどることになる．この影響は，地表面を密に覆い，葉面積指数（4.4.3項）の大きな森林で特に顕著である．このため，本節では森林に焦点を絞り，森林が降雨の分配にどのような影響を及ぼしているのかみていくことにする．降雪の遮断については，Lundberg and Halldin（2001）などに詳しい．

　森林上に降り注いだ雨（林外雨，gross rainfall）のうち一部は樹木の葉，枝，幹によって捕捉される．これを遮断(interception)とよぶ．遮断された雨水は，樹冠通過雨（throughfall），樹幹流（stemflow）に分配され林床面に到達し，樹体に付着した降雨の一部は林床面に到達することなく蒸発（遮断された降雨の蒸発，evaporation of intercepted rainfall，あるいは遮断損失，interception loss ともよばれる）する（**図 5.1**）．林外雨量を PD（$= P \times D$, P は降雨強度 $[\mathrm{L\,T^{-1}}]$, D は降雨継続時間 $[\mathrm{T}]$）とすると，1雨当たりのこのプロセスは

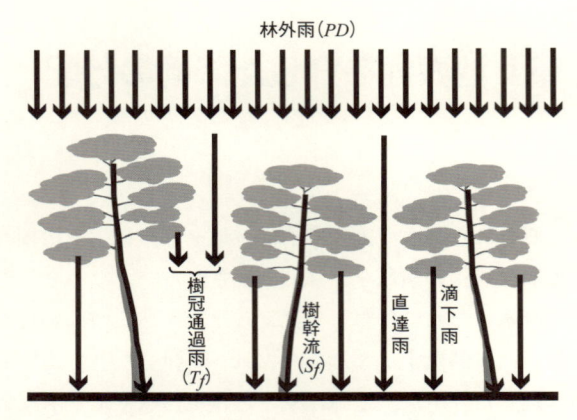

図5.1 林冠による林外雨の配分過程の模式図．矢印は水の移動経路を示す．

$$PD = T_f + S_f + L_i \tag{5.1}$$

で表される．ここで，T_f は樹冠通過雨量，S_f は樹幹流量，L_i は遮断損失量である．各項の単位として単位面積当たりの体積である水柱高 $[L^3 L^{-2}] = [L]$ が用いられる．次項で詳述するが，林外雨量に占める遮断損失量の割合（遮断率，L_i/PD）はおおむね10〜30%である．このように，森林が存在する地域において遮断損失は蒸散に次いで主要な蒸発散の構成要素である．本節では，樹冠通過雨，樹幹流，遮断損失それぞれの発生メカニズム，測定法もしくは推定法を中心に述べる．ところで，森林は複数の林分（stand）の集合体であり，その空間的スケールは遮断プロセスの議論の対象としては大きすぎるため，一般的には林分スケールがその対象となる．林分とは樹種や樹木の大きさなど，性質がある程度似通った樹木の集合体のことである．

5.1.1 遮断プロセスと定義

　森林に入力した降雨の一部は，林冠（forest canopy）にいったん捕捉され，葉や枝，樹皮の表面から滴下する．これを滴下雨（drip）とよぶ（**図5.1**）．一方，林冠の隙間（林冠ギャップ，canopy gap）を通過し，林冠に接触せずに林床面（forest floor）まで到達する雨滴も存在し，これを直達雨（direct rainfall)とよぶ(**図 5.1**).樹冠通過雨は滴下雨と直達雨の双方を含めた総称であり,林床面に雨滴として到達する.なお,樹冠通過雨にかかわる用語は文献によって若干定義が異なる場合があるので注意が必要である(田瀬(1989)や村上(1999)を参照のこと).林外雨量に占める樹冠通過雨量の割合(樹冠通過雨率)は約 70 〜 80% であり,樹冠通過雨量は式(5.1)右辺の各項のうち最も大きい(**表 5.1**).

樹冠に接触した降雨の一部は葉や枝を経て,あるいは直接樹幹に達し樹木の根元(樹木地際)まで流下する.これを樹幹流とよぶ(**図 5.1**).樹幹表面に樹皮の凹凸などが存在すると鉛直上方から樹幹流状に流下してきた水分の一部が滴下する場合があるが,これは樹冠通過雨に該当する現象である.林外雨量に対する樹幹流量の割合(樹幹流率)はおおむね 10% 以下と小さい(**表 5.1**).

表 5.1 温帯および亜寒帯での遮断蒸発量の測定事例

気候帯	森林のタイプ 主要な樹種	立木密度 (trees/ha)	樹冠通過雨率 T_f/PD (%)	樹幹流率 S_f/PD (%)	遮断率 L_i/PD (%)	出典
温帯						
	広葉樹林					
	クヌギ	350	72.4	2.5	24.0	Toba and Ohta (2005)
	マテバシイ	-	29.7	50.2	20.1	佐藤ほか (2002)
	ベアーオーク (scrub oak)	1411	82.0	0.54	17.4	Bryant et al. (2005)
	針葉樹林					
	アカマツ	1444	82.3	5.2	13.0	Toba and Ohta (2005)
	アカマツ	355	82.6	3.3	14.0	Toba and Ohta (2005)
	アカマツ	2700	82.0	1.0	17.0	Iida et al. (2005a)
	スギ	513	79.0	5.7	15.8	田中ほか (2005)
	ヒノキ	923	74.0	10.9	14.4	田中ほか (2005)
	タエダマツ (loblolly pine),ショートリーフパイン (shortleaf pine)	371	77.2	0.54	22.3	Bryant et al. (2005)
	ロングリーフパイン (longleaf pine)	2050	80.5	2.0	17.6	Bryant et al. (2005)
	混交林					
	アカマツ・ハンノキなど	1678	80.4	2.7	17.0	Toba and Ohta (2005)
	コナラ・サカキなど	2852	78.7	3.0	18.0	Toba and Ohta (2005)
	アカマツ・シラカシなど	4580	82.0	9.0	9.0	Iida et al. (2005a)
	コナラ・アカマツなど	5070	66.6	9.9	23.6	Park et al. (2000)*
	コナラ・オオバヤシャブシなど	1873	82.5	5.0	12.5	Park et al. (2000)*
	ホワイトオーク (white oak),ショートリーフパイン (shortleaf pine),タエダマツ (loblolly pine)	711	80.9	0.54	18.6	Bryant et al. (2005)
亜寒帯						
	針葉樹林					
	アカマツ	1492	64.3	0.028	36.0	Toba and Ohta (2005)
	カラマツ	840	71.3	0.003	29.0	Toba and Ohta (2005)

*夏季と冬季に分けてデータを表示しているため,再集計を行った.

広義の遮断損失は雨水が林床面に到達することなく大気中に戻される現象を指す．すなわち，狭義の定義に相当する，雨水によってぬれた林冠から生じる蒸発（wet canopy evaporation）だけでなく，林床面に存在する落葉や枝などの枯死した植物体（リター，litter）による遮断や，樹幹に着生した植物による水分の吸収なども含まれるが，狭義以外の研究例は少ない．したがって，一般に遮断損失と表現した場合には狭義の意味合いで用いられる場合が多く，本節でも同様である．

遮断損失量の評価に最も広く用いられる手法は，降雨時における林冠の水収支を用いるものである．式（5.1）を変形すると

$$L_i = PD - (T_f + S_f) \tag{5.2}$$

となり，林外雨量から5.1.2～5.1.3項で評価法を示す樹冠通過雨量および樹幹流量を差し引いた残差として遮断損失量を求めることができる．

温帯林の遮断率は約10～20％である（**表5.1**）．温帯林に属する国内の代表的な人工植生であるスギ林，ヒノキ林の測定例を取りまとめた結果では，これらの林分の遮断率は10～30％の範囲にある（田中ほか，2005）．また，世界の森林面積の最も大きい割合を占める熱帯林において行われた多数の測定を参照すると，いくつかの例外を除いて遮断率は10～20％である（蔵治・田中，2003）．一方，イギリスで行われた観測を取りまとめた結果によれば，平均遮断率は35％であり（Calder, 1990），**表5.1**に示した亜寒帯の値に近く，他の気候帯よりも大きい傾向にある．

5.1.2 樹冠通過雨量

一般に，林分の樹冠通過雨量 T_f は

$$T_f = \frac{\Sigma t_f}{n} \tag{5.3}$$

を用いて n 個の雨量計による地点樹冠通過雨量 t_f の算術平均値として算出される．

林冠では葉や枝が複雑に存在しているため，林床面に到達する樹冠通過雨は きわめて高い空間不均質性を有することが知られている．たとえば，ブラジル の熱帯林において，約1ヵ月間にわたり林外雨量と地点樹冠通過雨量を測定し， 林外雨量に対する地点樹冠通過雨量の割合 t_f/PD を調査した例（Lloyd and Marques, 1988）によると，t_f/PD が400％にも達する地点が観測されている （**図 5.2(a)**）．つまり，林内のある地点では林外雨量の4倍もの地点樹冠通過 雨量が観測されている．このように t_f/PD が100％を超える地点では，葉や枝 を伝って雨滴が集中しやすい傾向にあるものと考えられる．一方，イギリスの スコットパイン（Scots pine）林で観測された降雨強度は低く，また林分構造 が単純であるため，t_f/PD の分散は熱帯林と比較して相対的に小さい （**図 5.2(b)**）．同様の傾向が日本のアカマツ二次林でも観測されている （**図 5.2(c)**）．いずれにせよ，t_f/PD は0〜100％を超える範囲に広く分布して おり，地点樹冠通過雨量の空間不均質性はきわめて高い．

　地点樹冠通過雨量が高い空間不均質性を有していることから，林分の樹冠通 過雨量の正確な評価を行うために測定に用いる雨量計の個数を検討する必要が ある．Kimmins（1973）は t_f/PD の確率分布の形状がおおむね正規分布に従っ ているとみなすことができるため（**図 5.2**），求められる測定誤差で樹冠通過 雨量を評価するために必要な雨量計の個数を

$$n = \frac{t_{(\alpha,n-1)}^2 C_v^2}{C_i^2} \tag{5.4}$$

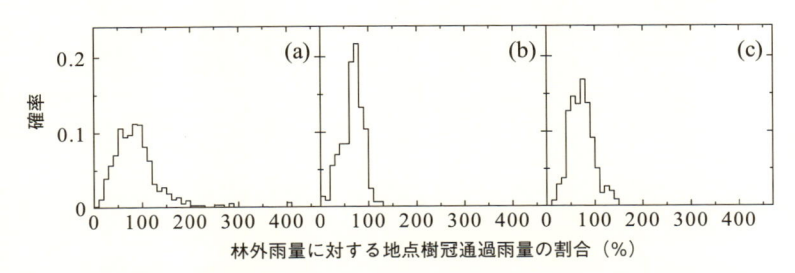

図 5.2 林外雨量に対する地点樹冠通過雨量の割合の確率分布．(a) ブラジルの熱帯林，(b) イギリスのスコットパイン林，(c) 日本のアカマツ林．(a)，(b) のデータは Lloyd and Marques (1988)，(c) のデータは田瀬 (1989) による．

を用いて統計学的に決定した．ここで，$t_{(\alpha, n-1)}$ は信頼度 α，自由度 $n-1$ の場合のスチューデントの t 値，C_v は n 個の t_f の変動係数，C_i は測定誤差を t_f の算術平均値に対する割合で示したものである．世界各地でこれまでに行われた研究例を参照し，式 (5.4) を用いて t_f の測定に用いられた雨量計の総受水面積と C_i の関係を検討すると（図 5.3），気候帯や樹種による差は大きいものの，C_i = 5% の精度を確保するためには総受水面積として少なくとも 1 m^2 以上を確保する必要がある．t_f の測定には，雨量計 1 台当たりの受水面積が小さい貯水型雨量計や転倒ます型雨量計，あるいは受水面積の大きい樋型雨量計が用いられるが（図 5.4），上述した総受水面積を満たす測定システムを構築する必要があることがわかる．なお，貯水型雨量計や転倒ます型雨量計を用いる場合，ある期間をおいて各雨量計の位置をランダムに変化させることによって C_i を低減させる方法も用いられる（たとえば，Holwerda et al., 2006）．

5.1.3　樹幹流量

まず，樹幹流の発生に影響を及ぼす因子について考えてみよう．Crockford and Richardson (2000) や Levia and Frost (2003) によるレビューによれば，樹幹流量は以下の 7 つの要素によって影響を受ける．

1　樹冠の大きさ：樹冠によって捕捉された雨水の一部が樹幹流を形成するため，樹冠の大きさが大きいほど樹幹流量は大きくなる．
2　葉の形状と方向：針葉樹では針葉 1 本 1 本の間に間隙を有するため，広葉

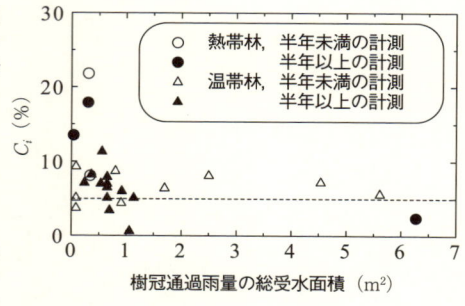

図 5.3　樹冠通過雨量の総受水面積と測定誤差率 C_i の関係．プロットした各データは以下の文献から算出した：Bryant et al. (2005), Carlyle-Moses et al. (2004), Clark et al. (1998), Holwerda et al. (2006), Iida et al. (2005a), Keim et al. (2005), Kimmins (1973), Kostelnik et al. (1989), Lin et al. (1997), Lloyd and Marques (1988), Loescher et al. (2002), Pedersen (1992), Price and Carlyle-Moses (2003), Puckett (1991), Raat et al. (2002), Rodrigo and Àvila (2001), Seiler and Matzner (1995), Staelens et al. (2006), Whelan et al. (1998), Zimmermann et al. (2007).

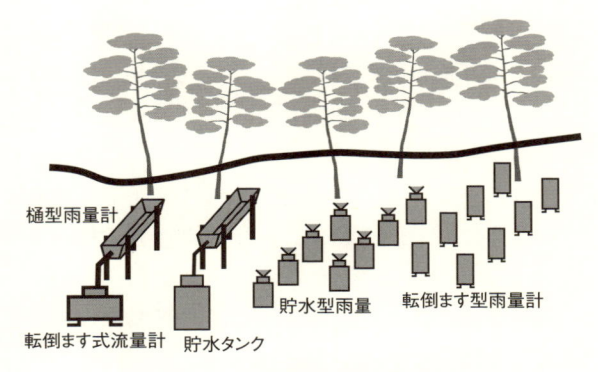

図 5.4　地点樹冠通過雨量の測定例.

に比べて雨滴が移動しにくく，樹幹流に寄与しにくい．また，葉の角度が鉛直に近い場合には，雨滴が葉に捕捉される確率は低くなり，葉による集水機能は低下する．

3　枝の角度：樹冠に付着した水分は重力によって下方に移動する．したがって，枝の角度が鉛直に近いほど樹幹流が発生しやすい．

4　樹幹流の流下経路に存在する障害物：枝や幹の樹皮の剥離などによる凹凸は滴下発生の要因となり，樹幹流を減少させる．

5　樹皮：厚く，水分を吸収しやすい樹皮を有する樹種では樹幹流は発生しにくく，平滑な樹皮の樹種では樹幹流は大きくなる．

6　林冠ギャップ：多くの林冠ギャップが存在する場合，雨滴が樹幹に直接到達しやすく，樹幹流も発生しやすい．

7　降雨中の風速：降雨中の風速が大きい場合，降雨はいわゆる横殴りの雨となり，風速が弱く鉛直方向に落下してくる場合の雨滴に比べて，樹幹に直接到達しやすくなる．したがって，風速が大きい場合には樹幹流量が相対的に大きくなる場合がある（Crockford and Richardson, 1987；蔵治ほか，1997；Iida et al., 2004）．

このように樹幹流はさまざまな要素によって影響を受けるため，当然，樹種によって樹幹流量は大きく異なり，また同一樹種でさえも樹高や樹冠の大きさに依存して樹幹流量は変化する．たとえば，Holwerda et al. (2006) はプエル

トリコの熱帯林において4樹種，合計22個体を対象に樹幹流量の測定を行い，その同一種個体間および種間差を検討している．その結果によれば，同一種個体間の比較でさえ樹幹流量の変動係数は36〜67％に達し，さらに種間比較では144％に達することを報告している．

　樹幹流量を測定するためには，まず，幹を流下してくる水分を集水する必要がある．樹幹流の集水には，背割りにしたホースや不透水性のマット（たとえばウレタンマットなど）を幹に巻きつける場合が多い（図5.5）．集水した水分は，転倒ます型流量計や貯水タンクを用いて計量する．こうして得られた単木の樹幹流量（s_{fV}）は体積の次元を有しているが，林外雨量や樹冠通過雨量と比較するために樹幹流量を水柱高で表示する必要がある．単木の樹幹流量を水柱高に換算する場合には，

$$s_{fH} = \frac{s_{fV}}{C_A} \quad (5.5)$$

のように樹冠投影面積（crown projection area, C_A）が用いられる．ここで，s_{fH}は水柱高の単位を有する単木の樹幹流量である．

　一方，林分スケールの樹幹流量S_fは，対象領域に存在するすべての樹木の樹幹流量の総和Σs_{fV}をその領域の面積P_Aで除した値

$$S_f = \frac{\Sigma s_{fV}}{P_A} \quad (5.6)$$

として定義される．しかし，対象領域内に存在する多数の樹木すべてにおいて

図5.5　樹幹流の集水装置の一例．上側を斜めに切ったウレタンマットなどを樹幹に巻きつけ，樹幹との間に溝を作り樹幹流を集水する．集水した樹幹流はホースを用いて転倒ます型流量計や貯水タンクなどへ導き計量する．

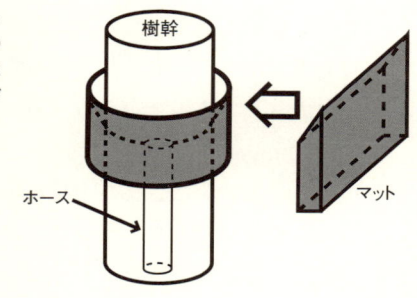

s_{fV} を測定し，Σs_{fV} を実測することは不可能に近い．そこで，樹幹流量に影響を与えるパラメータの1つである C_A と正の相関をもつ胸高直径（diameter at breast height）を用いて，s_{fV} との間で回帰式を作成し，Σs_{fV} を推定する場合が多い．胸高直径とは，胸高における樹幹の直径である．胸高とは，文字の示す通り，測定者の胸の高さを意味するが，実際の値は世界各国で若干異なる．国内では，北海道で林床面から1.3 m の高さ，それ以外で1.2 m の高さとされてきたが，最近では北海道以外でも1.3 m の高さとする場合がある．胸高直径と s_{fV} の間に明瞭な相関が存在しない場合は，単に s_{fV} を算術平均し，それに総個体数を乗じて Σs_{fV} を得る．

■ 下層木や下層植生の樹幹流量

人工林を除いて均一な大きさの樹木が林分を構成している例は少なく，多くの林分では大径の上層木とともに，小径の下層木あるいは下層植生が存在する．下層木や下層植生の樹幹流量は無視される場合が多いが，上層木よりもこれらの樹幹流量の方が大きい場合がある（Iida *et al.*, 2005a; Lloyd and Marques, 1988; Manfroi *et al.*, 2004; 村井，1970; 鈴木ほか，1979）．その例を図 5.6 に示す．この林分は複層の林冠を有し，アカマツが上層林冠を，シラカシ，ヒサカキ，ヤマウルシなどが下層林冠を形成している．樹高が低い下層木の樹幹流量が上層木のアカマツよりも大きいことがわかる．下層木や下層植生が卓越した林分で樹幹流量の測定を行う場合には，林分の樹幹流量を過小評価しないように，これらの樹幹流量を測定する必要がある．

図 5.6 アカマツ・シラカシ混交林を構成する各樹種別の樹幹流量．この林分では，アカマツによって他の樹種が被陰された状況となっており，アカマツが上層林冠を，それ以外の樹種が下層林冠を形成している．データは Iida *et al.* (2005a) による．

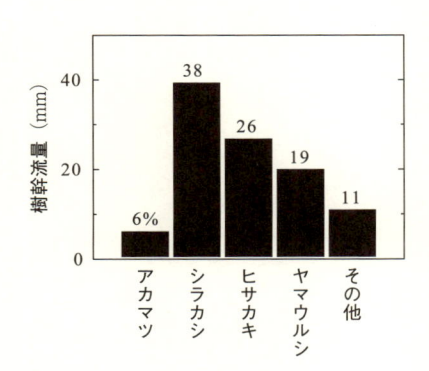

5.1.4 遮断損失量に影響を及ぼす因子

Horton（1919）は，遮断損失が降雨継続中と降雨停止後に発生する2つの成分の和であると考え

$$L_i = \int_0^D E_i dt + S = \overline{E_i}D + S \tag{5.7}$$

で表現した．ここで，D は降雨継続時間，E_i は遮断された水の蒸発速度，S は降雨終了後に発生する総蒸発量（＝樹体の降雨貯留量），$\overline{E_i}$ は1雨当たりの平均 E_i である．したがって，式（5.7）右辺の各要素そのもの，またこれらの要素に影響を及ぼす因子が遮断損失に影響を及ぼすことになる．

E_i は樹体に付着した水分の表面から発生する．すなわち，自由水面からの蒸発と似た現象であると考えられ，ペンマン式（4.36）を参照すると E_i は正味放射量や風速および飽差に依存するものと予想される．降雨中の正味放射量は小さいため，E_i は風速と飽差に大きく依存し，風速が大きくなるほど，また飽差が大きくなるほど大きくなる．一方，S は樹木の葉の形状や，樹体の大きさ，樹皮の粗さなど，主に樹木の形状によって変化する．これらの要因を考慮し，亜寒帯やイギリスにおける高い遮断率（5.1.1項）の理由を考察してみると，亜寒帯は他の気候帯と比較して飽差が大きく，それゆえ E_i も大きい可能性があることが原因の1つとして考えられる．また，亜寒帯やイギリスにおける1雨当たりの平均降雨強度 P は低く，1雨の総量に対して D が長いこともその一因であろう．

T_f と S_f は PD と高い正の相関を有するため（**図 5.7**）

$$T_f = a_{Tf}PD - b_{Tf} \tag{5.8}$$

$$S_f = a_{Sf}PD - b_{Sf} \tag{5.9}$$

の1次回帰式で表現することができる．ここで a は回帰式の傾き，b は y 切片であり，添え字 T_f は樹冠通過雨を，S_f は樹幹流を表す．b_{Tf} と b_{Sf} がゼロの場合，a_{Tf} と a_{Sf} はそれぞれ樹冠通過雨率と樹幹流率に等しくなる．このため，T_f および S_f が発生しやすい林分で a_{Tf} と a_{Sf} は大きくなる．式（5.8）と（5.9）の直

図 5.7 アカマツ・シラカシ混交林における一雨ごとの林外雨量と (a) 樹冠通過雨量および (b) 樹幹流量の関係. 各データは Iida et al. (2005a) による.

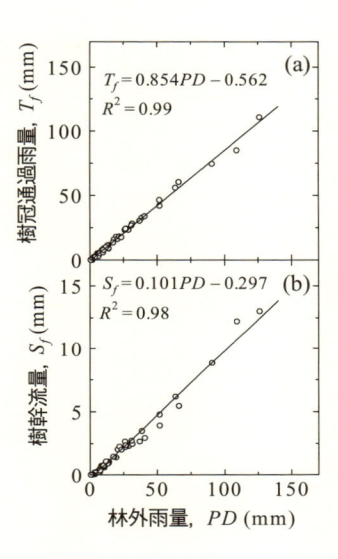

線の x 切片 b_{Tf}/a_{Tf}, b_{Sf}/a_{Sf} は T_f および S_f が発生するまでに要する雨量に相当する. 式 (5.8) と (5.9) を式 (5.2) へ代入して整理すると

$$L_i = (1 - a_{Tf} - a_{Sf}) \cdot PD + (b_{Tf} + b_{Sf}) \tag{5.10}$$

を得る. 式 (5.7) と (5.10) を比較すると

$$\overline{E_i} = (1 - a_{Tf} - a_{Sf}) \cdot P \tag{5.11}$$
$$S = (b_{Tf} + b_{Sf}) \tag{5.12}$$

の関係が得られる. 式 (5.11) は, a_{Tf}, a_{Sf} ならびに平均降雨強度 P から $\overline{E_i}$ を評価できることを意味している. また, 式 (5.12) より, 式 (5.8) と (5.9) の y 切片 b_{Tf} と b_{Sf} の和として, 間接的ではあるものの S を評価することができる.

■ E_i と S の推定法

E_i の推定法としては, 前述のとおりペンマン式の利用があげられる. また, S の直接的測定を試みた研究例も存在する. 具体的には, ①人工的に雨を降らせ樹体の

重量変化を測定する方法や，②枝や葉・幹を水に浸して重量を計測する方法，③ガンマ線を林分に照射しその減衰量を用いる方法，④マイクロ波の減衰量を用いる方法などがあげられる．これらの手法で測定された針葉樹の S はおおむね $1 \sim 3$ mm 程度である（表 5.2）．S の直接的評価を試みた研究例の中で，特に値の大きい $S = 8.3$ mm と見積もった Hervitz（1985）（表 5.2）は，葉や枝よりも樹皮に貯留される水分量が重要であることを示した．樹皮の降雨貯留量の評価を試みた研究例は Hervitz（1985），Liu（1998），Llorens and Gallart（2000），Iida et al.（2005a），Levia and Hervitz（2005）にみられる程度である．

表 5.2 直接的手法による降雨貯留量の測定事例．測定方法の詳細については本文を参照のこと

森林のタイプ	樹種	降雨貯留量(mm)	測定方法	出典
針葉樹	タエダマツ (loblolly pine)	1.0	①	Aston (1979)
	シトカスプルース (Sitka spruce)	1.1	①	Teklehaimanot and Jarvis (1991)
	シトカスプルース (Sitka spruce)	2.4	③	Olszyczka and Crowther (1981)
	ダグラスファー (Douglas fir)	2.4	④	Klaassen et al. (1998)
	スコットパイン (Scots pine)	1.2 – 2.7	②	Llorens and Gallart (2000)
	シトカスプルース (Sitka spruce)	2 – 3	③	Calder and Wright (1986)
熱帯混交林	Argyrodendron peralatum など	2.2 – 8.3	②	Herwitz (1985)

5.1.5 樹幹流による地下水涵養

樹幹流は樹木地際付近の極めて小さい面積に集中して流下し，浸透する．図 5.8 は東京都国分寺市の露頭において撮影されたものである．樹幹流が地際周辺に浸透している様子がわかる．このため，樹冠通過雨に比べて樹幹流は地下水を効果的に涵養する．たとえば，樹木地際周囲にテンシオメータを密に設置し，土壌水分ポテンシャルを連続測定した例では，降雨強度の最大値が観測された後まもなく，樹木直下において小山状に盛り上がった地下水面が形成されているのが観測されている（Durocher, 1990）．

Taniguchi et al.（1996）はアカマツ林において塩化物イオン濃度 C の物質収支式

$$T_f \cdot C_{Tf} + S_f \cdot C_{Sf} = R \cdot C_G \tag{5.13}$$

に基づいて，地下水涵養量 R を算出した．ここで，C の添え字 G は地下水を示す．地下水涵養がマトリックス流と選択流（5.2.5 項）によって生じると考

図 5.8 東京都国分寺市の露頭において観察された樹幹流の浸透の痕跡．破線まで樹幹流起源の雨水が浸透している．Tanaka et al.(2004)より引用．

えると

$$R = R_M + R_P \tag{5.14}$$

$$C_G \cdot R = C_M \cdot R_M + C_P \cdot R_P \tag{5.15}$$

式（5.14）および（5.15）が成り立つ．ここで，添え字 M と P はそれぞれマトリックス流と選択流を示す．式（5.14）を（5.15）へ代入して整理すると

$$R_P = R \frac{C_M - C_G}{C_M - C_P} \tag{5.16}$$

を得る．Taniguchi et al.(1996) は，マトリックス流と選択流の起源がそれぞれ樹冠通過雨と樹幹流であると仮定し，C_M として深度 100 cm の濃度を与え，C_P は C_{Sf} と等しいとして，R_P（$= R_{Sf}$）を求めた．この結果，地下水涵養量に占める樹幹流量の寄与率（R_{Sf}/R）はおよそ 10〜20％ と見積もられている．

5.1 植生による降雨の分配

一方，Tanaka et al.（1991）は，降雨発生直後において，ツバキ，ヒムロ，サクラ，ケヤキの地際周辺に樹幹流が浸透した円形の痕跡を発見し，その半径 r_I と樹幹地際半径 r_T との間に高い相関関係

$$r_I = 25.07 \ln(2r_T) - 34.92 \quad (R^2 = 0.80) \tag{5.17}$$

を見出した．また，樹幹流が極めて高い強度で発生する樹木においては，樹木地際周辺で小規模な浸透余剰地表流（5.2 節）が発生する場合があり，その地表流によってリターが移動した結果，樹木地際周辺の土壌面が円形に露出する現象がみられる．Iida et al.（2005b）はこの現象をリターマークと名付け，フウ，シラカシ，ウバメガシで観測されたリターマークの半径と r_T の関係が式（5.17）とよく一致したことを報告している．

Tanaka et al.（1996）は，樹幹流が鉛直方向に浸透すると仮定し，樹幹流の浸透面積 A_I を半径 r_I を有する円形のうち樹幹地際断面積を差し引いた面積であるとし

$$A_I = \pi (r_I^2 - r_T^2) \tag{5.18}$$

で表現した．その浸透面積の形状から，この考え方を円筒状浸透モデルと名付けている（**図 5.9**）．A_I を用いると，樹幹流による地下水涵養への寄与率は

$$\frac{R_S}{R} = \frac{\dfrac{s_{fV}}{A_I}}{\dfrac{s_{fV}}{A_I} + T_f} \tag{5.19}$$

で計算される（Tanaka et al., 1996）．彼らは，式（5.17）～（5.19）を Taniguchi et al.（1996）と同一のアカマツ林に適用し，樹幹流による地下水涵養への寄与として約 10 ～ 20％を得た．この値は，前述した Taniguchi et al.（1996）による結果とほぼ一致している．これらの研究結果は，同アカマツ林の樹幹流率は 1％程度に過ぎないものの，地下水涵養への寄与はその数 10 倍に相当することを意味しており，地下水涵養源としての樹幹流の重要性を示唆している．なお，

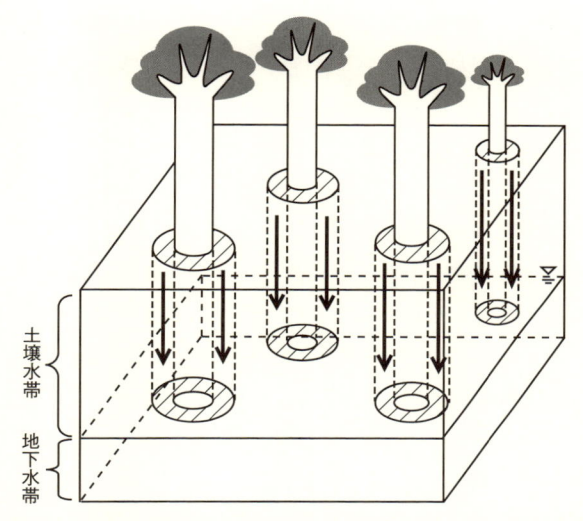

図 5.9 円筒状浸透モデルの概念図（Tanaka *et al.*（1996）の図を元に作成）．図中の斜線部のドーナツ型の部分に樹幹流起源の雨水が浸透し，地下水を涵養するものと仮定している．

本項で述べた一連の研究例は平地林を対象としており，浸透プロセスがより複雑であると予想される斜面に存在する林分では，今後の研究が待たれる．

5.2 地表面に達した降雨の分配

さまざまな経路を経て地表面に到達した降雨は通常，地表面を横切って土壌中へ浸入する．この現象を浸透（infiltration）または浸潤という．しかし，地表面の透水性が低い場合や激しい降雨が長時間継続した場合など，条件によっては降雨の一部は浸透することができない．土壌が地表面を通して吸収できる水分量を浸透能（infiltration capacity）とよび，地表面に接している大気圧と等しい圧力をもつ水から，土壌が吸収することができる水分フラックスと定義され，一般に単位時間当たりの水柱高（$mm\,h^{-1}$ など）で表す．降雨強度が浸透能を上回る状態が続くと，浸透能を超えた水分（浸透余剰，infiltration excess）は地表面に湛水し，やがて地表面の起伏に従ってより低い場所へ向かって浸透余剰地表流（infiltration excess overland flow）として流下する．一方，

土壌中に浸透した水分はさらに下方へ向かって土壌中を降下浸透（percolation）する．このように，地表面で生じる浸透プロセスは，降雨を早い流出成分（地表流→河川水）と遅い流出成分（降下浸透→土壌水・地下水）とに分配する役割を果たす（7.1 節）．

5.2.1　浸透能の時間的・空間的な変動

乾燥した地面に雨が降る場合，地表面に到達した降雨には重力に加え，毛管力や吸着力に基づいて土壌が水分を吸収・保持しようとする作用（マトリック吸引圧，matric suction；6.2.3 項）が下向きに働く．雨が降り続いて土壌が湿潤になるとこの作用は低下し，やがて重力の作用によって吸収可能な水分のみが浸透するようになる．このため，浸透能は降雨期間中に一定ではなく，一般に降雨開始時に最大値を示し（初期浸透能，initial infiltration capacity），その後降雨の継続に伴って低下し，最終的には一定の値（終期浸透能，final infiltration capacity）に近づく．降雨の継続に伴う浸透能の低下はまた，微細な粒子による間隙の目詰まりや膨潤性粘土鉱物による間隙の閉鎖などによっても生じる（榧根，1980）．

浸透能の時間変化に伴い，地表面における降雨の分配様式も変化する．例として，初期浸透能より小さく終期浸透能より大きい一定の強度で降雨が続いた場合を考えよう（**図** 5.10）．まず，浸透能が降雨強度より大きい降雨初期には（Ⅰ），地表面に達した降雨のすべてが浸透するため，浸透フラックスは降雨強度に等しく，降雨開始時からの積算浸透量は降雨強度に等しい速度で急速に増加する．浸透能が低下し降雨強度を下回るようになると（Ⅱ），浸透フラックスは浸透能に等しくなり，浸透能を上回る成分は浸透余剰地表流として流去する．積算浸透量は依然増加し続けるが，その速度は浸透能とともに次第に低下する．浸透フラックスが終期浸透能まで低下すると（Ⅲ），浸透と地表流との配分はこれ以降変化せず，積算浸透量は終期浸透能に等しい速度で緩やかに増加するようになる．

浸透能は地表面の状態によって大きく異なる．代表的な土地被覆条件における終期浸透能の値を**表** 5.3 に示す．全般的な傾向として，林地・草地・裸地の順に浸透能が低下し，また撹乱の程度が大きいほど低い値となっている．林地

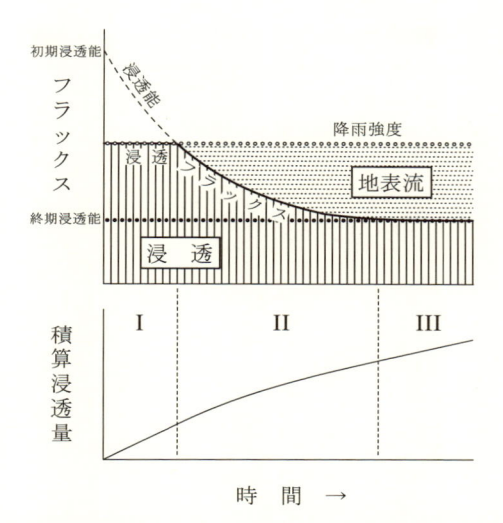

図 5.10 浸透能の時間変化とそれに伴う地表面における降雨の分配様式の変化．浸透フラックスの変化に伴い，積算浸透量の増加速度も I（降雨強度で一定）→ II（浸透能とともに低下）→ III（終期浸透能で一定）と変化する．

の浸透能が高い理由として，草地に比べて太く深部まで伸びる根系が浸透に寄与する土壌間隙を増加させること，よく発達した樹冠やリター層が地表面における雨滴の衝撃を和らげ，透水性の低い薄く緻密な層（クラスト，crust）の形成を抑制することなどがある．その高い浸透能のため，森林に降った雨は基本的にそのすべてが浸透し，地中をゆっくりと通過した後に河川に湧出する．森林流域がもつこの河川流量調節機能は緑のダム機能とよばれ（蔵治・保屋野，2004; 9.2 節），林地土壌の高い浸透能はこの機能を支える重要な要素の1つとなっている．

一方，人の通行や重機による土壌の締め固め，植生やリター層の除去などの撹乱に伴い，一般に浸透能は低下する．アスファルトやコンクリートで覆われた都市部の浸透能はきわめて小さく，近年頻発している都市型洪水の一因となっている．また林地においても，前述した条件が満たされていない場所では浸透能が低下し，大規模な地表流が発生する場合がある．荒廃したヒノキの人工林がその顕著な例で，間伐が行われないため下層植生の生長に必要な光が差し込まないこと（清野，1988），ヒノキのリター量が広葉樹などに比べて少ない上，

表 5.3 わが国における土地被覆条件別の終期浸透能（村井・岩崎（1975）による）

土地被覆条件	終期浸透能 ($mm\ h^{-1}$)	測定した地区数
林地		
針葉樹・天然林	211.4	5
針葉樹・人工林	260.2	14
広葉樹・天然林	271.6	15
林地平均	258.2	34
伐採跡地		
軽度の攪乱	212.2	10
重度の攪乱	49.6	5
伐採跡地平均	158.0	15
草生地		
自然草地	143.0	8
人工草地	107.3	6
草生地平均	127.7	14
裸地		
崩壊地	102.3	6
畑地	89.3	3
歩道	12.7	3
裸地平均	79.2	12

鱗片状に分解され流亡しやすいこと（及川，1977；竹下，1996）などのため，林内の地表面はほぼ裸地化している．降雨時には，このような地表面に高いヒノキの樹冠から高速で落下する雨滴が直接到達する結果，広範囲にわたってクラストが形成されて浸透能が劇的に低下し（湯川・恩田，1995），大規模な地表流が発生すると考えられている．国内の人工林の多くが山地の急斜面にあるため，発生した地表流はただちに河川に流入してその流量を急激に増大させ，また広範囲にわたって土壌を侵食し大量の土砂流出を引き起こす．このように，浸透能の低下に伴う地表面における降雨の分配様式の変化は，水循環プロセスの解明という側面のみならず，防災や環境保全の観点からも重要である．

5.2.2　浸透能のモデル式

　浸透フラックスや積算浸透量の時間変化を定量的に表現するため，これまでにいくつかのモデル式が提示されており，理論式と経験式とに大別される．

　浸透に関する理論的な解析として，最も初期に提示されたものがグリーン・

アンプトの浸透モデル（Green and Ampt, 1911）である．このモデルにおいて想定される浸透プロセスを図5.11に示す．ある一定の水深H_wで浅く湛水した地表面から，均質な土壌に水が一様に浸透する状況を考える．地表面から深度L_fまで浸透が進んだとき，地表面とL_fの間の土壌間隙はほぼ水で満たされ，浸透の影響がまだ及んでいないL_f以深の土壌との間に明瞭な境界面が生じる．この面をぬれ前線（wetting front）とよび，地表面からぬれ前線までの領域を伝達帯（transmission zone）とよぶ．この伝達帯での水輸送の評価には，地下水に対するダルシーの法則（6.3.3項）を適用することができる．地表面を横切る浸透フラックスiは，伝達帯における水のフラックスに等しい．伝達帯の透水係数をk_f，ぬれ前線における圧力水頭をH_fとし，ともに一定とする．また，位置水頭zの基準を地表面とすると，位置水頭zおよび圧力水頭ψ_wの値は地表面ではそれぞれ$z=0$および$\psi_w=H_w$，ぬれ前線の位置ではそれぞれ$z=-L_f$および$\psi_w=H_f$となり，ダルシーの法則より

$$i = k_f \left(1 + \frac{H_w - H_f}{L_f}\right) \tag{5.20}$$

が導かれる．同じ状況において，積算浸透量Iは伝達帯の内部に新たに浸入した水分量に等しい．よって，ぬれ前線が通過する前後における土壌の体積含水

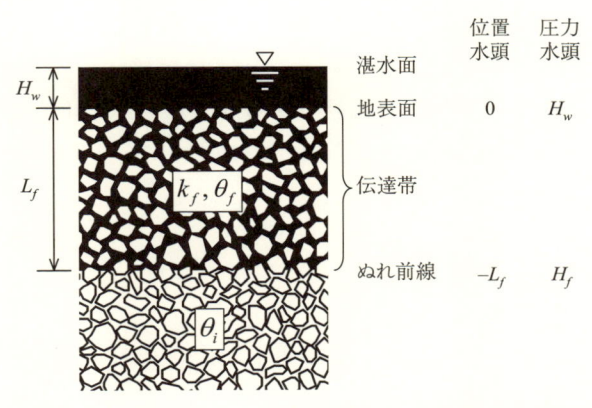

図5.11 グリーン・アンプトの浸透モデル．θ_iおよびθ_fはぬれ前線の到達前後の体積含水率，k_fは伝達帯の透水係数を表す．

率をそれぞれ θ_i および θ_f とすると（**図 5.11**），I は

$$I = L_f(\theta_f - \theta_i) \tag{5.21}$$

と表される．i は I の時間微分であるため，式（5.21）から

$$i = \frac{dI}{dt} = (\theta_f - \theta_i)\frac{dL_f}{dt} \tag{5.22}$$

の関係が成り立つ．式（5.20）と（5.22）を連立して積分した後 t について解くと

$$t = \frac{\theta_f - \theta_i}{K_f}\left[L_f - (H_w - H_f)\ln\left(1 + \frac{L_f}{H_w - H_f}\right)\right] \tag{5.23}$$

となり L_f と t の関係が得られるため，i および I の時間変化は式（5.20）および（5.21）から L_f を介して求めることができる．グリーン・アンプトの浸透モデルは単純かつ特異な条件を想定しているが，現象の本質をよく捉えている．たとえば式（5.20）から，浸透フラックスが伝達帯の透水係数に比例し，浸透前の土壌が乾燥しているほど大きくなり（負圧としての H_f が大きい），また浸透が進むにつれて減少する（L_f の増加による圧力水頭勾配の減少）ことが容易に理解される．

　土壌水の運動方程式（6.2.6 項）を鉛直 1 次元の浸透に適用し，i および I についての理論的に厳密な解を導いたのがフィリップ（Philip, 1957）である．解は無限級数の形で表されるが，通常は第 2 項までで近似され，それぞれ

$$i = \frac{1}{2}St^{-1/2} + A \tag{5.24}$$

$$I = St^{1/2} + At \tag{5.25}$$

のように表される．式（5.24）から，i は t の平方根に反比例して減少し，終期浸透能に相当する一定値 A に漸近することがわかる．S は吸水能（sorptivity）とよばれる定数で，マトリック吸引圧に起因する土壌の吸水特性を表す．フィ

リップの浸透モデルは，その理論的な厳密さと汎用性のため浸透に関する多くの理論研究の基礎となってきたが，その取り扱いには数学的に高度な知識を必要とする．土壌水の運動方程式に基づく浸透の理論的な解析とその経緯に関しては，岡（2001），ヒレル（2001b），ジュリー・ホートン（2006），Brutsaert（2008）などに詳しい．

理論的なモデル式が土壌中の水移動に関する力学に基づいて導かれているのに対し，経験的なモデル式は，図 5.10 に示したような浸透能の時間変化を比較的単純な関数で近似しようとする試みから得られたものである．それらのうち，ホートン（Horton, 1940）によって提示された

$$i = i_f + (i_0 - i_f)\exp(-\beta t) \tag{5.26}$$

が従来よく用いられている．ここで，i_0 および i_f はそれぞれ初期および終期浸透能，β は浸透能の低下速度を表す定数である．i は t に対して指数関数的に変化し，β が大きいほど急速に低下する．式（5.26）を整理し，自然対数を取ると

$$\ln\frac{i - i_f}{i_0 - i_f} = -\beta t \tag{5.27}$$

となる．i の時間変化が式（5.26）で良好に近似できる場合，式（5.27）の左辺を t に対してプロットすると直線となり，その勾配から β を求めることができる．また，I は式（5.26）を積分して

$$I = i_f t + \frac{i_0 - i_f}{\beta}[1 - \exp(-\beta t)] \tag{5.28}$$

となる．ホートンの浸透モデルは経験式であり，土壌内部における水移動との理論的な関連性が低い，3 つの定数を土壌ごとに実験的に求める必要があるなどの欠点があるが，浸透能の時間変化が直感的にわかりやすく数学的な取り扱いも簡便であるため，実験や野外観測から得られたデータの解析に広く利用されている．

5.2.3 浸透能の測定法

野外において浸透能を直接測定するために開発された装置を浸透計（infiltrometer）と総称する．これまでにさまざまなタイプの浸透計が開発されており，中野（1976），辻村・恩田（1996），志水（1999a），ジュリー・ホートン（2006）などによるレビューがある．よく使用される種類の浸透計として冠水型と散水型がある．

冠水型浸透計は円筒型浸入計ともよばれ，地表面に円筒を押し込み，その内部を浅く湛水させて浸透を生じさせるものである．代表的な冠水型浸透計の構造を図5.12に示す．図5.12(a)は単管式冠水型浸透計とよばれるもので，給水タンクの底部を長短2本の管が貫いており，長管の下端は短管の下端よりわずかに上に位置している．この仕組みによって，円筒内の水位は長管の下端の高さに常に維持され，タンク内の水の減少速度から浸透フラックスを求めることができる．単管式の浸透計は水の消費量が少なく，持ち運びも容易であるため多地点での反復測定に適しているが，円筒内から浸透した水が円筒直下にとどまらずその周囲に拡がってしまうため，浸透能を過大評価する傾向がある．この点を改良したのが図5.12(b)の二重管式冠水型浸透計で，内部・外部の2つの円筒に挟まれた領域に内部円筒の内側と同じ湛水深を与えて浸透を生じさせることにより，内部円筒から浸透した水の周囲への拡散を抑制できる．しかし，単管式に比べて水の消費量が多く可搬性が低いという欠点がある．測定値

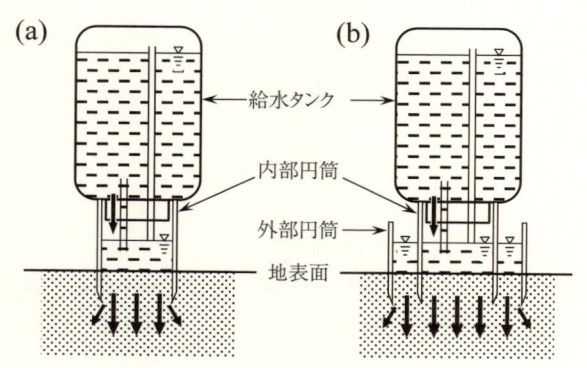

図5.12 単管式（a）および二重管式（b）冠水型浸透計の構造．太い矢印は水の流れを表す（原図は辻村ほか(1991)）．

の精度と作業の容易さを両立させるためには，試験地の土壌において両方式による測定値の関係を求めておくとよい．

散水型浸透計は，一定面積の調査区画に人工降雨を降らせて浸透を生じさせるものである．調査区画の直上に設置した降雨発生装置から終期浸透能を上回る強度の雨を降らせると，やがて浸透能が降雨強度を下回り浸透余剰地表流が発生する．この地表流を区画の一端に集めて定量し，区画内に降った雨量との差を取ることで浸透能が求められる．散水型浸透計の利点としては，実際の降雨時に生じる非湛水条件，雨滴による衝撃などの状況を再現していること，土壌や下層植生の撹乱が小さいこと，調査区画の面積を大きく取れることなどがあげられる．難点は装置が大がかりであり大量の水を必要とすることで，測定の実施に多大な労力を要するため多地点での反復測定には適さない．

冠水型および散水型によって得られた終期浸透能を比較すると，一般に前者の値が後者を上回る結果を示す（佐藤ほか，1956；Williams and Bonell，1988；宮崎，2000）．この理由として，冠水型浸透計において生じる形成済みのクラストの破壊や湛水条件に伴う水圧の影響，散水型浸透計では降雨時のクラスト形成の主因となる雨滴の衝撃が生じることなどが指摘されている．野外における浸透能測定の際には，現地の状況や作業にかけられる労力のほか，研究の目的に応じて測定手法を選択する必要がある．

■ 負圧浸透計

上で紹介したタイプ以外の浸透計として，よく使用されるものに負圧浸透計がある．これは，一定の負圧に調整した水を多孔質の板を通して地表面に供給する仕組みのもので，その形態からディスク浸透計ともよばれる．地表面に供給される水の圧力が大気圧より低いため，測定された浸透フラックスは浸透能と同義には扱えないが，湛水が生じない状態での浸透プロセスを再現できることから，地表面付近における不飽和透水係数の現場測定などに利用されている．

5.2.4 浸透余剰地表流

浸透余剰地表流として流出する成分は，浸透後に土壌水・地下水を経て河川に流出する成分よりもはるかに短時間で河川に流入する．このためHorton (1933) をはじめとする初期の研究では，この浸透余剰地表流が，降雨に対し

てすばやく応答する河川流量のピークを形成すると考えられていた．しかし，植生のある地域の終期浸透能はおおむね 100 mm h^{-1} を上回っており（**表5.3**），これを超える強度の降雨が長時間継続することは少ない．Betson（1964）は，降雨量と流出量から推定した流域の平均的な浸透能が，実測した値よりはるかに小さいという観測結果に基づき，流域内の限られた部分から生じた地表流が流量ピークに寄与していると考えた．この考え方は部分寄与域概念（partial area concept）とよばれ，その後の降雨流出機構に関する研究の基礎となっている（7.1.3項）．多くの研究の結果，斜面全域にわたる地表流の発生やその流量ピークへの寄与は，植生に覆われ高い浸透能をもつ流域ではほとんど観測されないことが明らかとなった．この事実は，近年の水文科学における最も重要な発見の1つである（田中，1996；7.1.2項）．

　このため，前述した荒廃ヒノキ林などの特殊な事例を除けば，浸透余剰地表流は植生の少ない乾燥・半乾燥地域の草地・疎林地・岩石砂漠などの斜面において典型的に発生する．凹凸の少ない斜面で発生した地表流は，はじめはシートフロー（sheet flow）として薄膜状に斜面全体を流下するが，やがてリルやガリーなどとよばれる小規模な谷を集中して流れるようになり，また同時にこれらの谷を侵食する作用を及ぼす．乾燥地域の山麓部にみられるペディメントとよばれる緩斜面は，これらの地表流の侵食作用によって形成されたものとされる（町田，1984）．近年ではこれらの乾燥・半乾燥地域においても，過放牧に伴う草原植生の劣化や家畜の踏圧の影響など，人為的な撹乱に伴う浸透能のさらなる低下とそれに伴う地表流や土砂流出の増大が問題となっている（恩田，2007）．

　浸透余剰地表流は浸透と対になって発生するため，その定量も浸透能の測定法が応用できる．斜面のある一定面積から発生する表面流出の測定には，散水型浸透計の調査区画と同様の測定システムが適用できる（小野寺，1996；志水，1999b）．侵食が進み，地表流がリルやガリーを集中的に流れるような場所では，小河川の流量観測に用いられるパーシャル・フリュームなどの利用も可能である（恩田，2007；7.2.1項）．なお，前述のように地表流は地表面や土壌に対する侵食作用をもつため，表面流出を観測する際には土砂の流出量を同時に測定する場合が多い．

■ ホートン地表流

　浸透余剰地表流は，浸透現象に関する先駆的な研究である Horton（1933）の名を冠してホートン地表流（Hortonian overland flow）ともよばれる．しかし，この流れの概念自体はそれ以前に提示されていること（Brutsaert, 2008），ホートンが降雨流出成分における地表流の重要性を示すために用いたデータの一部は，現在の観点ではむしろ地中流の重要性を示していると考えられること（Beven, 2004）などの指摘が近年なされている．本書では，現象の定義が用語として明確に示されていること，飽和余剰地表流（7.1.3項）との用語としての対応関係などを考慮し，浸透余剰地表流の呼称を用いている．

5.2.5　降下浸透

　鉛直方向に均一な初期水分条件をもつ土壌において生じる降下浸透を，模式的に図 5.13 に示す．一定の湛水状態が維持される場合，地表面付近は浸透開始直後に飽和し，時間経過とともに飽和した領域が下方へ向かって順次拡大する（a）．飽和した領域の下端には明瞭なぬれ前線が形成される．通常の降雨では，浸透の初期には地表面は不飽和であるが，終期浸透能を上回る強度の降雨が継続する場合はやがて飽和に達し，その後は湛水時と同様の降下浸透が生じる（b）．降雨強度が終期浸透能を下回る場合，降下浸透は生じるものの伝達

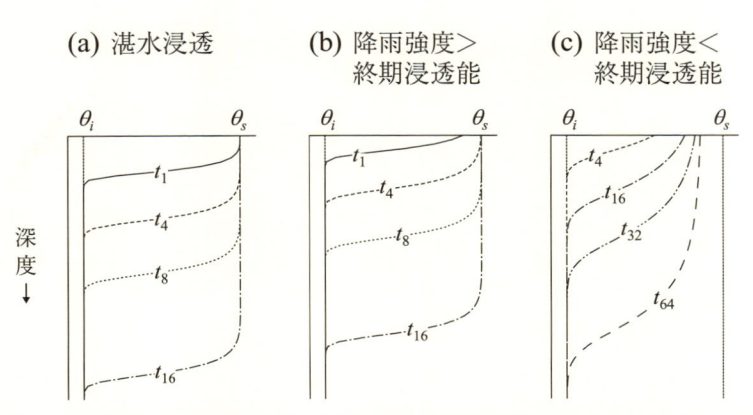

図 5.13　降下浸透に伴う土壌中の体積含水率分布の模式図．湛水浸透の場合（a），降雨強度が終期浸透能より大きい場合（b），小さい場合（c）をそれぞれ示す．θ_i および θ_s は初期および飽和時の体積含水率．t は浸透開始からの経過時間で，添字は単位経過時間に対する倍率を表す．

帯は飽和には達せず，その体積含水率は飽和時よりも小さいある一定の値に近づく（c）．降雨強度が小さいほどこの値も小さくなり，ぬれ前線の位置も不明瞭になる．

　一般に，土壌が湿潤な場合や降雨強度が弱い場合にはぬれ前線は不明瞭である．また，土壌の物理特性の空間不均一性や，地表面の起伏や樹幹流による降雨の集中（5.1.5項）などの地上部の条件に起因する浸透強度のばらつきのため，ぬれ前線が広範囲にわたって一様に形成されることは実際にはほとんどない．降下浸透した水の分布を野外の土壌において観察した事例を図5.14に示す．土壌中を降下する水は一様に流れるのではなく，一部の領域を選択的に流れていることがわかる．このような流れを，土壌基質（マトリックス，soil matrix）中を均一に流れるマトリックス流（matrix flow）に対して選択流（preferential flow）と総称する．選択流の流下速度は，マトリックス流に伴うぬれ前線の降下速度を大きく上回るため，降雨に対する地下水面の速やかな応答とそれに伴う河川流量の増加（7.1.3項），地表面に散布した化学物質の急速かつ

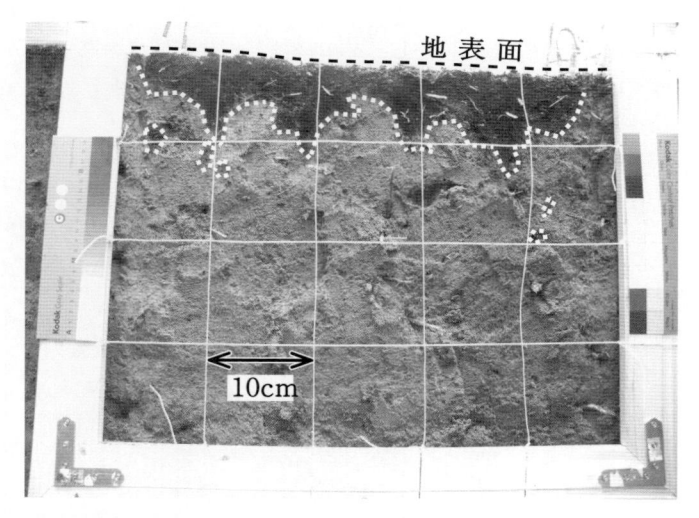

図 5.14　降下浸透した水の不均一な分布．地表面および白い点線に囲まれた領域が水の浸透範囲に対応する．不連続な領域は，土壌断面の手前あるいは奥からの3次元的な浸透経路の存在を示唆する．この写真は，ブリリアントブルーFCF　0.4％溶液10Lを45cm四方の林地土壌に約30分間かけて散布し，数日後に掘り出した土壌断面を撮影したもので，デジタル画像のRGB成分のうち着色部が明瞭に判別できるRの成分を示した．

不均一な土壌深部への輸送（8.2.2 項）などの水文現象に強く関与すると考えられている．

湛水条件では，土壌動物の巣穴，植物の根が枯死した跡，乾燥や土壌構造の発達によって生じた亀裂などの径の大きい連続した粗孔隙（マクロポア，macropore）を通過する選択流が卓越する．地表付近の水はマクロポアを通って速やかに土壌深部に達し，そこから周囲の土壌基質中へと拡散していく．マクロポアを通したこの水移動をバイパス流（bypass flow）またはマクロポア流（macropore flow）という．マクロポア中の水は土壌の排水が進むにつれて速やかに失われ，それ以降の水移動には関与しない．土壌水の圧力が大気圧を超えない限り，周囲の土壌からマクロポアへの水移動は生じないため（Richards, 1950; Philip and Knight, 1989; 宮崎，2000），不飽和条件での浸透に対してはマクロポアは直接的には寄与しない．

土壌基質中においても，条件によってはぬれ前線が不安定になり，ぬれ前線の前面から指状に集中した流れ（フィンガー，finger）が生じる．これを不安定流（unstable flow）またはフィンガー流とよび，粗粒で透水性が高く保水性が低い層の上に，細粒で透水性が低く保水性が高い層が位置している場合に典型的に見られる．ぬれ前線が 2 つの層の境界に達すると，上層の高い保水性のため下層への降下浸透が生じず，上層の底部に水が貯留される（キャピラリーバリアー；6.2.6 項）．上層での貯留が限界を超えると下層への降下浸透が生じるが，上層の低い透水性のために下層全体を流れるだけの水分を供給できないため，下層での流れは部分的に集中したものとなる．不安定流に関する研究の歴史は 30 〜 40 年と比較的浅く，この間の研究の経緯についてはヒレル（2001b），ジュリー・ホートン（2006），田淵（2006），Brutsaert（2008）などに詳しい．

図 5.13 に示したように，降下浸透による水移動は体積含水率の増加やそれに伴う圧力水頭の上昇を伴う．このため，土壌水分計やテンシオメータ（6.2.3 項）を複数の深度に設置しておくことにより，ぬれ前線の到達深度や土壌の水分状態の変化を検出することができる．降下浸透の際には土壌中の水分状態が急速に変化するため，応答の早い測器による短い時間間隔での記録が必要である．また，前述したぬれ前線の不均一性を考慮すると，代表性の高い複数の地点で同時に観測を行うことが望ましい．観測から得られたデータを土壌水の運

動方程式（6.2.6 項）に適用することで，降下浸透に伴う土壌水の挙動を理論的に解析することが可能となる．なお，これらの解析手法は一般に均一な土壌を仮定しており，選択流などの不均一な流れの存在を想定していない．

　選択流を含め，降下浸透した水の実際の分布を確認するための実験的な手法としては，染料を溶かした水などのトレーサー（8.3 節）を散布する方法がある（図 5.14）．辻村ほか（1991）は，二重管式浸透計（図 5.12(b)）の内部円筒から白い水性塗料を混ぜた水溶液を浸透させた後，土壌断面を掘り出して着色した範囲を調べた（図 5.15）．この実験では解析的な手法によっても浸透フラックスの向きが求められており，その結果はトレーサーによって示された流動方向とほぼ一致した．トレーサー法は，大規模で煩雑な作業を必要とする，自然状態を撹乱するため反復測定が行えないなどの欠点もあるが，土壌中における不均一な水移動の実態を直接示すことができる利点がある．前述した土壌水の運動方程式に基づく解析的な手法とトレーサー法とを併用することにより，さらに正確かつ定量的な降下浸透プロセスの解明が可能となる．

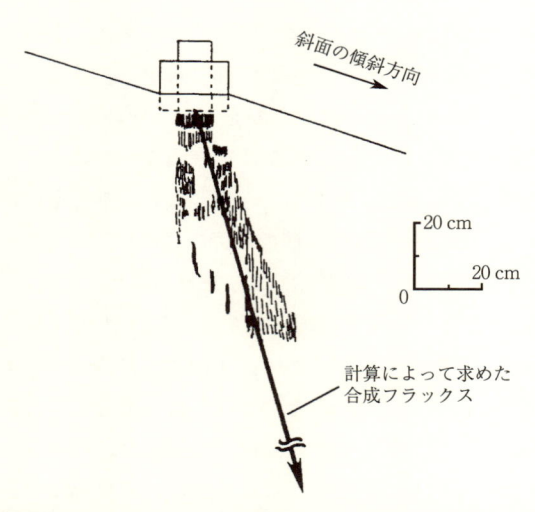

図 5.15　白色水性塗料を用いたトレーサー実験の結果．塗料による着色部を影で示している．矢印の向きは，位置水頭と飽和透水係数から計算された斜面下向きおよび鉛直下向きのフラックスを合成したもの（辻村ほか（1991）を修正）．

■ 側方浸透流

　斜面に浸透した水分は，降下浸透として土壌中を下方へ移動するほか，透水性の低い層が存在する場合や降下浸透フラックスを上回る水分が地表面から供給された場合，その一部は斜面下方へ向かって側方へ移動する．この流れを側方浸透流（throughflow）とよぶ．浸透能が高く浸透余剰地表流が発生しない斜面では，この側方浸透流が降雨後にすばやく流出する成分を形成するとされている（Hewlett and Hibbert, 1963; 太田, 1992）．このような斜面では降雨の分配は地表面ではなく，土壌中の比較的浅い深度において側方浸透と降下浸透の2成分に分配されているとみなすことができる．

第6章 地中水

　本章では，6.1節において地中水のあり方について記述し，それに基づいた地中での水帯区分について述べる．6.2節においては，土壌水について，その器である間隙と保水，平衡水分布，エネルギーポテンシャル，ゼロフラックス面などについて解説する．また，土壌水の運動方程式について記述し，最後に，層構造を有する斜面における降下浸透プロセスを例として，キャピラリーバリアー現象について述べる．6.3節においては，地下水について，そのあり方，流体ポテンシャル，ダルシーの法則について解説し，地下水流動の基礎方程式について記述する．また，地下水流動系の概念について記述し，流域を単位とした水循環や物質循環を考える上で，地下水循環が重要な役割を果たしていることを述べる．最後に，地下水の涵養プロセスについて解説する．

☞『水文学』8章「地中の水：多孔体中の流体力学」，9章「浸透および関連する不飽和流」，10章「地下水流出量と基底流量」．

6.1　地中水の区分とそのあり方

　一般に，地表面から下に存在する水は地中水（subsurface water）とよばれ，地中水はさらに土壌水（soil water）と地下水（groundwater）に区分される．土壌水と地下水の違いは，それぞれの水圧が大気圧を基準として高いか低いかによって区分される．すなわち，水圧が大気圧よりも低い圧力の状態にある水が土壌水，水圧が大気圧よりも高い状態にある水が地下水である．そして，この両者を境する面が地下水面（water table）であり，地下水面は大気圧と等しい圧力を有する面と定義される．土壌水を含む部位を不飽和帯（unsaturated zone），地下水を含むそれを飽和帯（saturated zone）と区分し，不飽和帯の水＝土壌水，飽和帯の水＝地下水とすることもあったが，図6.1に示すように，地下水面の直上には水で飽和した毛管水縁（capillary fringe）あるいは飽和毛

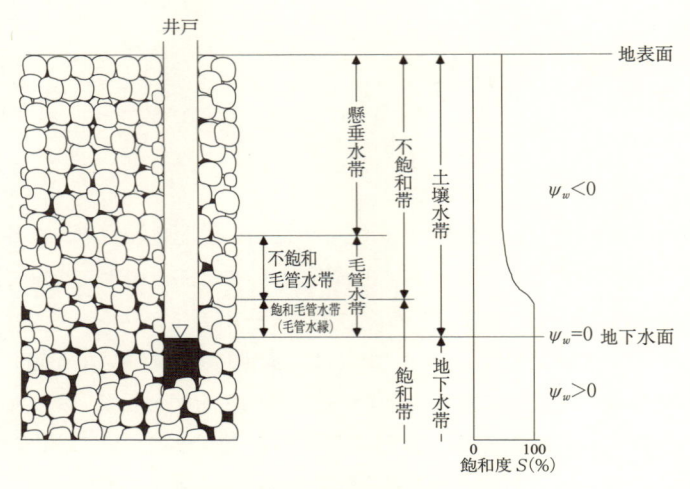

図 6.1 地中水のあり方とその区分.

管水帯(saturated capillary water zone)が形成されているため，厳密な意味での飽和・不飽和の境は地下水面の位置とは一致しない．地中での水帯(water zone)区分にあたっては，土壌水を含む部位を土壌水帯(soil water zone)地下水を含む部位を地下水帯(groundwater zone)とするのが適切である．この場合，両者は地下水面によって境される．

6.2 土壌水

6.2.1 土の間隙と保水

土は通常，固相，液相，気相から成り立っており，これを土の三相(three phases of soil)とよんでいる．これらは一般的には，土粒子，水，空気から構成されている．

土の全重量を W，全体積を V とし，土粒子，水および空気の重量と体積をそれぞれ図 6.2 のように表すと，基本的な物理量である間隙率(porosity) n は

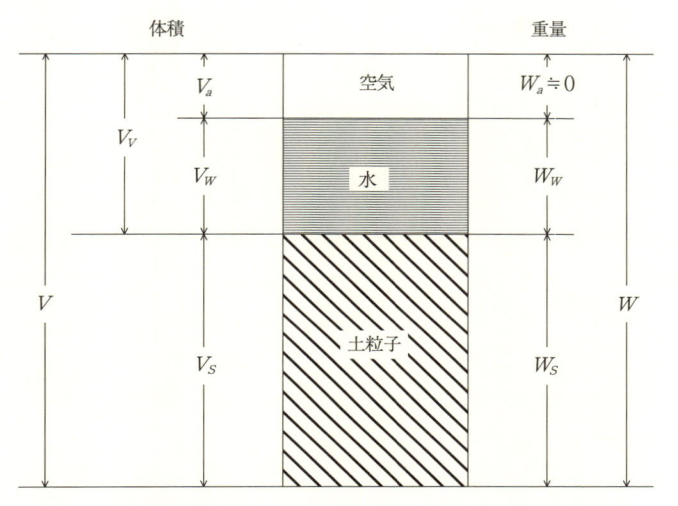

図 6.2 土の三相の模式図（田中（1990）に基づく）．

$$n = \frac{V_V}{V} \times 100 (\%) \tag{6.1}$$

として，間隙比（void ratio）e は

$$e = \frac{V_V}{V_S} \times 100 (\%) \tag{6.2}$$

として，体積含水率（volumetric water content）θ は

$$\theta = \frac{V_W}{V} \times 100 (\%) \tag{6.3}$$

として，含水比（gravimetric water content）ω は

$$\omega = \frac{W_W}{W_S} \times 100 (\%) \tag{6.4}$$

として，また飽和度（degree of saturation）S が

$$S = \frac{V_W}{V_V} \times 100 \, (\%) \tag{6.5}$$

により定義される．これらの表示のうち，水文科学においては体積を基準とした間隙率と体積含水率および飽和度が重要である．

間隙率は土が含みうる水の最大値を示す．いろいろな物質の間隙率の概略の範囲を表 6.1 に示す．一般に，粒径の一様な物質の間隙率は一様でない物質のそれよりも大きく，粗粒な物質の間隙率は細粒な物質のそれよりも小さい．

土壌水には吸着力，毛管力，浸透力，体積力などの力が作用しており，土壌中ではこれらの各作用力の釣り合いのもとで一定量の水分が土壌間隙や土粒子表面に保持されている．

図 6.3 は，これらの作用力のもとで存在する土壌水の保水モデルを示したものである（三野，1979）．土粒子表面の周りでは，吸着力による吸着力場が形成され，水分子は土粒子表面に強く吸着されている．一方，土粒子と土粒子との接合部には，メニスカスの凹曲面に囲まれたリング状の保水形態が形成される．この部分では，表面張力と毛管力によって水が保持されている．すなわち，

表 6.1　いろいろな物質の間隙率（榧根（1980）を修正）

物質	間隙率 (%)
関東ローム	65〜85
シルト粘土	50〜60
細砂	40〜50
中砂	35〜40
粗砂	25〜35
礫	20〜30
砂礫	10〜30
密な岩石	<1
割れ目のある風化した火成岩	2〜10
透水性のいい新しい玄武岩	2〜5
多孔質溶岩	10〜50
凝灰岩	30
砂岩	5〜30
石灰岩	10〜20

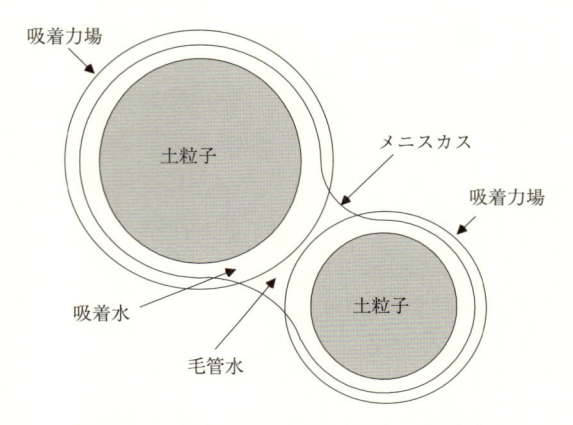

図 6.3 土の保水モデル（三野（1979）に基づく）．

不飽和状態の保水力は，熱力学的平衡によって説明される土粒子表面の吸着力に基づくものと，土粒子間隙に張るメニスカスによる液体静力学的な取り扱いをするものとに大別される（八幡，1975）．こうした観点から，土壌水は吸着水（adsorpted water），毛管水（capillary water），重力水（gravitational water）などに分類されることもある．

　土の含水量は飽和状態から風乾状態までさまざまに変化するが，ある水分状態に対応するいくつかの水分恒数（water constants）が定義されている．水分恒数とは，植物の育成や土壌水の運動などに関連して重要な意味をもつ水分点である（土壌物理研究会，1974）．全間隙が水で満たされた場合の水分量を飽和容水量（saturated water capacity）とよび，その体積含水率は間隙率 n に等しい．重力排水がほぼ終了した時点の水分量を圃場容水量（field capacity）とよんでいる．この値として通常，多量の降雨があってから 24 時間後の水分量を用いている（土壌物理研究会，1974）．土壌水が減少すると，エネルギー的に植物根は水を吸収することができなくなり，しおれはじめる．その水分点をシオレ点（primary wilting point）とよぶ．さらに水分量が減少すると，飽和水蒸気圧下で水を補給しても植物は生き返ることができない．この水分点を永久シオレ点（permanent wilting point）とよんでいる．最大吸湿度（hygroscopic coefficient）とは，風乾した土が，水蒸気でほとんど飽和した空気（相

対湿度98%) から吸収することのできる蒸気態水分の最大値をいう．これらの水分恒数と土壌水のエネルギーポテンシャルとの関係については，6.2.3項で記す．

6.2.2　土壌水帯の平衡水分分布

地中での水の移動を考える場合，地下水帯を含めた深さ方向での水分分布や保水の形態的特徴が重要である．砂層のような比較的均一な粒径を有する土壌中では，静止した地下水面から上の平衡水分分布は図6.1にみられるような基本的な保水形態を示す．この保水形態は，地下水面から離れるに従って水分量が徐々に減少する毛管水帯（capillary water zone）と，その上に続く地下水面からの高さによらず水分量が一定の値を示す懸垂水帯（suspended water zone）とに区分することができる．また，毛管水帯は地下水面直上で間隙を満たし，水分量が一定な飽和毛管水帯とその上部で水分量が減少して懸垂水帯に移行する不飽和毛管水帯とに区分することができる．

懸垂水帯では水は土粒子の接合部の周りにリング状に付着している．毛管水帯では毛管力による上向きの力と重力による下向きの力とが釣り合って平衡水分分布が形成されている．毛管作用によるこのような水分分布は，毛細管内の内部に形成されるメニスカスによって，毛細管内の表面圧が減少するために形成される（梶根，1973）．

図6.4において，毛細管の半径Rと毛管上昇高 H_c との間には

$$H_c = \frac{2\sigma\cos\alpha}{g\rho_w R} \tag{6.6}$$

の関係式が成り立つ．H_c は毛管上昇高，σ は水の表面張力，ρ_w は水の密度，g は重力の加速度，α はメニスカスと毛細管の接触角である．H_c と R をともに cm で表し，$\sigma\cos\alpha = 60 \times 10^{-3}\,\mathrm{Nm^{-1}}$，$D = 2R$ とすると式 (6.6) は

$$H_c = \frac{0.24}{D} \tag{6.7}$$

となる．ここで，D は毛細管の直径である．土壌の間隙径が毛細管の束から構

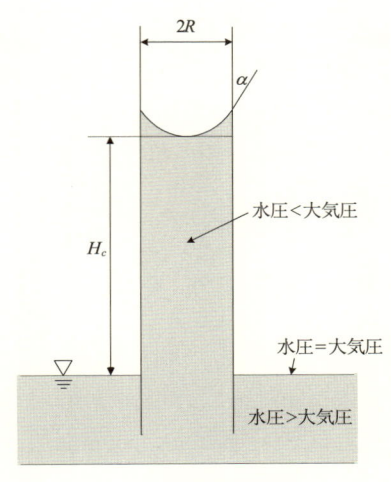

図 6.4 毛管上昇の模式図.

成されているものと仮定すると，H_c を後述する圧力水頭の絶対値に，D を間隙の大きさに相当する直径にふりかえることができる（八幡，1975）.

毛管上昇高は土壌の種類によって異なり，式（6.7）から明らかのように細粒な土壌ほど毛管上昇高は大きくなる．Lohman（1972）が土壌の粒径別に実験的に求めた毛管上昇高を**表 6.2** に示す．これによると，粒径が 0.1 mm 以下の細粒物質では，毛管上昇高は 1 m 以上に達することがわかる．

以上のような平衡水分分布に基づく保水形態の区分とそれぞれの主作用力の違いは，降雨浸透過程（第 5 章）や降雨流出過程（第 7 章）を考える上で重要である．

表 6.2 粒径別の毛管上昇高（Lohman（1972）に基づいて作成）

物質	粒径 (mm)	毛管上昇高 (cm)
細かい礫	5-2	2.5
非常に粗い砂	2-1	6.5
粗砂	1-0.5	13.5
中砂	0.5-0.2	24.6
細砂	02.-0.1	42.8
シルト	0.1-0.05	105.5
シルト	0.05-0.02	*200

*測定時には平衡に達しておらず，水位は依然として上昇中であった．

6.2.3 土壌水のエネルギーポテンシャル

土壌水にはさまざまな力が作用していることは6.2.1項で述べたとおりである．これらの力の作用を受けている土壌水のエネルギーポテンシャルは，各作用力によって形成されるポテンシャルの和によって，全ポテンシャル（total potential）ϕ_tとして

$$\phi_t = \phi_g + \phi_m + \phi_o + \phi_a \tag{6.8}$$

のように表すことができる（ヒレル，2001a；梶根，1980）．ϕ_gは重力ポテンシャル（gravitational potential），ϕ_mはマトリックポテンシャル（matric potential），ϕ_oは浸透ポテンシャル（osmotic potential），ϕ_aは空気ポテンシャル（pneumatic potential）である．

吸着力と毛管力を表すポテンシャルが土壌の組織に由来する圧力ポテンシャルであり，これをマトリックポテンシャルとよんでいる．土壌中に溶質が存在する場合には，浸透ポテンシャルが作用し，土壌水の全ポテンシャルはそれに相当する分だけ低くなる．また，土壌空気の圧力変化の効果を表すポテンシャルが空気ポテンシャルである．マトリックポテンシャルと空気ポテンシャルが土壌水の圧力に影響するポテンシャルであり，両者を合わせて圧力ポテンシャル（pressure potential）ϕ_pとよんでいる（ヒレル，2001a）．大気圧を基準にすると，土壌水の圧力ポテンシャルは常に負の値をとる．これに対して，6.3.2項で記すように地下水の圧力ポテンシャルは常に正の値をとる．

いま，ϕ_aの値を無視できる場合には，$\phi_p = \phi_m$であるから

$$\phi_t = \phi_g + \phi_p + \phi_o \tag{6.9}$$

さらに，ϕ_oの影響が無視できるものとすれば

$$\phi = \phi_t - \phi_o = \phi_g + \phi_p \tag{6.10}$$

となる．ここに，ϕは水理ポテンシャル（hydraulic potential）である．

水理ポテンシャルϕの基本的な次元は，単位質量当たりのエネルギー$[L^2T^{-2}]$であるが，これを重力の加速度g $[LT^{-2}]$で除して，単位重量当たりのエネルギー$[L]$（水頭，head）で表すと

$$\phi/g = h = z + \psi_w \tag{6.11}$$

となる．ここでhは水理水頭（hydraulic head），zは重力水頭（gravitational head），ψ_wは圧力水頭（pressure head）である．水理水頭の勾配を動水勾配（hydraulic gradient）とよぶ（6.3.3項）．

土壌水の圧力水頭，すなわち負の圧力水頭を測定するにはテンシオメーター（tensiometer）を用いる．図6.5において，a，bの単位をcmとすると，圧力水頭（cmH$_2$O）は

$$\psi_w = -13.6\,a + b \tag{6.12}$$

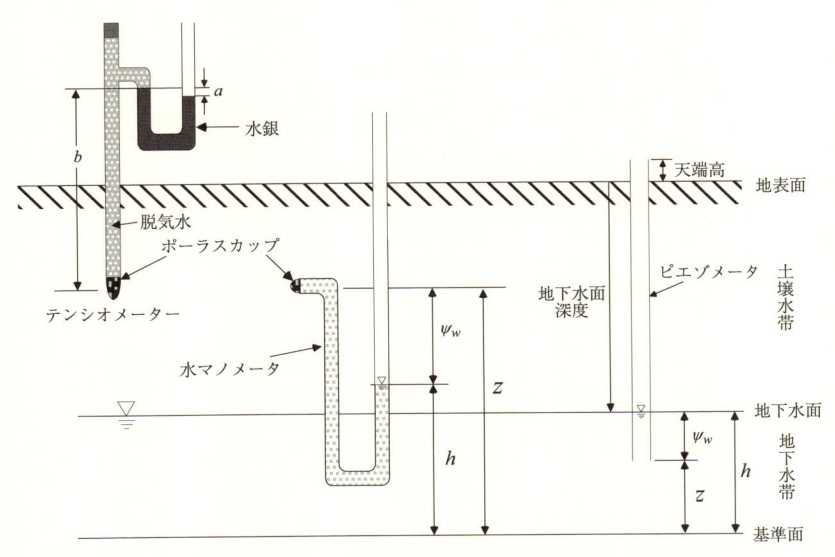

図6.5 土壌水帯と地下水帯における圧力水頭と重力水頭，水理水頭の関係（椛根（1980）を一部修正）．

により求められる．テンシオメーターは正の圧力水頭を測定することも可能で，地下水面の近傍では正，負いずれの圧力水頭をも測定することができる．

　土壌水の圧力水頭は，負号を省略するため，サクション（吸引圧，suction）とかテンション（水分張力，tension）ともよばれる．サクションを水柱高（cmH$_2$O）で表し，その常用対数をとったものをpF（ピーエフ）という．6.2.1項で記した水分恒数とpF表示による圧力水頭との関係は，圃場容水量pF 1.8〜2.0，シオレ含水量pF 3.8〜4.2，最大吸湿度pF 5.0〜5.5である（榧根，1980）．

■ ポテンシャルの単位

　ポテンシャルとは，対象物のエネルギー状態を表す1つの方法で，水を対象にした場合には水理ポテンシャルとよばれる．地下水の場合，これは流体ポテンシャルに相当する（6.3.2項）．ポテンシャルとエネルギーの単位について考えてみよう．エネルギーの次元として，いくつかの候補が考えられる．位置エネルギーを例にとると，質点の位置エネルギーは，質量 m，重力加速度 g，基準面からの高さを z とすると mgz で与えられる．この次元は $[ML^2T^{-2}]$ である．流体は連続しているため，特定の目印をもつ質点を考えにくい．そこで単位体積の流体を対象にして，その質量（＝密度 ρ_w）に対するエネルギーを考える．すると

$$\text{単位体積当たりの位置エネルギー} = \rho_w g z \tag{6.13}$$

となり，この次元は $[ML^{-1}T^{-2}]$ である．上述の通り，ポテンシャルで通常用いる単位は，単位質量当たりのエネルギーである．この場合は

$$\text{単位質量当たりの位置エネルギー} = \frac{\rho_w g z}{\rho_w} = gz \tag{6.14}$$

であり，次元は $[L^2T^{-2}]$ となる．一方，水の流れを扱う場合，水の単位体積重量（単位重量）（＝$\rho_w g$）当たりのエネルギーとして表すと便利である．すると

$$\text{単位体積重量当たりの位置エネルギー} = \frac{\rho_w g z}{\rho_w g} = z \tag{6.15}$$

となり，水柱高（水頭（head））$[L]$ としてエネルギー量を表すことができる．

6.2.4 水分特性曲線

　土壌の含水量と圧力水頭の関係は**図 6.6** に模式的に示されるような曲線として表され，この曲線を水分特性曲線（moisture characteristic curve）という．水分特性曲線は土壌の粒径や間隙構造に支配される土壌の保水特性を反映している．

　土壌の水分特性曲線の形態は，吸水または浸入（sorption, wetting）過程と脱水または排水（desorption, drying）過程によって異なる．このような，x の変化に伴って y が変化する場合に，x が変化する経路により y の値が異なる現象をヒステリシス（hysteresis）とよぶ．水分特性曲線のヒステリシス現象に伴って，吸水過程の $\psi_w = 0$ での水分量 θ_{cr} は脱水過程のそれよりも小さくなる．この原因は封入空気にあるとされている（Adam *et al.*, 1969）．この水分

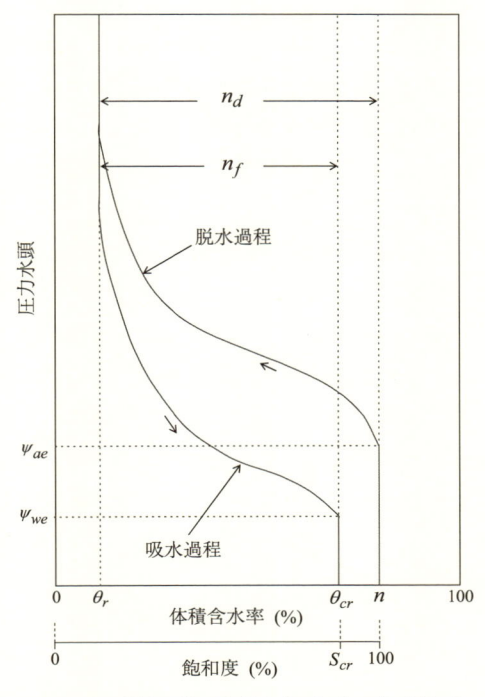

図 6.6　水分特性曲線の模式図（田中 (1990) を修正）．

量 θ_{cr} を臨界飽和含水率 (satiation, critical saturation water content) とよぶ (Corey, 1977; Brutsaert, 2008). この含水率を飽和度で表示したものが臨界飽和度 S_{cr} (critical degree of saturation) である. たとえば田中 (1980) によれば, 今市扇状地における関東ローム層の θ_{cr} は封入空気のため間隙率 n よりも約 7%小さい値を示す.

　飽和した土壌の圧力水頭を低下させていき, 最初に大気圧と等しい圧力の空気が土壌中に入り込むときの圧力水頭を空気侵入値 ψ_{ae} (air-entry value) とよんでいる (Bouwer, 1966). この値は脱水過程の水分特性曲線の傾斜急変点の圧力水頭によって示される. これに対して, 不飽和の土壌が圧力水頭の増加とともに吸水していき, 大部分の空気が追い出されて間隙中の水が実質的に連続したときの圧力水頭を水侵入値 ψ_{we} (water-entry value) とよんでいる (Bouwer, 1978). この値は吸水過程の水分特性曲線の傾斜急変点の圧力水頭によって示される. Bouwer (1978) によれば, 均質な粒径からなる土壌の水位降下時の飽和毛管水帯 (あるいは毛管水縁) の高さは, 数値的にその土壌の空気侵入値に等しい. また, 水分量と圧力水頭との間にはヒステリシスが存在するため, 水位上昇時の飽和毛管水帯の高さは対象土壌の水侵入値 ψ_{we} にほぼ等しく, おおむね $\psi_{we} = 1/2\psi_{ae}$ であることが実験的に確かめられている (Bouwer, 1966).

　図 6.6 において, n_d は排水可能間隙率 (drainable porosity) とよばれ, 飽和している土壌が重力によって排水できる水の占めている間隙の割合を示す. θ_r は比残留率 (specific retention) とよばれ, 重力排水が終了した状態で重力に抗して保持されている水が占めている間隙の割合を表す. 地下水面の上昇により, 土壌が水を吸水することのできる間隙率は n_f で示され, 吸水可能間隙率 (fillable porosity) とよばれている. 田中 (1980) は, 栃木県今市扇状地における関東ロームを対象として, 中性子水分計を用いて土壌水分を長期間にわたって測定するとともに, 室内実験によって対象土壌の水分特性曲線を求め, 関東ローム (田原ロームおよび宝木ローム) の水分特性に関する主要パラメータを表 6.3 のようにまとめている. 研究対象土壌の水分特性に関する主要パラメータを明らかにすることは, 土壌水の挙動に関する現象を考察する上で重要である。実験室で水分特性曲線を求める方法については, 土壌標準分析測定法

表 6.3　関東ロームの水分特性に関する主要パラメータ（田中（1980）を修正）

名称			記号	測定値または推定値
間隙率	porosity		n	77%
粗間隙率	large pore porosity	(>0.1mm)	n_l	>20%*
微細間隙率	small pore porosity	(<0.1mm)	n_s	<57%, $(n-n_l)$
圃場容水量	field capacity		FC	58%
比残留率	specific retention		θ_r	57%
比産出率	specific yield		s_y	
または	or			17〜19%
排水可能間隙率	drainable porosity		n_d	
吸水可能間隙率	fillable porosity		n_f	12%
臨界飽和度	critical saturation		s_{cr}	0.91
空気侵入値	air-entry value		ψ_{ae}	-10 cmH$_2$O***
水侵入値	water-entry value		ψ_{we}	-5 cmH$_2$O***
毛管水縁　水位下降時	capillary fringe	at falling	H_{Cf}	60 cmH$_2$O***
水位上昇時		at rising	H_{Cr}	30 cmH$_2$O***
永久シオレ点	wilting point		θ_{wp}	35%**

* 田淵ほか (1963)による；** 竹中ほか (1963)による；*** 推定値．

委員会（1986）によって詳述されている．

6.2.5　ゼロフラックス面

　降雨の後で晴天が続くと，地表付近に貯留されている土壌水は蒸発のためふたたび大気中へ失われる．この蒸発の影響がどの深さまで及んでいるかは，土壌水の水理水頭の鉛直プロファイルを測定することによって明らかにすることができる．図 6.7 は，降雨前の蒸発が進行した時点と降雨ピーク時（総降水量 111.5 mm）における水理水頭の鉛直プロファイルの実測値（樋口，1978）を示したものである．蒸発が及んでいる深さの下限は図 6.7 の水理水頭勾配の向きが変わる位置の深度として認識することができる．この変換点は上向きのフラックスと下向きのフラックスを境する面であり，ゼロフラックス面（ZFP, zero flux plane）とよばれる．この面以下へ降下浸透（percolation, 第 5 章）した水は蒸発の作用を受けることなく，重力の作用によって下方へ輸送され，地下水を涵養する成分となる．したがって，ゼロフラックス面の深さは，地下水の涵養量を求める場合や土壌水による地下水への物質輸送を考える上で重要である．また，この面の位置は晴天が続くと時間とともに深くなる．日本の気

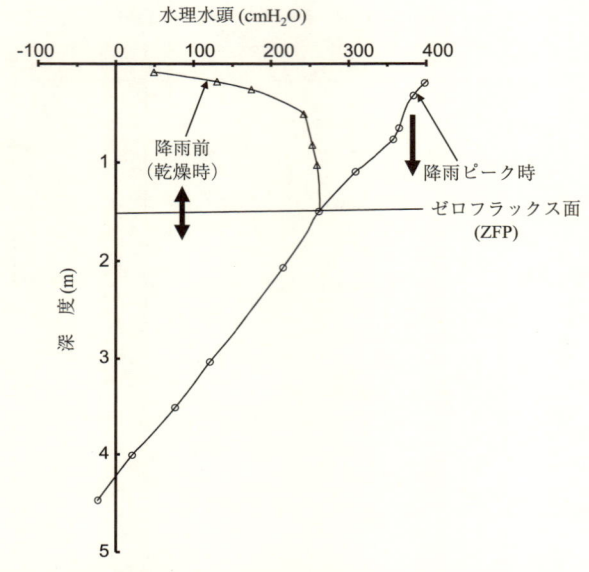

図 6.7　降雨前の蒸発が進行した時点と降雨ピーク時（総降水量 111.5 mm）における水理水頭の鉛直プロファイルの実測値（樋口（1978）に基づいて作成）．

候条件下では，火山灰に覆われた平坦な草地においてはゼロフラックス面の深度は 0.8 〜 1.5 m（樋口，1978; Kaihotsu and Tanaka, 1982），森林土壌斜面においては 0.7 〜 1.0 m（Tsujimura et al., 1993）などが報告されている．年平均降水量が 794 mm のイングランド南部のライムギ畑においては，このゼロフラックス面の深度は最大 4 m に達するとの観測例も報告されている（Wellings and Bell, 1980）．

ゼロフラックス面以深において地下水面へ向かって鉛直下方へ輸送される水，すなわち降下浸透による地下水涵養量は後述するダルシー式（6.25）で k を不飽和透水係数（unsaturated hydraulic conductivity）として求めることができる．わが国のような湿潤条件下においては，図 6.7 から明らかのように，ゼロフラックス面以深では常にほぼ $dh/dz = -1.0$ の動水勾配が形成されている．また，降雨の浸透によって地表面以下が飽和に近い状態になると，ゼロフラックス面は消滅し，地表面より下の動水勾配が $dh/dz = -1.0$ を示すようになる（図 6.7）．したがって，このような場合の地下水涵養量は，対象土壌の

不飽和透水係数にほぼ比例することになる．不飽和透水係数は水分量 θ（または圧力水頭 ψ_w）の関数であり，わずかな水分量の変化によって透水性は大きく変化する．前田ほか（1986）は，豪雨に伴う関東ローム層の水分変化量を中性子水分計を用いて連続的に測定し，この結果に基づいて $k-\theta$ 関係を求め，体積含水率 1.6% の変化で不飽和透水係数は 1/42 に減少することを報告している．関東ローム層は細粒物質からなり，保水性の大きい土壌であるが，上述のことは，関東ローム層からの地下水涵養は間欠的で短時間しか続かないことを意味している．関東ローム層中において，こうした現象が実際に野外で生じていることは Sakura（1983）によって報告されている．

6.2.6　土壌水の運動方程式

6.3.3 項で述べるダルシーの法則が土壌水帯にも適用できるとすれば，多孔体中の土壌水の運動に関して，不飽和透水係数 k を圧力水頭 ψ_w の関数として

$$\frac{\partial}{\partial x}\left[k(\psi_w)\frac{\partial h}{\partial x}\right] + \frac{\partial}{\partial y}\left[k(\psi_w)\frac{\partial h}{\partial y}\right] + \frac{\partial}{\partial z}\left[k(\psi_w)\frac{\partial h}{\partial z}\right] = \frac{\partial \theta}{\partial t} \tag{6.16}$$

が適用できる（Freeze and Cherry, 1979）．ここで，x, y, z は土壌水帯内部に固定された直交座標，t は時間である．式 (6.11) より $h = z + \psi_w$ であり，体積含水率と圧力水頭の間に一価関係が維持されるような場合には，式 (6.16) は

$$\frac{\partial}{\partial x}\left[k(\psi_w)\frac{\partial \psi_w}{\partial x}\right] + \frac{\partial}{\partial y}\left[k(\psi_w)\frac{\partial \psi_w}{\partial y}\right]$$
$$+ \frac{\partial}{\partial z}\left[k(\psi_w)\left(\frac{\partial \psi_w}{\partial z} + 1\right)\right] = C(\psi_w)\frac{\partial \psi_w}{\partial t} \tag{6.17}$$

と書き換えることができる．比水分容量（specific water capacity）$C(\psi_w)$ は

$$C(\psi_w) = \frac{d\theta}{d\psi_w} \tag{6.18}$$

で定義され，水分特性曲線の勾配を意味する．式 (6.17) はリチャーズの方程

式（Richards equation）とよばれ，土壌水分移動に伴う土壌水帯内の圧力水頭変化を与える．

■ キャピラリーバリアー：層構造を有する斜面における降下浸透

　一般に，自然の土層はその堆積環境に応じた層構造を有しており，粒径の異なる土層が複雑に重なりあっている．このような場合の地下水涵養プロセスは層構造をもたない均一土層のそれに比較して異なったものとなる．

　粗い粒径からなる土層の上に順次細かい粒径の土層が積み重なった場合の地下水面から上の平衡水分分布を模式的に示すと図6.8のようになる（Bouwer, 1978）．相対的に細粒な土層の下部に上座毛管水（八幡，1975）とよばれる毛管力と重力の釣り合いにより保持される一種の毛管水帯が形成される．ここではこれを成層土層内毛管水帯とよぶことにする．このような条件下において土層の境界面が傾斜していた場合には，成層土層内毛管水帯の圧力平衡が何らかの原因で崩れると，側方流が発生することが知られている．

　図6.9は，15°に傾斜させた粒径を異にする3層からなる実験土槽を用いて，一定

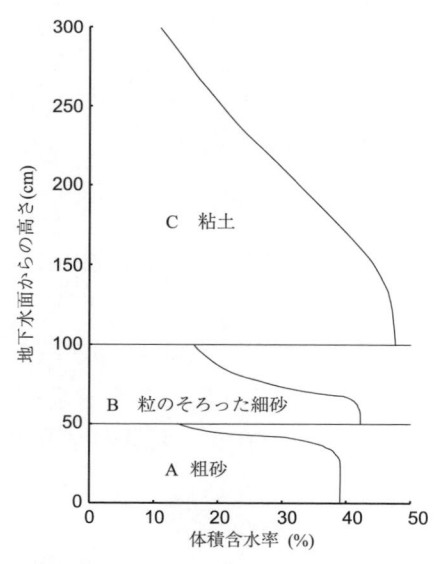

図6.8　層状に体積した土壌の地下水面から上の平衡水分分布の模式図（Bouwer（1978）を一部修正）．

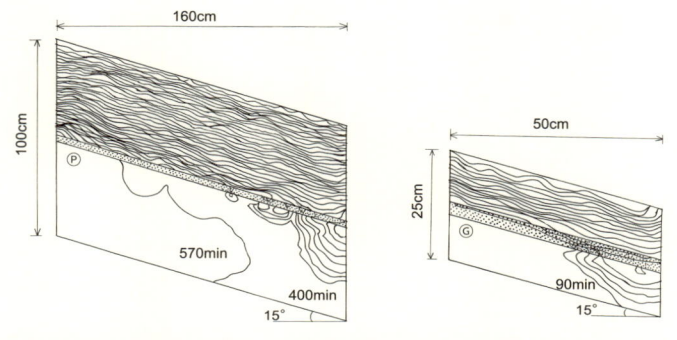

図 6.9 粒径を異にする傾斜した土層におけるぬれ前線の進行状況（Miyazaki（1988）を修正）．
第1層：マサ土，第2層：Ⓟは植物の葉，Ⓖは礫，第3層：マサ土．

強度の降雨を降らせ，ぬれ前線（wetting front, 5.2.2項）および土層内の圧力水頭を測定した結果を示したものである（Miyazaki, 1988）．降雨に伴う降下浸透と重力の影響を受けた斜面方向への側方浸透流（throughflow）により形成されたぬれ前線は第1層（マサ土）と第2層（植物の葉Ⓟまたは礫Ⓖ）の境界に達すると停止し，第1層と第2層の境界面に沿って流下する側方流れが発生することが示されている．これはキャピラリーバリアー（毛管境界効果，capillary barrier effect）とよばれている現象である（Ross, 1990）．上層が細粒土，下層が粗粒土である傾斜した土層構造において，これと同様な現象が生じることは Oldenburg and Pruess（1993）による数値シミュレーションによっても示されている．

　粒径を異にする傾斜した斜面において，この種の現象が生じる理由は次のように説明される．細粒土と粗粒土の不飽和透水係数と圧力水頭の関係は，一般的には**図 6.10** のように示される（たとえば，ヒレル，2001a）．圧力水頭の低い段階では粗粒土の透水性は細粒土のそれに比較して著しく小さく，圧力水頭が徐々に高くなり，ある段階に達するとこの関係は逆転する．すなわち，境界面における細粒土中の圧力水頭がある段階の値になるまでは境界面を横切る鉛直下方への降下浸透は妨げられる．このため，境界面に集積した降下浸透水は境界面に沿って流下する側方流れを生じる．この流れは毛管分流とよばれ，その大きさは分流容量とよばれている（Ross, 1990; Oldenburg and Pruess, 1993）．

　この現象は，斜面における地下水の涵養範囲を考える上で重要であるとともに，多層構造からなる斜面での降下浸透に伴う流出のメカニズムを考える上でも重要である（Tanaka, 1992）．また，このキャピラリーバリアーの役割については，地下水涵養の問題とは逆に，浸透流制御の立場から，古くは古墳の内部を浸透水から守る

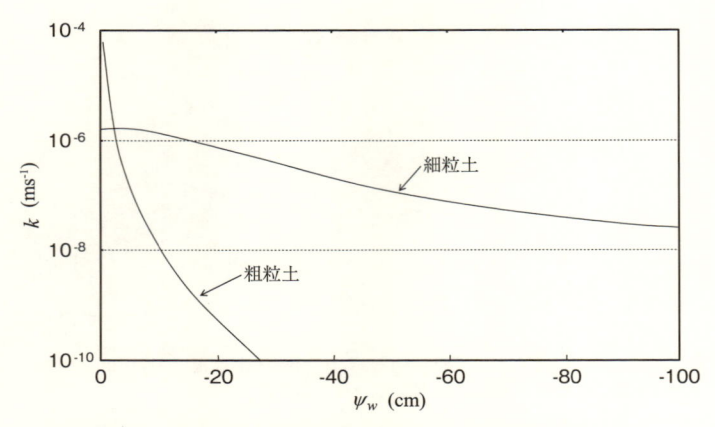

図6.10 粒径の異なる土壌の圧力水頭と不飽和透水係数との関係（Ross（1990）に基づいて作成）．

ための遺物保存技術に応用されており（渡辺，1992），近年では浸透水の流入による汚染物の地下水帯への流出を防止するという観点から，産業廃棄物や放射性廃棄物の埋立に関する研究において注目されている現象でもある（たとえば，Oldenburg and Pruess, 1993）．

6.3 地下水

6.3.1 地下水のあり方

地下水のあり方を模式的に示したものが**図6.11**である．地中へ井戸を掘削していくと，ある深さで井戸の中に水面が形成される．この水面を空間的に連ねた面を地下水面（water table）という．地下水面を有する地下水を不圧地下水（unconfined groundwater）とよび，この地下水を帯水している地層が不圧帯水層（unconfined aquifer）である．不圧帯水層の下に存在するシルト・粘土層や泥層といった透水性の低い地層は加圧層（confining layer）とよばれる．

加圧層の下にあって被圧されている地下水を被圧地下水（confined groundwater），それを帯びている帯水層を被圧帯水層（confined aquifer）という．

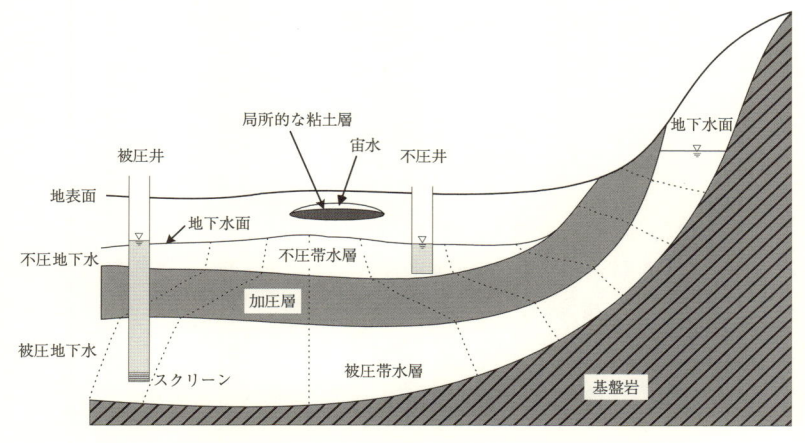

図 6.11 地下水のあり方を示す模式図．点線は等ポテンシャル線を示す．

被圧帯水層中に井戸を掘削すると，井戸の中の水位は加圧層の下面の位置よりもかなり上まで上昇する．この水面は被圧水頭面（piezometric surface）とよばれ，この水面が地表面より高い場合には地下水は自然に流出することができる．この種の井戸が自噴井（self flowing well）とよばれるものである．土壌水帯中に粘土層などの著しく透水性の低い地層が部分的に存在していると，その上に宙水（perched groundwater）が形成される場合がある．東京都の武蔵野台地などでは，古くからこの宙水の存在が報告されている（吉村，1942）．宙水に対して，地域的な拡がりをもった不圧地下水を本水として区別する場合もある（榧根，1980）．また，湧水（spring water）や泉は地下水面が地表面と切りあう部分に形成される．

6.3.2 流体ポテンシャル

地下水帯と土壌水帯の水の流れはともにポテンシャル流として取り扱うことができる．

地下水帯の水の流動を支配しているポテンシャルは流体ポテンシャル（fluid potential）とよばれ，Hubbert（1940）はこの流体ポテンシャルを「与えられた位置に与えられた状態でおかれている水のポテンシャルは，単位質量の水を

ある任意の標準状態から，その与えられた状態にまで変化させるのに必要な仕事量に等しい」と定義し

$$\phi = gz + \int_{p_s}^{p} \frac{dp}{\rho_w} + \frac{v^2}{2} \tag{6.19}$$

のように表した．ϕ は流体ポテンシャル，g は重力加速度，p は任意の点における水の圧力，p_s は基準圧力，ρ_w は水の密度，v は流速，z は基準面から ϕ を求める点までの高さである．式（6.19）の右辺の第1項は重力ポテンシャル，第2項は圧力ポテンシャル，第3項は速度ポテンシャルを表す．式（6.19）の導出については，Hubbert（1940）あるいは Freeze and Cherry（1979）に詳しい．

地下水の流速はたかだか1日数 m のオーダーであり，これを考慮すると速度ポテンシャルは十分な近似で無視することができる．また，水を非圧縮性流体と考えれば，式（6.19）は

$$\phi = gz + \frac{(p - p_s)}{\rho_w} \tag{6.20}$$

となる．p_s を大気圧として基準にとり，$(p - p_s)$ を改めて p とした上で，式（6.20）を重力の加速度 g で除すと，流体ポテンシャルは水柱高として

$$\frac{\phi}{g} = h = z + \frac{p}{\gamma} \tag{6.21}$$

で表される．$\gamma = \rho_w g$ は水の単位体積重量である．また，地下水帯中の水圧は $p = \rho_w g \psi_w$ として表されるから，式（6.21）は

$$h = z + \psi_w \tag{6.22}$$

で表すことができる．ここで，h は水理水頭，z は重力水頭，ψ_w は圧力水頭である．式（6.22）は土壌水に対して求められた式（6.11）と等しい．

土壌水帯および地下水帯における圧力水頭と重力水頭の関係は図 6.5 に示す

ようである．水理水頭もポテンシャル量であるから，地中の水は水理水頭の大きいところから小さいところへ移動する．水理水頭の空間分布を等値線で結んだものを等ポテンシャル線（equipotential line）という．均質等方性の媒体中では，水は等ポテンシャル線と直交する方向へ移動する．

　大気圧を基準にすると，地下水帯の圧力水頭 ψ_w は常に正（**図 6.1**）であり，地下水帯における圧力水頭はピエゾメータ（piezometer）で測定することができる．ピエゾメータは**図 6.5**に示すように，管底のみに水の出入りができるように穴（スクリーン）をあけた管で，帯水層中に挿入した管の中に現れる水面の管底からの高さが，管底における ψ_w である．6.2.3 項で述べたように，土壌水帯では常に $\psi_w < 0$ となる．

6.3.3　ダルシーの法則

　地下水が定量的に取り扱われるようになるのは，1856 年からである．この年に，フランスの水理工学者 Henry Darcy が *Les Fontaines Publiques de la Ville de Dijon*（Darcy, 2004）を著し，この書物の補遺編中 590 〜 594 ページに砂層中の水の流れに関する室内実験結果を記述している．この実験結果は，後にダルシーの法則として知られる多孔体中の水の流れを記述する経験則として広く認められるようになった．

　図 6.12 は，ダルシーが実験で用いた実験装置を示したものである．高さ 2.5 m，直径 0.35 m の円筒容器（カラム）を用い，上端と下端には水頭を測定するための水銀マノメータが取り付けられている．実験に用いた砂は，間隙率が約 38% の Saone 川のシリカ砂である（佐藤，1984）．この砂層中の間隙をすべて水で満たし，流入量と流出量が同じになるように，上方から水を流す．給水は水道水を用いて行われた．**図 6.12(b)** に示す説明図を用いて，ダルシーの実験内容を整理すると以下のようになる．

　まず，単位時間，単位断面積当たりの流量を比流束（specific flux）q と定義し

$$q = \frac{Q}{A} \tag{6.23}$$

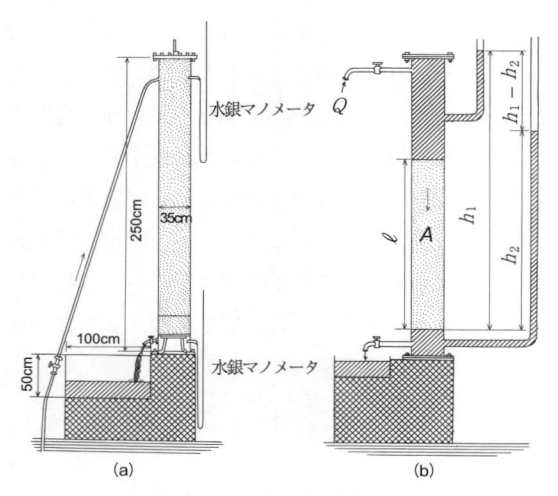

図 6.12 ダルシーの実験装置とその説明図（榧根（1989）を一部修正）．

のように表す．ここで，Q を単位時間当たりの流量 $[L^3 T^{-1}]$，A をカラムの断面積 $[L^2]$ とすると，比流束 q は速度の次元 $[L T^{-1}]$ をもつことになる．ダルシーによる実験結果は，(1) 砂層の厚さ Δl を一定に保った場合，q は水頭差 $\Delta h = (h_1 - h_2)$ に比例する；(2) $\Delta h = (h_1 - h_2)$ を一定に保った場合，q は Δl に反比例すると要約でき，これを式にすると

$$q = -k \frac{\Delta h}{\Delta l} \tag{6.24}$$

あるいは，微分形では

$$q = -k \frac{dh}{dl} \tag{6.25}$$

となる．式 (6.25) がダルシーの法則（Darcy's law）とよばれるものである．負号は，水頭の減少する方向に水が流れることを意味する．

比流束 q は速度の次元をもつため，ダルシー流速（Darcy velocity）あるいはダルシーフラックス（Darcy flux）とよばれることがあるが，これは見かけの流速であり，個々の間隙中を流れる実流速とは異なる．実流速は存在するが，

測定することは不可能である．比流束を帯水層の有効間隙率（effective porosity, n_e）で除すと，地下水の平均間隙流速 $\bar{v}_i$（average interstitial velocity）が次式によって求まる．

$$\bar{v}_i = \frac{q}{n_e} = \frac{\left(-k\dfrac{dh}{dl}\right)}{n_e} \tag{6.26}$$

有効間隙率とは，全間隙の中で流動に関与している水が占めている間隙の割合を指す．式 (6.26) の比例定数 k は飽和透水係数（saturated hydraulic conductivity）あるいは単に透水係数（hydraulic conductivity）とよばれ，速度の次元 $[\mathrm{L\,T^{-1}}]$ をもち，間隙の性質や水の粘性などが関係し，媒体の透水性を示す指標となる．いろいろな物質の透水係数の範囲を図 6.13 に示す．

式 (6.25) の右辺第 2 項 dh/dl は動水勾配で無次元量である．流線に沿う与

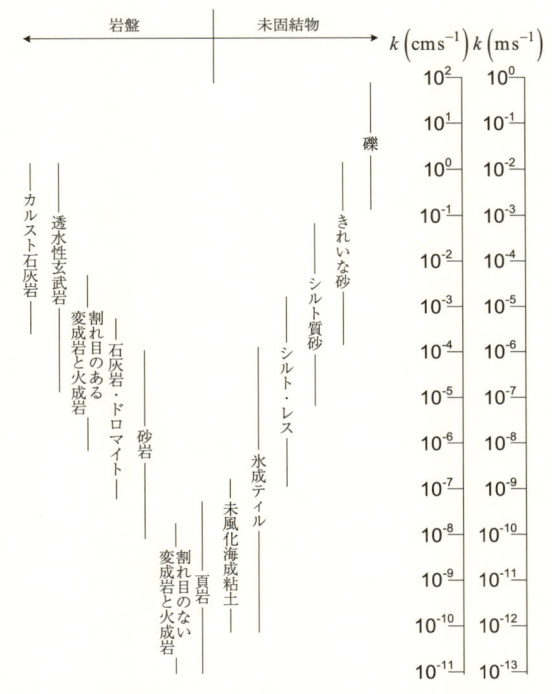

図 6.13 いろいろな物質の透水係数の範囲（Freeze and Cherry (1979) に基づいて作成）．

えられた方向の単位距離当たりの水理水頭変化量を示す．式（6.25）から明らかなように，動水勾配が一定の場合には，比流束は物質の透水係数に比例する．

式（6.25）を式（6.23）に代入すると

$$Q = -k\frac{dh}{dl}A \tag{6.27}$$

を得る．すなわち，透水係数と動水勾配を知ることによって，断面積 A を通過する地下水流動量 Q を求めることができる．また，式（6.25）は，流体ポテンシャル（6.3.2 項）との関係から

$$q = -k\frac{1}{g}\frac{d\phi}{dl} \tag{6.28}$$

のように表すことができる．ダルシーの法則は，層流状態の流れに対して適用できる法則であり，流れが乱流状態になると，比流束と動水勾配は比例関係を示さなくなることが知られている．すなわち，動水勾配が非常に大きくなる揚水井のスクリーンの近傍や石灰岩の洞くつ中の水の流れなどに対しては，ダルシーの法則は適用できないとされている．また，比流束が小さな領域，すなわち小さな動水勾配の状態においても，ダルシーの法則が適用できない非ダルシー流（non-Darcian flow）が存在するとされているが，これらダルシー法則の適用限界についての説明は榧根（1980），Brutsaert（2008）に詳しい．

6.3.4　地下水流動の基礎方程式

地下水の流動を表す基礎方程式は，物質の保存を表す連続の原理，すなわち地下水の保存を表す連続の式と地下水の流束に関するダルシーの式から導かれる（Jacob, 1950; De Wiest, 1965; 榧根, 1980 など）．

均質等方性の帯水層中を定常状態で流れる地下水の流れを記述する 3 次元基礎方程式は

$$\left. \begin{array}{r} \dfrac{\partial^2 h}{\partial x^2}+\dfrac{\partial^2 h}{\partial y^2}+\dfrac{\partial^2 h}{\partial z^2}=0 \\ \nabla^2 h=0 \end{array} \right\} \quad (6.29)$$

または

で表される．式 (6.29) はラプラスの方程式とよばれるものであり，定常状態にある熱や電気の流れを記述する基礎方程式と同じ形である．地下水の流れを熱や電気の流れとの相似で取り扱うことができるのはこのためである．

また，非定常流の基礎方程式は

$$\dfrac{\partial^2 h}{\partial x^2}+\dfrac{\partial^2 h}{\partial y^2}+\dfrac{\partial^2 h}{\partial z^2}=\dfrac{\rho_w g}{k}(\alpha+n\beta)\dfrac{\partial h}{\partial t} \quad (6.30)$$

で表される．ここで，α は地層の垂直圧縮率，β は水の圧縮率，t は時間である．いま，$S_s=\rho_w g\,(\alpha+n\beta)$ とおくと，式 (6.30) は

または

$$\left. \begin{array}{r} \dfrac{\partial^2 h}{\partial x^2}+\dfrac{\partial^2 h}{\partial y^2}+\dfrac{\partial^2 h}{\partial z^2}=\dfrac{S_s}{k}\dfrac{\partial h}{\partial t} \\ \nabla^2 h=\dfrac{S_s}{k}\dfrac{\partial h}{\partial t} \end{array} \right\} \quad (6.31)$$

と書くことができる．ここで，S_s は比貯留率 (specific storage) で，単位の水頭変化によって多孔体の単位体積から放出される水の量と定義される．次元は $[L^{-1}]$ である．比貯留率の内容は，右辺第1項の $\rho_w g\alpha$ で示される地層の圧縮に起因するものと，右辺第2項の $\rho_w gn\beta$ で示される水の膨張によって放出されるものとからなる．式 (6.30) あるいは式 (6.31) は，一般に拡散方程式として知られるものと同形である．

特殊な場合として，厚さ b が一様で，水平な基盤の上にある帯水層を考えると，式 (6.30) の2次元表示は

$$\dfrac{\partial^2 h}{\partial x^2}+\dfrac{\partial^2 h}{\partial y^2}=\dfrac{\rho_w gb}{kb}(\alpha+n\beta)\dfrac{\partial h}{\partial t} \quad (6.32)$$

のようになる．ここで，$S=\rho_w gb\,(\alpha+n\beta)$，$T=kb$ とおくと，式 (6.32) は

$$\frac{\partial^2 h}{\partial x^2} + \frac{\partial^2 h}{\partial y^2} = \frac{S}{T}\frac{\partial h}{\partial t} \tag{6.33}$$

のようになる．式 (6.33) の $S = S_s b$ は貯留係数（storage coefficient）とよばれる無次元量である．単位の断面積をもつ帯水層の垂直な柱から単位の水頭低下によって放出される水の量と定義される．式 (6.33) で被圧帯水層に対して定義された貯留係数の値は一般に $10^{-3} \sim 10^{-5}$ のオーダーとされている．これに対して，不圧地下水のそれは帯水層の比産出率（specific yield）に等しく，その値は 0.05〜0.30 の範囲内にあるものとされている（榧根，1980）．また，$T = kb$ は透水量係数（transmissivity）とよばれ，飽和している部分の帯水層が水を伝達する能力を示すパラメータである．次元は $[L^2 T^{-1}]$ である．

6.3.5 地下水流動系

6.3.2 項で記したように，地下水の流れは Hubbert (1940) によって物理的に定義された流体ポテンシャルに基づいてポテンシャル流として記述することができる．この理論に基づいて Tóth (1963) は，定常流の基礎方程式 (6.29) を境界値問題として解析的に解き，鉛直 2 次元断面におけるポテンシャル分布に基づいて広域地下水流動に関する検討を行った．

図 6.14 は，Tóth (1963) の解析結果に基づき，地下水面を正弦曲線として表した場合の均質帯水層における流線分布を模式化したものである．図から読み取れるように，地下水の流れは地下水面の起伏に規制されて，局地・中間・地域とよばれるそれぞれ規模の異なる流動系を形成し，広域地下水流動の空間構造は重層かつ階層構造を呈していることがわかる．Tóth (1963) は，一連の解析結果に基づいて地下水流動系（groundwater flow system）という概念を提示した．この概念は，地下水の流れを涵養・流動・流出という空間的な拡がりをもつ連続した系と認識し，地下水を水循環の一環として捉えようとするものであり，この点においてその科学的な意味がある．その後，Freeze and Witherspoon (1967) は，均質および不均質・異方性帯水層における地下水流動を数値シミュレーションによって明らかにし，均質帯水層では Tóth (1963) の解析結果とよく一致することを示した．また，不均質・異方性帯水層におい

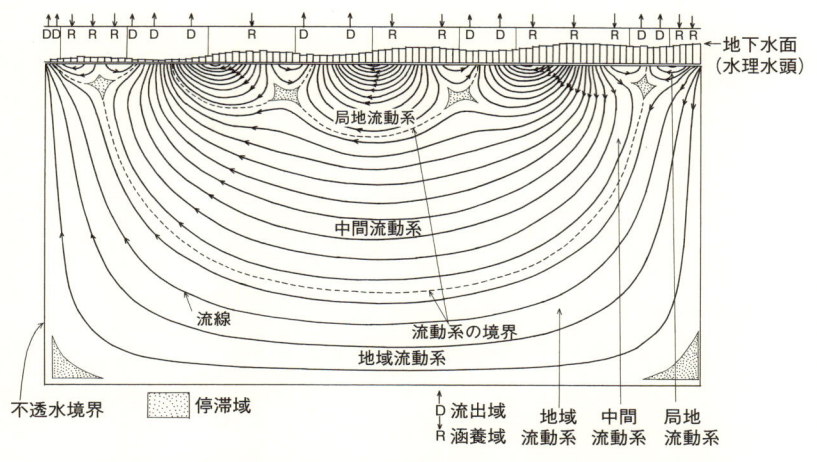

図 6.14 Tóth（1963）による地下水流動系の模式化とそれに対応する涵養域と流出域の区分（Engelen and Kloosterman（1996）を簡略化して一部追加）.

ては，地下水面の形状は全く同じでも，透水性を異にする地層の重なりによって，地下水流動系は著しく異なることを示した．

Tóth（1995）は，滞留時間を異にする地下水流動系のあり方を模式的に**図 6.15**のように示している．図から，地下水は帯水層中だけではなく，帯水層と加圧層群中を3次元的に流動している様子を読み取ることができる．こうした流動系が実際に存在することは，ピエゾメータ群による水理水頭の3次元分布の観測や同位体をトレーサーとする野外での実証的研究によって確認されている（たとえば，Meyboom, 1967; 近藤, 1985）．地下水は，涵養・流出という水循環プロセスを介して，土壌水や河川水・湖沼水などと交流をもつ水として位置づけられるのである（第7章）．

地下水流動系の存在は，それを規制している涵養域（recharge area）と流出域（discharge area）という空間的な拡がりが，地表面で対応される形として存在することを意味する．**図 6.15**には，地下水流動系に対応する涵養域と流出域の区分が模式的に示されている．地下水流動系に対応するこうした涵養域と流出域，そしてその間に存在する流動域（transmission area）という空間認識は，その場所における水の基本的な流れの方向を考える際に重要となる．

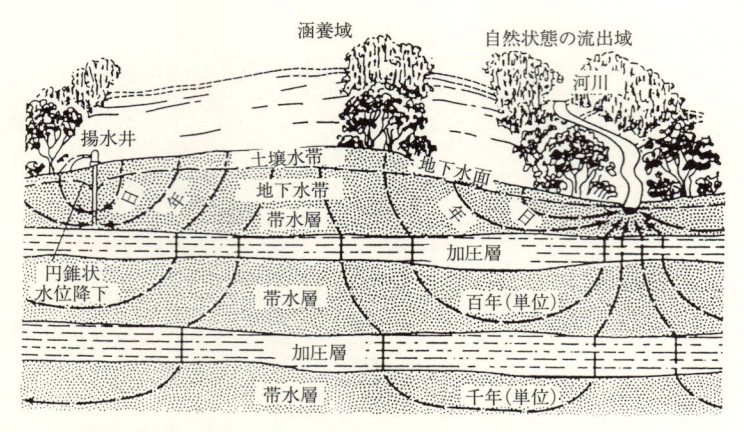

図 6.15 滞留時間を異にする地下水流動系のあり方を示す模式図（Tóth（1995）を修正）．

涵養域においては井戸の水位は深さとともに低下し，流出域においてのそれは深さとともに高くなる（**図 6.16**）．すなわち，水理水頭は涵養域では浅層の井戸ほど高く，流出域では深層の井戸ほど高い．したがって，涵養域における水の循環ベクトルは鉛直下向きであり，流出域におけるそれは鉛直上向きとなる．

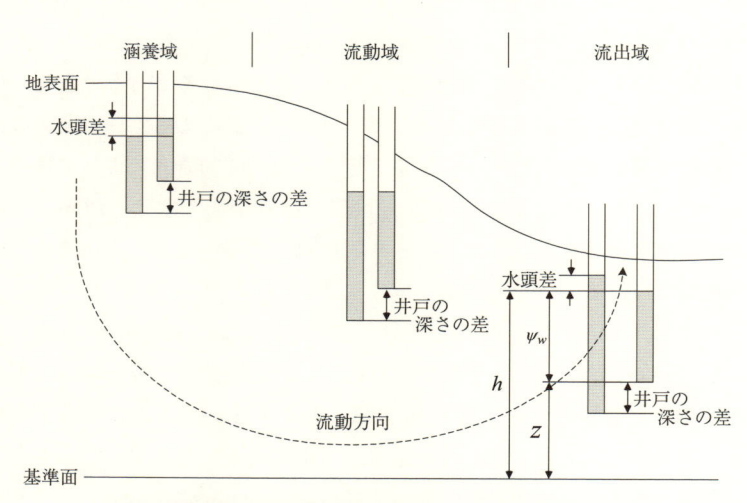

図 6.16 涵養域，流動域，流出域における深度の異なる井戸の水位関係を示す模式図（Lissey（1967）に基づいて作成）．

流域内においてある場所が涵養域に位置するか，あるいは流出域に位置するかは，その場所における水の基本的な流れ方向を示唆するという点において重要な意味をもつ．たとえば，湧水や湿原を保全するためには，自然の涵養量を減らさないための施策を講じる必要があるが，これらの施策は，対象となる湧水や湿原の涵養域において実施することが効果的である．また，8.2 節で記すように，地下水は循環する過程で熱や物質を輸送することから，地下水流動系の概念に基づく涵養域と流出域の区分は，その場所における熱や物質の移動方向を示唆することにもなる．

6.3.6 地下水の涵養プロセス

地下水涵養 (groundwater recharge) とは，地下水面または地下水体へ水が付加されるプロセスと定義される (Freeze, 1969；榧根, 1981)．したがって，地下水涵養は降下浸透とは同義ではない．地下水涵養には地下水面まで達する降下浸透による場合と，河川や湖沼などの地表水体から直接飽和流として涵養される場合がある．しかし，河川など地表水体からの地下水涵養は，降水による面的な涵養に比較すると線的であり，量的にもわずかであるため，地下水の多くは降水を涵養源としていると考えて差しつかえない．地表面を横切って地下水面へ向かう水の流れの各プロセスは第 5 章で扱われるが，地中に浸透した水がすべて地下水を涵養するわけではない．地下水を涵養する成分は，6.2.5 項で述べたように，ゼロフラックス面以深へ降下浸透した水である．

土壌水の降下浸透速度については，時間情報をもつトリチウム (^3H) を利用して，土壌水のトリチウム濃度の鉛直プロファイルとトリチウム収支を明らかにすることによって求められている．**図 6.17** は，相模原台地における 1976 年 12 月の時点の土壌水のトリチウム濃度プロファイル (黒三角) をピストン流 (押し出し流) モデルによる計算値と比較したものである (嶋田, 2001)．地下水面は深度 15 ～ 20 m の範囲にある．この地点では表面流出は発生しないので，各月の降水量から蒸発散による損失分を差し引き，残りを地下水への涵養量と見なして，地表面から順にピストン流的に土壌中へ押し込み，それに等しい水量が関東ローム層の最下層から地下水面に付加されるものとして計算を行った．図中の丸印はピストン流モデルの計算値を 0.5 m ごとに平均した値

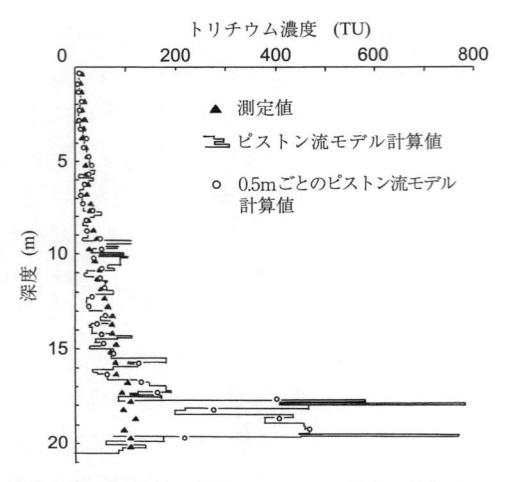

図 6.17 相模原台地における土壌水のトリチウム濃度の鉛直プロファイルとピストン流モデルによる計算結果との比較（嶋田（2001）に基づいて作成）．

である．この図によると，地下水面より上では，実測値と計算値はよく一致していることがわかる．結果として年間の地下水涵養量は 913 mm，調査地点の関東ロームの平均体積含水率は約 70% であるので，すべての土壌水が一様に循環に関与しているものとすると，土壌水の降下浸透速度は 1.38 m yr^{-1} となる．これと同様な結果は東京都の武蔵野台地においても得られており，土壌水の平均降下浸透速度は 1.28 m yr^{-1} と求められている（榧根ほか，1980）．

表 6.4 は，世界各国で行われた同位体を用いて推定された土壌水の降下浸透速度と地下水涵養量をまとめたものである．同位体のトレーサー D は重水（^{2}H），T はトリチウム（^{3}H），^{18}O は酸素の同位体で質量数 18 である（8.3 節）．表から明らかのように，同位体をトレーサーとして求められる降下浸透速度は，いずれの場合も年単位のオーダーであることがわかる．わが国における代表的な土地利用別の地下水涵養量については，田中（1998）にまとめられている．

一方，降雨開始に伴う地下水位の応答は，一般的には日単位で現れることが多く，この事実は土壌水の実際の降下浸透速度は極端に遅いという結果と一見矛盾する．降雨に対する日単位の地下水位の応答と年単位の降下浸透速度を結び付けるメカニズムとして，間隙空気圧の増大（宮沢，1976），大間隙説（Freeze

表6.4 同位体をトレーサーとした土壌水の降下浸透速度と地下水涵養量の推定結果

研究者	実施場所	対象土壌	用いたトレーサー 人工同位体	用いたトレーサー 環境同位体	移動速度 (m yr⁻¹)	地下水涵養量 (mm yr⁻¹)	年間降水量 (mm yr⁻¹)	備考
Zimmermann et al. (1967)	ドイツ (Giessen および Speyer)	ローム質土壌, 砂質土壌	D		1	200	-	温帯西岸海洋性気候地域
Ligon et al. (1977)	合衆国・サウスカロライナ州	砂質ローム〜粘土〜ローム	T		3.85	-	-	土壌水の約1/2は移動しにくい水
Aneblom and Persson (1978)	スウェーデン (Tärnsjö)	氷河堆積物 (エスカー)	T		*6.0	-	-	みかけの移動速度 1.5〜2.5m month⁻¹
Andersen and Sevel (1974)	デンマーク (Grønhøj)	氷河堆積物		T	4.5	358	780	みかけの移動速度 3.0〜3.5m month⁻¹
Smith et al. (1970)	イギリス・バークシャー州	チョーク		T	0.88	334	-	浸透水の約15%はチョーク中の割れ目を通して急速に降下浸透する
Sukhija and Shah (1976)	インド・グジャラート州	粗砂, ローム, 粘土質土壌		T	-	15〜56	700	半乾燥地域
Vogel et al. (1974)	南アフリカ (Kalahari)	カラハリ砂		T	-	10	500	乾燥地域
Allison et al. (1974)	オーストラリア (Gambier Plain)	砂質ローム〜粘土		T	-	40〜140	750	温帯地中海性気候地域
榧根ほか (1980)	日本 (武蔵野台地)	関東ローム		T	1.28	885	1550	火山灰土壌
Saxena and Dressie (1983)	スウェーデン (Uppsala)	氷河堆積物	T	¹⁸O	-	260	-	西岸海洋性気候地域
Shimada (1988)	日本 (相模原台地)	関東ローム		T	1.38	913	1670	火山灰土壌
Daniels et al. (1991)	合衆国・インディアナ州	氷河堆積物		T	-	35〜47	800〜900	大陸性混合林気候地域
Wood and Sanford (1995)	合衆国・テキサス州	細砂・シルト		T	-	77	300〜500	半乾燥地域

*原著の 0.5 m month⁻¹ から算出

and Banner, 1970；平田, 1971；Beven and Germann, 1982), マトリックス中のピストン流(榧根ほか, 1980；Shimada, 1988)などが提示されている. たとえば前田ほか (1986) は, 関東ローム層を対象として豪雨時における土壌水分の連続測定を行い, その結果に基づいて降下浸透のメカニズムについて考察を行っている. 図6.18 は, 時間的に連続する2つの水分プロファイルを重ねて, 土壌水分の増加域を黒色, 減少域を白ぬきで示したものである. この図から明らかな点は, 水分量の増減が各層に一様ではなく, 水分量の増加・減少がパルス状に出現し, それが見かけ上は時間とともに下方へ移動しているようにみえることである. また, 降雨による地表面からの浸透が表層部の水分量の増加だ

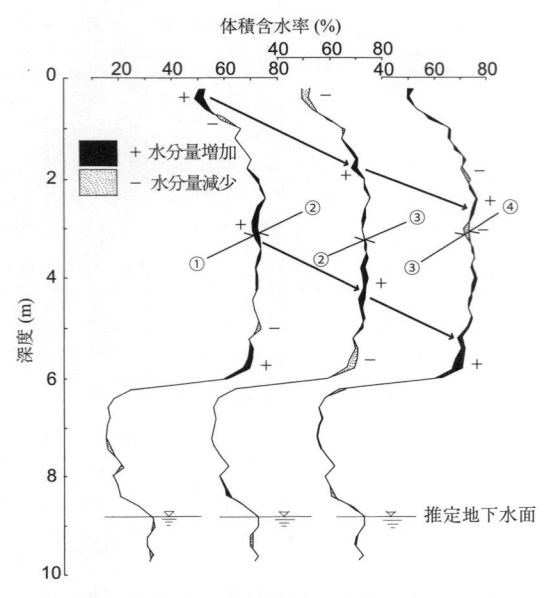

図 6.18 豪雨時において時間的に連続する2つの水分プロファイルの比較(前田ほか(1986)に基づいて作成).

けではなく，深部における増加をも引き起こしている状況を読み取ることができる．そして，パルス状のふくらみは降雨に対応して水分量の増加側だけに現れるのではなく，排水の過程では減少側にも現れている．このようなパルス状あるいは波状の水分量の増減は，平均体積含水率10％前後の氷河性堆積物中の降下浸透についても報告されている（Andersen and Sevel, 1974）．

こうした現象について Andersen and Sevel（1974）は，このパルス状の水分量の増加域を見かけの降下速度を示すものと解釈し，その移動は圧力波によるものであろうとしている．また前田ほか（1986）は，パルス状の移動を引き起こす原因を量的にはわずかである大間隙中を流れる水であるとし，このわずかな水の降下浸透によって，間隙中に保持され静止していた水が大間隙中へ押し出されるか，あるいは通常の土粒子間隙中を流れるマトリックス流として少しばかり下方へ移動するのではないかと推論している．そして，このような静止した水を移動させるメカニズムとして，毛管水の挙動と間隙空気圧の上昇の

2つを考えているが，その量的な吟味は今なお課題として残されている．すなわち，これらの観測事実は，均質系に関するこれまでの浸透理論（第5章）では解明できない現象であり，降下浸透のメカニズムについてはさらに異なる立場からの研究，たとえば土粒子と水と空気が混在する場における界面現象としての取り扱いなどが必要であろう．

第7章 地表水の循環

　降水から流出への変換，それは流域が果たす最も重要な機能である．その中には，浸透，降下浸透，地下水涵養，遮断，蒸発散など多くの水文プロセスが含まれる．河川や湖沼などの地表水は，それぞれ個別に存在しているのではなく，流域の水循環プロセスを構成する1つの水体として存在している．ここでは地表水を，こうした水循環プロセスの中でどのように意義づけられるのか，ということを中心に解説する．

☞『水文学』5章「地表面上の水：自由水面流れの流体力学」，6章「地表流」，7章「河流追跡」，11章「水流発生機構：メカニズムとパラメタリゼーション」，12章「集水域スケールでの河川流の応答」，13章「水文学における頻度解析の基本」．

7.1　水流発生機構

7.1.1　降水から流出へ

　陸域の水循環において最も重要かつ基本的単位である流域は，降水を入力として受け入れ，出力として河川から排水を行う（**図7.1**）．その際，降水から流出に至る間に，各種の水文プロセスがかかわるので，降水と流出の時間変化傾向や量は必ずしも一致しない．降水量の時間変化を表すグラフをハイエトグラフ（hyetograph），河川流量の時間変化グラフをハイドログラフ（hydrograph）とよぶ．すなわち流域は，1.3.2項で述べたようにハイエトグラフからハイドログラフへの変換システムなのである．降水と流出の特徴を比較することは，流域が行っている変換の状況，すなわち流域内部の水循環プロセスを考えることでもあり，水文科学の最も重要な研究課題の1つである．

　流域にもたらされた降水の一部は植生により遮断され，蒸発により大気へと

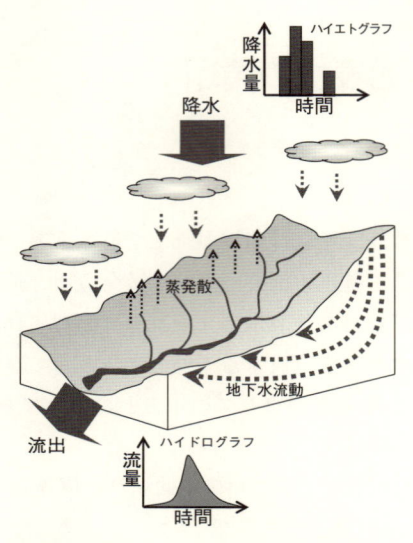

図 7.1 降雨流出変換システムとしての流域の役割を示す模式図.

戻っていく．残りは樹冠通過雨，樹幹流として地表面に到達する（5.1 節）．そして，地表面の浸透能と降水量の大小関係により，浸透，あるいは地表面を地表流として流下する（5.2 節）．こうして地表面に浸透した水が，流域が利用することのできる正味の水の量である．降雨時における流域の内部では，降下浸透，地下水涵養，そして流出などが生ずるが，生ずる場所の分布や，量，時間変化が，流域の場の条件，すなわち，気候，地質，地形，土壌，植生などにより異なる．したがって，降雨から流出に至るプロセスを明らかにするためには，対象とする流域の場の条件と水循環プロセスとの関係を考慮して観測結果を検討し，一般化していくことが重要である．

7.1.2 降雨流出ハイドログラフの成分分離

「流域に雨が降ったら，どのような経路を経て雨水は川へ流れ出るか？」という流域の水流発生機構（streamflow generation）に関する研究は，1940 年代から現在においてもなお，水文科学の中心課題である．水流発生機構の問題は，おおまかに次のように整理される．

1) 降雨流出水の起源
2) 降雨から流出に至る経路
3) 流出に至るまでの時間
4) 流出を発生させるメカニズム

これらは，図7.1に示されるように，降雨に対し流出が応答する際，その流出をもたらす水が，どこを起源として，どこを通過し，どの位の時間を経，そしてどのようにもたらされるか，という問いに言い換えることができる．これに伴うさまざまな水文プロセスにより，流出量の時空間的分布が異なってくるのである．

降雨流出ハイドログラフの成分を検討することは，流出発生機構を理解する上での基本であり，従来からさまざまな概念モデルが構築された．さらに，降雨流出プロセスとともに，水質も変化する．ここでは，降雨流出を構成する水そのものがもつトレーサー情報（8.3節参照）をもとに，流出成分の分離を行う方法について解説する．トレーサーを用いて降下浸透過程を明らかにする方法については，5.2.5項で解説されている．

■ 流出成分の構成要素

かつては，流出成分は降雨時に素早く流出する直接流出（direct runoff），無降雨時に河川を流れる基底流出（baseflow）または地下水流出（groundwater runoff），その中間的な存在である中間流出（interflow）などに分けられていたが，これらは観測に基づいた厳密な分類ではなく，流出解析などが行いやすいように設定された便宜的な分類であった．同位体などのトレーサーを用いた研究の進展に伴い，実際の流出形態に即した名称が使われるようになってきたのである．以下に説明する，新しい水と古い水という表現もその1つである．

図7.2に示すように，いま降雨時に任意の河川断面を通過する流出水について，降雨によって新たに流域に付加された成分（新しい水，event water）と降雨以前から流域に貯留されていた地下水成分（古い水，pre-event water）とから構成されているとすると

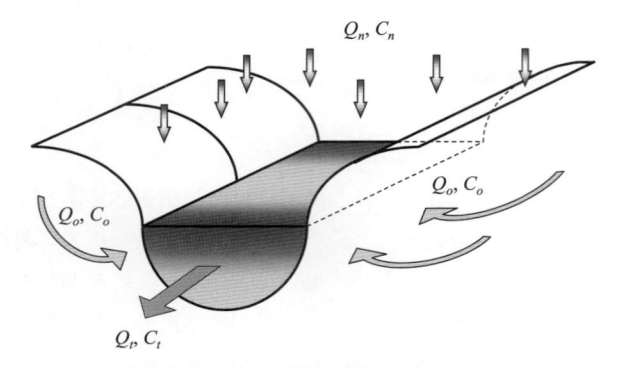

図 7.2 トレーサーを用いた物質収支式による河川流出成分の分離方法を示す概念図．ある河川断面を通過する流出水の成分は，降水成分と地下水成分によって構成されると仮定している．Q は量，C はトレーサー濃度，添え字の t は総流出水，n は降水（新しい水）成分，o は地下水（古い水）成分をおのおの示す．

$$Q_t = Q_n + Q_o$$
$$C_t Q_t = C_n Q_n + C_o Q_o \tag{7.1}$$

という物質収支式で表される（5.1.5 項参照）．ここで，Q は流量，C はトレーサー濃度，添え字の t, n, o はそれぞれ総流出水，新しい水成分，古い水成分を示す．

式（7.1）を連立させることにより

$$Q_o = \frac{C_t - C_n}{C_o - C_n} Q_t \tag{7.2}$$

が得られる．n を降水により，o を地下水あるいは基底流出時の河川水により代表させることが可能であれば，Q_n, Q_o 以外の各項を実測することにより，総流出水に占める古い水成分の割合を推定することが可能である．トレーサーとしては，少なくとも対象とする降雨期間内において，地中および河川水中で化学変化により濃度が変動しないもの，すなわち保存性であることが重要である．一般的には，^{2}H，^{18}O などの安定同位体，Cl^-，SiO_2 などの無機溶存成分，電気伝導度などがトレーサーとして用いられる．また対象とするシステムにおいて，次の条件が満たされている必要がある（Sklash and Farvolden, 1979）．

1) 新しい水(降水)と古い水(地下水)との間で，トレーサー濃度が十分に異なる．
2) 新しい水(降水)のトレーサー濃度は，対象とする降雨期間中には一定である．
3) 地下水と不飽和帯中の水は，トレーサー的に平衡状態にあるか，不飽和帯の水が流出に及ぼす影響は無視しうる程度である．
4) 表面貯留・窪地貯留水の流出への寄与は，きわめて小さい．

　安定同位体(8.3節)は保存性という点では最も理想的なトレーサーであるが，降水における安定同位体の時間変動は地下水のそれに比べ顕著に大きいため，降雨によっては降水と地下水とにおいてほぼ同じ安定同位体組成を示すことがあり，その場合は1)の条件を満たさず，流出成分の分離が不可能である．一方，無機溶存成分や電気伝導度は保存性という観点からは完全ではないが，降水と地下水とでは通常値が顕著に異なるので，こうしたときの安定同位体の代用になりうる．

　また，数時間から数日程度の降雨期間内においても，降水の安定同位体組成は大きく変動することが報告されており (McDonnell *et al.*, 1990)，近年では，C_tのみならずC_nについても時間変動を実測することが一般的である．

　3)に関連し，地下水および不飽和帯の水からなる地中水については，安定同位体組成や溶存成分の時間変動よりもむしろ空間変動・分布が顕著であり，これを考慮することが重要である．とくに河川近傍の地中水は，先行降雨条件や降雨規模，降雨の進行段階によって，流出に寄与する部分が異なるため，流出成分の分離に際し，3)の条件が成立しないことはしばしばあり得る．最近では後述するように，古い水の成分を地下水と土壌水の2つに分けて分類することも多い．

　1980～1990年代において温帯湿潤地域の森林流域で行われた降雨流出観測によって，こうした場の条件では浸透余剰地表流(森林水文学などの分野では従来からホートン地表流とよばれてきた；5.2.4項)が発生することはきわめて稀であるといわれてきた (Kendall and McDonnell, 1998)．すなわち，4)で指摘されるような地表面に浸透しない成分は，温帯湿潤の森林流域では，考慮する必要がなかったのである．ところが近年，我が国の人工林において，間伐

などの維持管理が十分になされない流域において，浸透余剰地表流が顕著に発生することが報告され始めている（辻村ほか，2006）．こうした状況では，4)の条件も成立することは難しい．

■ ハイドログラフの3成分分離

Sklash and Farvolden（1979）が示した4つの条件は，図7.2に表されるように，降雨流出を単純な概念モデルで表現する上での仮定である．ところが，降雨流出プロセスに関する観測事例が，さまざまな地質・地形条件の下で得られるようになってくると，当然このモデルでは表現し得ない部分が出てくる．こうして近年では

$$Q_a + Q_b + Q_c = 1 \tag{7.3}$$
$$C1_a Q_a + C1_b Q_b + C1_c Q_c = C1_t \tag{7.4}$$
$$C2_a Q_a + C2_b Q_b + C2_c Q_c = C2_t \tag{7.5}$$

のように3つの成分を用いて流出を分離することが，一般的に行われるようになっている（Mulholland, 1993）．ここで，Q は流量，$C1$ および $C2$ は用いる2種類のトレーサー1と2の濃度，添え字の a, b, c はおのおのの成分を，t は総流出水を表す．図7.3に示されるように，a, b, c の3つの成分によって総流出水の成分が説明できるとすれば，2つのトレーサー濃度を変数とした散布図上で，総流出水は3つの成分

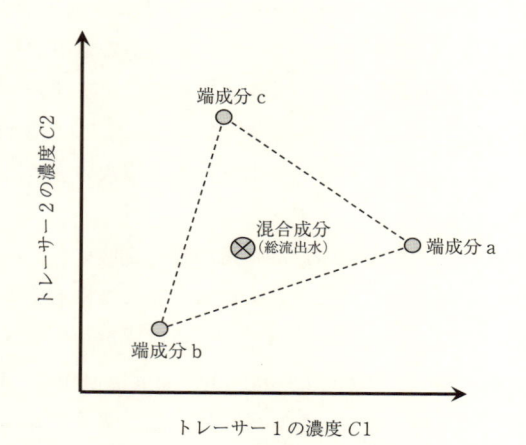

図7.3 2つのトレーサーを用い，3つの端成分に流出成分を分離する方法の模式図．

を頂点とする三角形内にプロットされる．このように混合成分を説明するための，個々の成分のことを端成分(end member)という．n個の端成分によって混合成分（総流出水）を説明するためには，$n-1$個のトレーサーが必要になるが，複数の端成分とトレーサーによって流出水における各端成分の割合を求める方法，すなわち流出水の起源を特定する解析手法を，端成分混合解析（EMMA, end-member mixing analysis）とよぶ．端成分とトレーサーに複数の候補がある場合，どれを使うかを検討するために，主成分分析（PCA, principal component analysis）を用いることがある (Christophersen and Hooper, 1992)．しかし，対象流域における降雨流出プロセスを考慮しつつ適切な端成分とトレーサーを選ぶことが大事である（8.3.1 項）．

トレーサーを用いた降雨流出ハイドログラフの成分分離は，降雨流出プロセスを明らかにする上で貴重な情報をもたらすが，流出水が降水成分と地下水成分（あるいは2種の地中水成分）の混合によってもたらされているという，単純な考え方によっていることを認識すべきである．成分分離結果は，流出水の起源を特定するが，その水の流出経路や滞留時間に関する情報を直接提供するわけではない．しかし，河川流出水の起源が特定されれば，次の段階としてその起源水がどのように河川に到達するのか，すなわち経路を考察しなければならない．またその経路がもつ時間情報が，他の手法によって推定された起源水の滞留時間と比較し，合理的に説明できるかという議論もなされるようになる．すなわち，端成分混合分析そのものは与えられた仮定のもとに限られた情報を提供するだけではあるが，そこから得られた情報は，さらに降雨流出プロセス全体を吟味する上できわめて有用である．

図 7.4 は，花崗岩からなる丘陵地源流域において，Cl^-をトレーサーに用い降雨流出ハイドログラフを降水成分と地下水成分の2成分に分離した結果（浅井，2001）を示したものである．総降水量 265 mm という大降雨時の流出ピーク時を除き，相対的に地下水成分が卓越していることがわかる．SiO_2をトレーサーとした場合も同様な分離結果が得られた．この事例のみならず，辻村・田中（1996）がまとめているように，中緯度温帯湿潤地域の山地森林流域では，降雨流出ハイドログラフにおいて，地下水成分が卓越することが一般的に認められている．すなわち，流域の水流発生機構においては地下水の流出プロセスが重要である．一方，乾燥・半乾燥地域や，国内でも維持管理が適切になされ

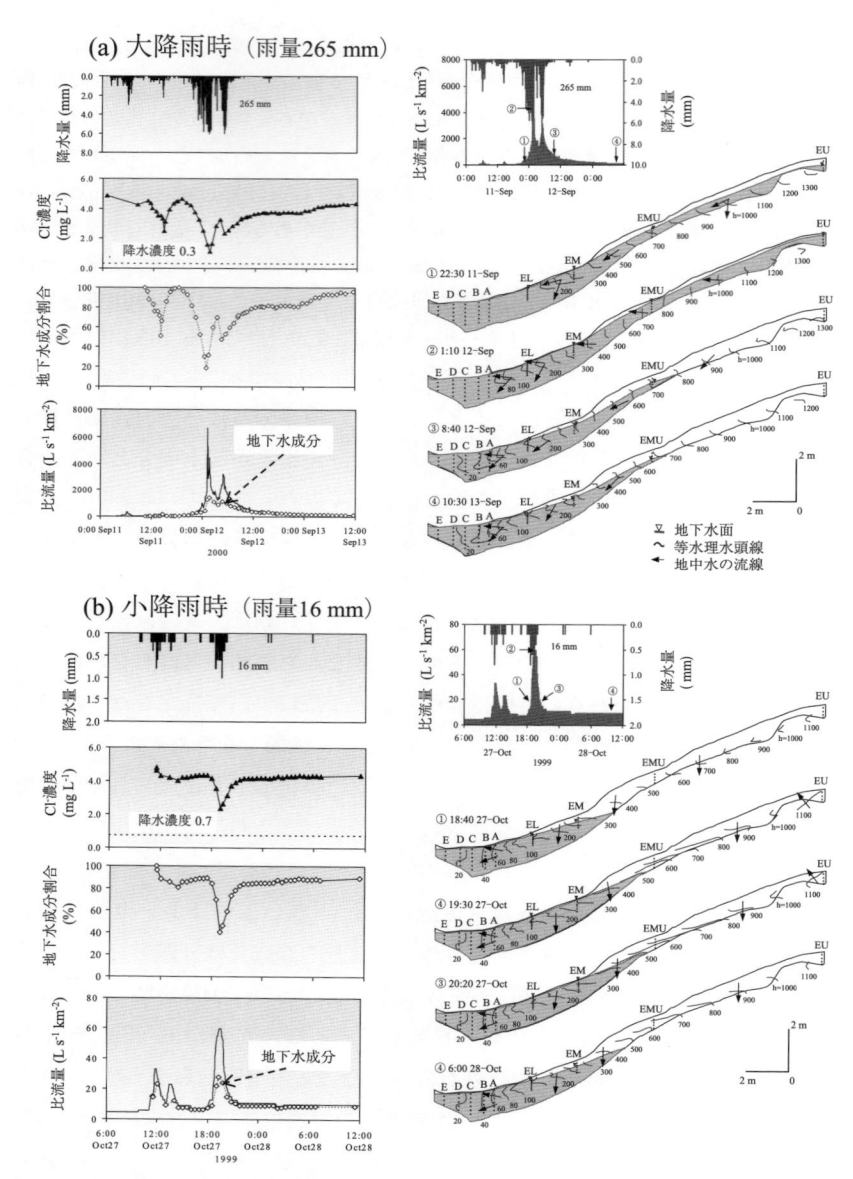

図 7.4 丘陵地源流域の大降雨時（265 mm）および小降雨時（16 mm）における降雨流出ハイドログラフの成分と，斜面地中水の水理水頭分布の変動（浅井（2001）を修正）．水理水頭分布図中の A，B…などの記号は，地中水の観測地点番号を示す．降水量は，5 分当たりの量として示してある．

ていない人工針葉樹林などでは，浸透余剰地表流が降雨流出時に卓越することが指摘されている（5.2.4項；小野寺，1996；辻村ほか，2006）．

7.1.3 降雨流出プロセス

前項で述べたように，降雨流出においては地下水の流出プロセスが特に重要である．図7.5は，河道近傍における地下水面の位置と地下水から河川への流出経路を，無降雨時と降雨流出時について模式的に示したものである（Gilham, 1984）．無降雨時，地下水面は斜面全域において地表面下にあるが，飽和毛管水帯（saturated water zone）または毛管水縁（capillary fringe）の上端は河道のごく近傍において地表面に達している．降雨があると，この部分の毛管水縁が速やかに正圧化することにより地下水面は地表面と一致し，河道近傍に地下水嶺（groundwater ridge）が形成される．地下水嶺の尾根付近では，動水勾配が顕著に大きくなることから，地下水流速が大きくなり，洪水流出への地下水成分の寄与を高めることになる．さらに斜面下部において地形面と地下水面が一致している浸漏面（seepage face）では，地下水が地表面上に浸出するとともに，ここに到達した降雨は浸透できずに，地表流として斜面を流下し河川に流入する．これを浸透余剰地表流（infiltration excess overland flow, 5.2.4項）との対比から飽和余剰地表流（saturation excess overland flow）とよぶ（単に飽和地表流（saturation overland flow）とよぶこともある）．この飽和余剰地表流の発生域は，地下水の流出域でもあることから，直接降雨流出に寄与す

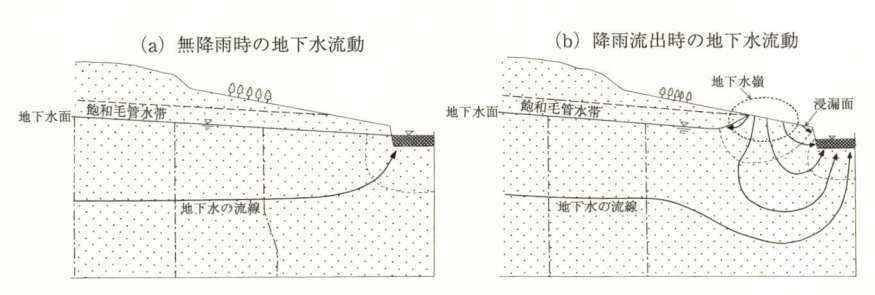

図7.5 降雨流出に及ぼす地下水流動の影響を示した模式図（原図はGilham (1984)）．(a) 無降雨，基底流出時の地下水流動，(b) 降雨流出時における地下水面の位置，および地下水流動経路．図中の一点破線，および破線は等水理水頭線を，曲線の矢印は地下水の流線を，また地下水面より上の部分の破線は飽和毛管水縁の上端を示す．

る流出寄与域（source area）である．このような流域の一部分が主に流出に寄与するという考え方を部分寄与域概念（partial area concept, 5.2.4項）とよぶ．図7.6に，花崗岩からなる丘陵地源流域において観測された飽和余剰地表流発生域の分布を示した．この流域では，大降雨時を除き，降雨時・無降雨時を通じ飽和域の面積は，流域面積のほぼ5％である．多摩丘陵源流域においても5％という結果が報告されている（Tanaka et al., 1988）．Hewlett(1982)は，降雨の規模や降雨プロセスの進行状況により，流出寄与域は拡大，縮小を動的に繰り返すものと指摘した．このような考え方を，流出寄与域変動概念（variable source area concept）とよび（Hewlett and Hibbert, 1967），降雨流出プロセスに関する基本的な考え方となっている（Pearce et al., 1986; Sklash et al., 1986）．前述の丘陵地源流域の（図7.4, 7.6）降雨流出時におけるピーク雨量とピーク流量時の降水成分流出量との関係をみると（図7.7），雨量265 mmの大降雨時を除き，ピーク時の降水成分流出量はおおむね雨量の5％であることが認められた．このことは，流域面積の約5％相当の飽和余剰地表流発生域において降水成分と地下水成分との混合が生じていることを示唆している．図7.4における地中水の水理水頭分布をみると，降雨中すべての段階において谷底近傍（斜面断面図のA, B地点付近）の地中では，上向きの地中水流動（上

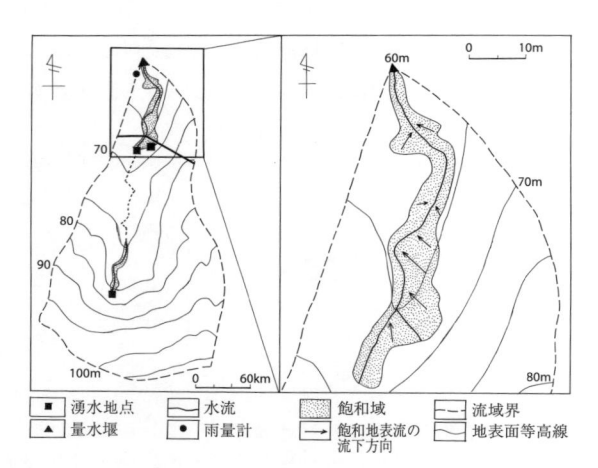

図7.6 丘陵地源流域において観測された飽和余剰地表流の発生域（原図は浅井（2001））．流域面積の約5％に相当．左図で，水流が破線になっている範囲は，無降雨時に水流がない場所を示す．

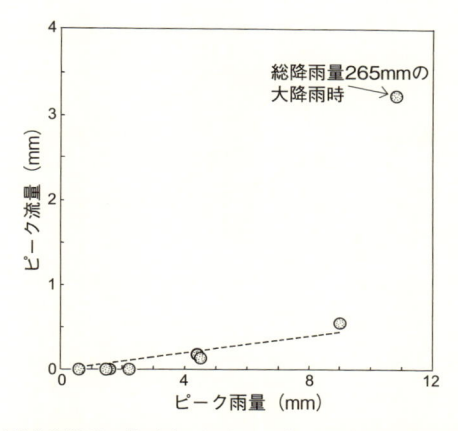

図7.7 丘陵地源流域の降雨時における，ピーク雨量と降水成分のピーク流出量との関係（原図は浅井 (2001)）．雨量，流量ともに10分当たりの量．

向きの矢印）が観測されており，この部分で降水成分と地下水成分との混合が生じていることが推定される．また大降雨時の水理水頭分布図②をみると，飽和帯が斜面上方に拡大し尾根付近のEU地点まで達しており，斜面中部のEM地点，EMU地点においても地中水が斜め上向きに流動する様子が観測されていることから，流出寄与域が例外的に拡大し流量が多くなったものと考えられる．この降雨流出時の降水成分流出量はピーク雨量の約30％と算出され（**図7.7**），実質的な流出寄与域が流域全体の30％近くまで拡大していた可能性がある．前述の流出寄与域変動概念に基づく現象が，実際のフィールドにおいて生じていたことを示唆する観測結果である．

一方，このような飽和余剰地表流発生域が拡大することは，急峻な斜面からなる大起伏山地では，稀であることも指摘されている．太田 (1988) は流出寄与域を面的にとらえるのではなく，飽和帯の体積が拡大・縮小することにより，降雨時の流量が決まるという，流出寄与体積変動概念（variable source volume concept）を提唱した．この概念は，より地下水流出成分の役割を重視したもので，急峻な山地流域には適しているように思われるが，流出成分とともにこの概念を実証した事例は少ない．

一般に山地流域の降雨流出に果たす地下水の役割が大きいことはすでに述べ

たが，土壌中のマトリックス流（5.2.5 項）では，降雨流出ハイドログラフを量的に説明できないことが従来から指摘されてきた．これに対し，山地や丘陵地斜面の脚部などでは，径数 cm から数 10 cm 程度のパイプ状の粗孔隙（マクロポア，5.2.5 項）がみられ，降雨時にはこのマクロポアから多量の水や土砂が流出する現象が報告され，マクロポアが降雨流出や土壌侵食，斜面崩壊，地形変化に大きな影響を及ぼすことが指摘されるようになった（水山・内山，2002）．谷底や斜面脚部において，マクロポア中を地中水が通過する際に孔隙の側壁を侵食するプロセスをパイピング（piping）という（寺嶋，1996）．パイピングによって発達したマクロポアをパイプとよび，斜面上部や土壌表層近くのマクロポアとは区別する場合もある．

　パイプが流出に対して有効に機能するためには，地中の水分条件が整う必要がある．図 7.8 は，堆積岩からなる 0 次谷（0.64 ha）で観測されたパイプ流量とピーク雨量の関係（内田ほか，2002）である．パイプ流量は，ピーク雨量だけではなく，降雨前における流域の湿潤度合いにも依存する特徴がみられる．とくに先行降雨指数が 30 mm 未満の比較的乾燥条件下で発生した降雨では，ピーク雨量が 10 mm に満たない場合，パイプからの流出がほとんど生じない

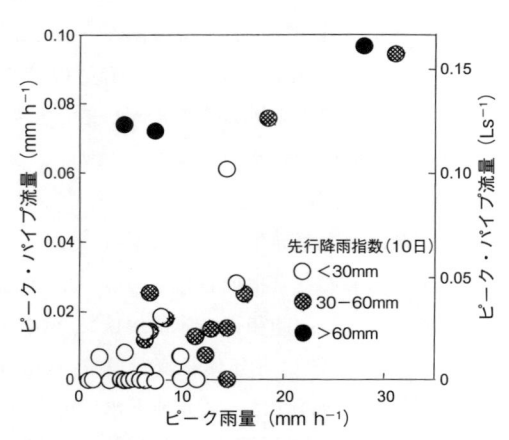

図 7.8 京大芦生演習林の 0 次谷（0.64 ha）で観測されたピーク時のパイプ流量と雨量との関係（原図は内田ほか（2002））．この場合の先行降雨指数（10 日間）とは，ピーク時の前 10 日間の雨量を積算した値（近い降雨ほど影響が大きくなるように重み付けしてある）で，値が大きいほど降雨前に流域が湿潤であったことを示す．

イベントが多いのに対し，先行降雨指数が 60 mm を超える降雨においては，ピーク雨量にかかわらず 0.06 mm h^{-1} 以上という顕著に高いパイプ流出が観測された．このことは，パイプ流出が一定以上の湿潤条件下にならないと発生しないことを示唆している．

■ 水流区分

流域内のすべての流路を総称して水系（drainage system）とよぶ．この場合の流路とは，常に水流のある恒常河川（perennial stream）のみならず，降雨時にのみ水流の現れる一時河川（ephemeral stream）も含んでいる．水系の形状，階層構造を理解することは古くから河川地形学での興味の対象であった（高山，1974）．このために，水系を流路区間に分けて等級化するさまざまな試みがなされてきた．現在一般に用いられている Horton-Strahler の方法（高山，1974；Brutsaert, 2008, 11.1節）では，水源に発する支流をもたない細流を1次水流，2本の1次水流が合流した水流を2次水流とし，流域の出口に最大次数の水流が1本現れるようにしてある．異なる次数の水流が合流して生じる水流は，合流前の大きい方の次数をそのまま引き継ぐ．0次谷とは，1次水流よりさらに上流側の流域源流部で，水流発生で重要な役割を果たすと考えられている．このように次数区分した結果はその本数や勾配などが Horton の法則とよばれる一連の数式で表されることが知られている．もともとは水文地形学的な興味から始まった次数区分であるが，現在流出モデルにおける河道網の数値表現といった実用的な観点や，稲妻の形状や葉脈，血管網との相似性といった新たな視点から興味の対象となっている．

■ 流出に対する基盤岩地下水の役割

従来，降雨流出プロセス研究では，基盤岩面は基本的に地中水流動場の下部境界面として扱われてきた．しかしながら近年，基盤岩内部の地下水も源流域の降雨流出に重要な影響を及ぼしていることが明らかになってきた（小野寺・辻村，2001）．Mullholand et al. (1993) は堆積岩からなる山地流域を対象に，Ca^{2+} と SO_4^{2-} をトレーサーに用いて式 (7.3) ～ (7.5) を適用し，降雨時の流出成分を不飽和土壌水，土壌中の地下水，基盤岩地下水の3成分に分離した（図 7.9）．Mullholand の研究は，降雨流出水の端成分として基盤岩地下水を採用した最初の論文として重要であり，ピーク流量時に基底流出成分も増加していることがみてとれる．Onda et al.(2006) は，堆積岩と花崗岩からなる2つの山地源流域を対象に，降雨流出特性を比較した（図 7.10）．両流域とも降雨条件はほぼ同じ，また斜面土層厚はいずれも 1 m 未満と

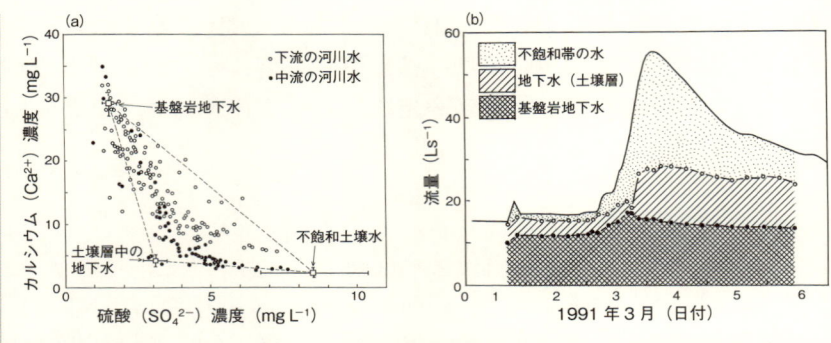

図 7.9 堆積岩からなる小流域における流出に及ぼす基盤岩地下水の影響の評価結果（原図は Mullholand et al.（1993））．(a) SO_4^{2-} と Ca^{2+} を用いた 3 つの端成分混合ダイアグラム．(b) 降雨流出ハイドログラフの成分分離結果．

きわめて薄い．花崗岩流域では降雨に対する流出応答はきわめて速やかで，流量は雨量に対応して増減している．一方堆積岩流域では，降雨ピークに対し流量ピークは半日程度遅れ，また観測期間中の 3 回の降雨に対し，流量が段階的にかつ大きく増加している傾向がみられる．土層厚がきわめて薄いこと，また流域面積は 5 ha 程度と小さいことから，降雨に対する流出の遅れ現象は，流出に対する基盤岩地下水の影響であるものと判断された．Tsujimura et al.（2001）は同じ堆積岩流域において，渓流水，基盤岩湧水，土壌水の無機溶存成分を比較し，渓流水の水質組成が土壌水のそれと全く異なり，むしろ基盤岩湧水のそれに類似しているという特徴を示した．この事実は，Onda et al.（2006）で示された結果と比較しても矛盾しない．山地源流域における降雨に対する流出応答の遅れ現象は，従来斜面土層中の側方浸透流の寄与によるものと考えられてきたが，基盤岩地下水が流出に及ぼす影響も大きいことが近年指摘されている（恩田・小松，2001）．

Uchida et al.（2003）は，花崗岩からなる小流域において，降水から流出水に至る各水体の SiO_2 濃度を検討し，渓流水に対する基盤岩湧水の影響を示している．Uchida et al.（2003）では，斜面地中の水理水頭観測も同時に行い，基盤岩地下水の土壌層への浸出域が，斜面末端部の一部（流域面積の 0.5 ～ 2.0%）に限られているが，一方で渓流水における基盤岩地下水成分の占める割合は 50 ～ 95% に及ぶことを示している．

このように，降雨流出に及ぼす基盤岩地下水の役割の重要性が，特に 2000 年代以降国内を中心としたフィールドにおける観測によって明らかにされてきたが，基盤岩地下水の挙動や流出プロセスそのものについては，まだ実測データが不十分な状

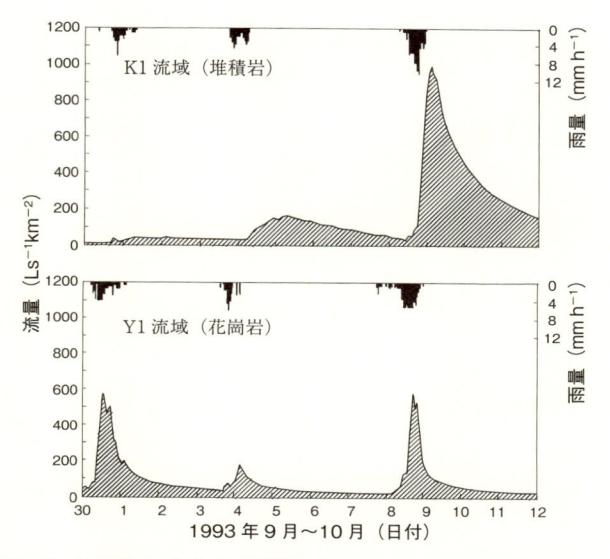

図 7.10 堆積岩（K1）および花崗岩（Y1）からなる山地源流域における降雨流出特性の違い（原図は Onda *et al.*（2006））.

況にあり，この問題は今後の山地流域の降雨流出プロセス研究における最も重要な課題の1つということができる．

7.1.4 流出モデル

　ある流域において，与えられた条件から降雨流出ハイドログラフを予測する方式を，一般に流出モデルという（日野ほか，1989）．流出モデルは，大まかには流域を単一のモデル単位として扱う集中型モデル（概念モデル）と流域を分割して各部分ごとに計算を行いその組み合わせとして流出の推定を行う分布型モデル（洪水追跡型モデル）とに分けられる．集中型モデルには，単位図法（Brutsaert, 2008 など），貯留関数法（池渕ほか，2006；Brutsaert, 2008 など），タンクモデル（菅原，1972；1979）などがあり，モデルに含まれるパラメータは対象とする流域に固有の値である．一方，分布型モデルには，浸透斜面ブロック集合モデル（日野ほか，1989），流域数値モデルなどがあり，これらは降水が地表面に到達した後の鉛直降下浸透，側方浸透などの各プロセスを支配方

程式を数値的に解くことで再現しようとするものである．プロセスごとに集中型と分布型に分けて計算を行うモデル（たとえば TOPMODEL, Beven, 2001）も存在する．いずれのモデルを用いるにしても，野外の観測データは不可欠であり，降雨流出プロセスの本当の理解や一般化は，観測とモデル化の相互補完によって実現されるということを忘れてはならない．流出モデルに関しては Brutsaert (2008, 11.3 節, 12 章)，池渕ほか (2006)，Freeze (1977) などに詳しい．

7.2 河川の流出特性

7.2.1 河川の流出特性と流域特性

　従来から水文科学の主要な目的の1つは，河川流量を測定し流出特性を明らかにすることによって，流域内部のさまざまな現象を推定し，また一般化することであった．この目的の重要性は，各種の水文観測手法が発展した現在においても変わっていない．それは，流域を構成する場の条件，すなわち，気候，地質，地形，植生，また対象とする時空間スケールの違いによって，流域内部で生ずる水循環プロセスが大きく異なるからである．河川の年流出量の空間分布を地球規模でみると（図7.11）(Oki and Kanae, 2006)，河川流出量の分布は，降水量の空間分布（図3.7(a)）にほぼ対応しているようにみられる．すなわち，河川流量の総量は流域における降水量を反映しており，流量は1次近似的には気候条件によって決まるといえる．しかしながら，季節変動や月変動，あるいは個々の降雨事象程度の時間スケールで流量をみると，そこには流域内部のさまざまな情報が現れてくるのである．そこに，河川の流出特性を考察する流出解析の重要性がある．

■ 河川流量の評価

　ある河道断面を通過する水の平均流速を $\bar{v}$，断面積を A とすると，通過する水の量，すなわち流量 Q は

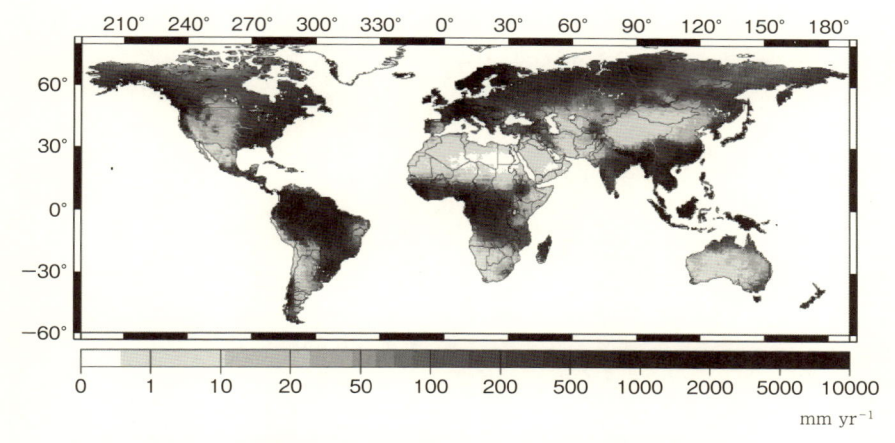

図 7.11　地球規模の河川流出高分布（Oki and Kanae (2006) を修正）.

$$Q = \bar{v}A \tag{7.6}$$

のように表される．実際の河道断面内では，**図 7.12(a)** に示されるように，流速は河岸に近いほど，また河床に近いほど遅いという水平・鉛直分布を示す．このような流速の分布は，大気中の風速プロファイルの場合と同様にして理論的に（4.17a）式で与えられる．しかし，大気中の接地層の場合と異なり，河道断面の上部が空気に接しているため，その摩擦により水面付近の流速はやや遅くなる．河川流量の測定では，河川をいくつかの小断面に区切り，おのおのにおいて，水深，流速を測定する方法がとられる（**図 7.12(b)**）．流速の測定には，水流中における水車（プライス式流速計）やプロペラ（三映式流速計）の回転数を測定するタイプのもの，またファラデーの電磁誘導の法則により，流体（電導体）の磁界内での移動速度に比例して発生する電圧を測定するもの（電磁流速計）などが用いられる．流速計がない場合でも，小枝や木片，葉などを水面に流しその速度を測定し，表面流速を求める浮子法も簡便な手法として用いられることがある（新井，1994）．小断面における平均流速を求めるために

$$\bar{v}_i = \frac{v_{0.2i} + v_{0.8i}}{2} \tag{7.7}$$

または

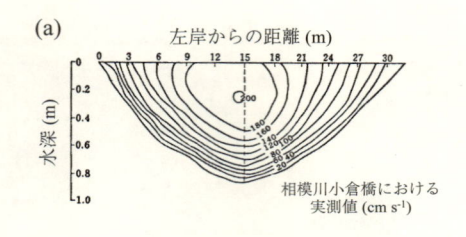

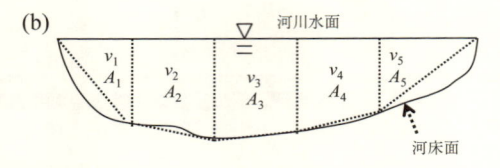

図7.12 河川流量観測を行う上での，基本的な考え方．(a) 河道断面における河川流速の空間分布を示す実測例（荒巻・高山, 1968）．(b) 河道断面における，小断面区分の方法．点線は，小断面の区切りを示す．v_1, v_2, …は小断面の流速を，A_1, A_2, …は面積を示す．

$$\overline{v_i} = v_{0.6i} \tag{7.8}$$

とする近似測定を行う．すなわち，ここで，$\overline{v_i}$ は小断面 i における平均流速，$v_{0.2i}$, $v_{0.8i}$, $v_{0.6i}$ は小断面 i での水面から全深度のそれぞれ20%，80%，60%に相当する水深で，おのおの20%水深，80%水深などとよばれる（**図7.12**）．以上により各小断面における平均流速を測定し，積算することによってある河道断面における流量が

$$Q = \Sigma \overline{v_i} A_i \tag{7.9}$$

により求められる．A_i は小断面 i における面積である．

このような河川流量の測定を直接連続的に行うことは難しいので，通常は河川水位を連続測定し，あらかじめ求められた河川水位と流量との関係式を用いて流量に換算する方法がとられる．河道に堰などの構造物を構築することによって静水域をつくり，その水位を測定する（**図7.13(a)**）．越流する部分の形状により，三角堰とよばれる．流量が多い河川になるほど，越流部分の角度が大きくなり，さらに多い場合は四角形状（四角堰）になる．山地で土砂流出の多い渓流などでは，堰ではなく，パーシャル・フリューム（**図7.13(b)**）とよばれる樋を河道に設置し，フリューム内の水位を測定する場合もある（土木学会, 1999）．堰と異なり，土砂の堆積が生じにくいという長所がある．規格どおりに構築された堰やパーシャル・フリュームで

図7.13 河川流量を観測するための三角堰（a）とパーシャル・フリューム（b）の例．(a) アメリカ合衆国，Hubbard Brook 試験流域における直角三角堰の様子．(b) 熊本県不知火流域の流量観測用のパーシャル・フリュームと静電容量水位センサー．

あれば，既存の水位流量関係式を用いることができるが，源流域の渓流などで規格を満たすことが難しい場合は，現地においてさまざまな水位の時に流量を実測し，水位（H）と流量（Q）の間の関係を与える水位流量曲線（H-Q カーブ）を作成する必要がある（**図7.14**）．

河川流量は通常，単位時間当たりの量（$L\,s^{-1}$, $m^3\,s^{-1}$, $m^3\,min^{-1}$）で表されるが，異なる流域面積をもつ河川流量を比較するための便宜を考慮し，単位面積当たりの流量（$L\,s^{-1}\,km^{-2}$）である比流量（specific discharge）として表現することも多い．また，降水量と比較しやすいことから mm などの水柱高単位で表記する場合は，流出高とよばれる．

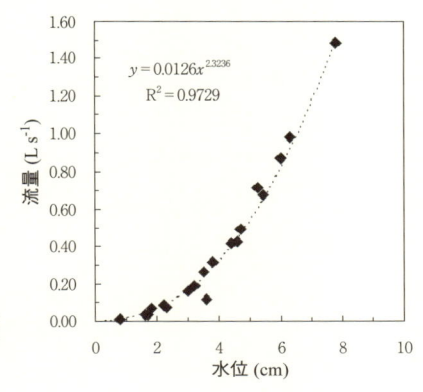

図7.14 熊本県不知火町の山地源流域の渓流において，60度三角堰によって観測された，水位－流量曲線．

7.2 河川の流出特性

図 7.15 に，世界各地の代表的河川における，月平均値のハイエトグラフとハイドログラフを月平均気温とともに示した．全体的にみると，降水量の時間変化が流量の時間変化に反映されているようにみえるが，詳細に検討してみると，各河川には興味深い特徴があることがわかる．熱帯湿潤域である Amazon 川（Obidos）の年流出高は 1000 mm を超え世界でも最大規模であるが，11 月に最低値を示す．一方 Manaus における降水量は，8 月に最低値を示す．降水観測地点が流量観測地点に比べ 500 km 程上流に位置するため，降水に対する流量の応答に時間遅れが生じている．寒冷圏にある Lena 川では，降水と流量の時間変化に明瞭な対応がみられない．融雪水に伴い，6 月の流量が顕著に高い値を示すことが寒冷圏全般にもあてはまる最大の特徴である．温帯湿潤域の Rhein 川と利根川の流量時間変化は，顕著に異なる．利根川のハイドログラフは，太平洋側河川の典型例であり，梅雨後期の 7 月から 9 月の秋雨・台風季にかけてピークを示す．一方，Rhein 川では流量の季節変動はきわめて小さく，夏季から秋季にかけ減少する傾向がみられる．このことは，Rhein 川流域における降水量の季節変化が顕著に小さく，夏季における蒸発の影響を Rhein 川の流量変化が反映しているものと考えられる．Rhein 川と利根川とでは，年降水量をみるとその差は 200 mm 程度であるが，降水の季節変動，すなわち雨の降り方の違いによって，大きく異なる流量変化がみられるのである．ところで，熊谷の年降水量は，栗橋の年流出量を考慮すると明らかに利根川流域全体の平均降水量よりは低いものと思われる．Amazon 川と比較すると流域面積は 1/1000 規模の利根川であるが，流域の平均降水量を求めること（3.4.2 項）は意外に難しい．

河川の流出特性は，上述したように気候の影響も受けるが，流域の器の条件，すなわち地質の影響も強く受ける．虫明ほか（1981）は国内のいくつかの河川について，その流況を地質条件によって整理した．河川の日流出高（mm d^{-1}）1 年間 365 日分を，高い流量から順に並べたグラフを流況曲線という．流況曲線に用いる観測値のうち，年最大流量，豊水流量（95 日流量），平水流量（185 日流量），低水流量（275 日流量），渇水流量（355 日流量），年最小流量が流況を表すパラメータで主に国内で用いられている．定義から明らかなように，これらは統計学で用いられる分位数（quantile）あるいはパーセンタイルである

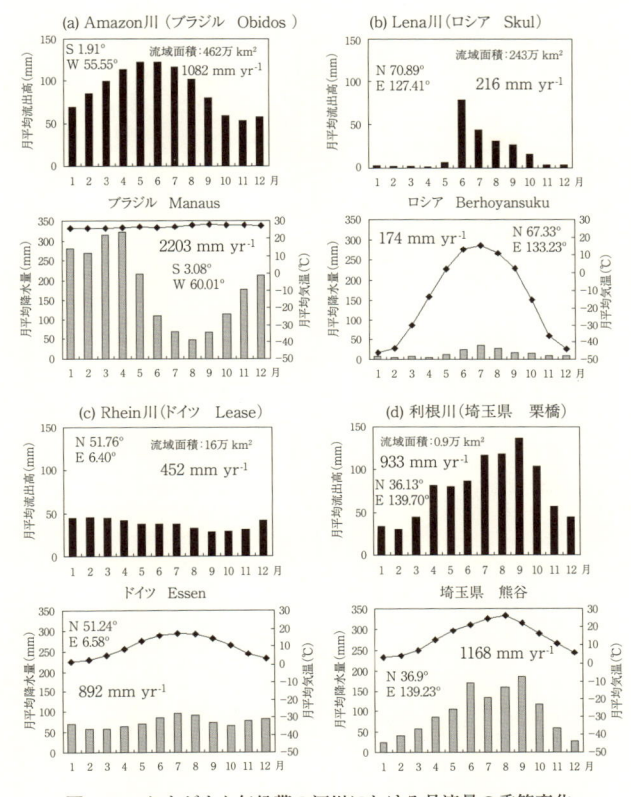

図7.15 さまざまな気候帯の河川における月流量の季節変化.

(Brutsaert, 2008, 13.2.2項参照).**図7.16**は，関東東海および九州の数10 km²から数100 km²の山地流域における地質ごとの平均流況曲線を比較したものである．これをみると，年最大流量は古生層流域で比較的多いが，豊水流量以下は，他の地質に比べ古生層流域が最も少ないという傾向をもつ．これは，比較的亀裂系に富む古生層では，山体全体の貯留能が低いことによるものではないかと考えられている（虫明ほか，1981）．一方で，一般に亀裂が顕著ではない花崗岩流域は，年最大流量はそれほど多くなく，また平水流量以下でも流量はそれほど低下しない．第四紀火山岩類からなる流域は，年最大流量は最も少ないが，平水流量以下において顕著に高い流量が維持される特徴があり，山体の水貯留

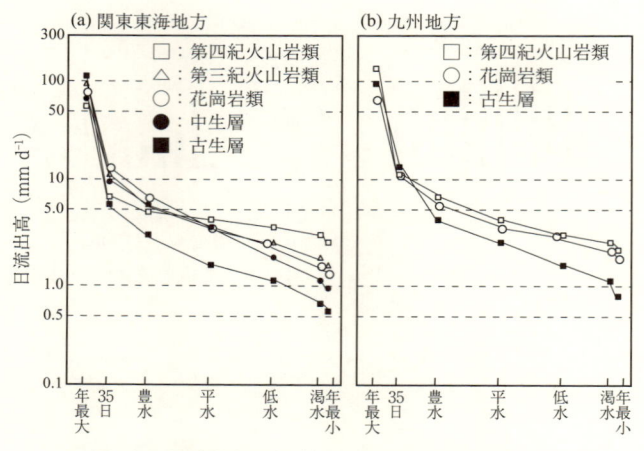

図7.16 関東東海地方（a）および九州地方（b）における，基盤地質による河川流況曲線の比較（虫明ほか(1981)を修正）．

能力の高さが表れているものと判断される．この様な地質条件と流出の関係はあまり多くの研究例はない．地質との直接比較ではないが，Zecharias and Brutsaert（1988）は北米 Appalachia 山脈中の19流域で基底流量と地形因子の関係を調べ，恒常河川の総延長，水系密度，流域平均傾斜の順で基底流量に影響をもっていることを明らかにしている．地形因子は地質の影響を受けている．

7.2.2 流域スケールと流出特性

流域の空間スケールが流出に及ぼす影響については，従来から流域スケールによる緩衝効果が指摘されてきた．すなわち，流域面積が小さいほど流域による平均流量の差異は顕著であるのに対し，流域面積が大きくなるほど，そのばらつきが小さくなり，ある規模以上の面積からなる流域においては，平均流量は一定値に収斂する傾向があるというものである．データに基づいて流量の安定化を生ずる要因や，流域スケールの流量緩衝作用が何によってもたらされるのかについて議論した研究は多くないが，Shaman et al.（2004）は地質条件がほぼ同じとみなせる流域面積 1.64 km^2 から 176 km^2 の山地流域を対象に，異なる面積からなる支流域間の流量比較を行った．最も流域面積の大きい流域（176 km^2）とその中に含まれる支流域における日流量の関係をみると，流域面

積の大きな支流域ほど，最大流域との流量の相関関係が高くなる傾向が明瞭であった．また面積の小さな流域では，低流量期間において，面積の大きな流域に比較し流量が顕著に低くなる傾向がみられた．すなわち，よりスケールの大きな流域の方が小さな流域に比較し，低流量期間において高い流量を維持する特徴がみられ，この要因として，大きい流域では，基盤岩地下水の寄与が大きくなることにより，基底流量時においても，比較的高い流量が維持されることが示唆された．さらに大流域においては，河川近傍の河畔域（riparian zone）が流域全体に占める割合が大きくなることにより，谷底河畔域における飽和帯が緩衝域になり，流量の安定化にも寄与するとされた．

以上述べたように，流域のスケールが河川流出に及ぼす影響としては，流量変動の安定化がその特徴としてあげられるが，具体的に流量の安定化をもたらす要因については，流域の場の条件の違いから，統一した見解が得られてはいない．さらに，変動帯に位置する流域では，流域のスケールが大きくなるとともに，地質条件も複雑になり，流出に及ぼすスケール要因と地質要因との判別なども，今後の研究課題として残されている．

7.2.3 河川と地下水の交流

一般的に河川は，周囲の地下水と交流しながら流下している．地下水から河川への流出が生じている場合を得水河川，河川水が地下水を涵養している場合を失水河川という（**図 7.17**）．温帯湿潤地域の山地流域で恒常的に水流をもつ河川（恒常河川，perennial river）は，基本的に得水河川である．7.1.2〜7.1.3 項で述べたように，得水河川では一般に河川流出水はそのかなりの部分が地下水成分からなり，河川の流下に伴い流量は増える傾向を示す．一方，扇状地や半乾燥・乾燥域の内陸河川などでは，流下するにしたがい流量が減少する失水河川が多くみられる．このような地域では降雨時のみ水流が現れる一時河川（ephemeral river）もまた多い．

図 7.18 は富山県の黒部川扇状地における河川の流下に伴う区間流量差と地下水面図を示したものである．本流の上流から河口部にかけての 5 ヶ所と，流入する支流すべてにおいて流量が測定され，流量観測地点間おのおのの収支が計算された．その結果，扇状地内の河川区間において，黒部川の流量は減少し

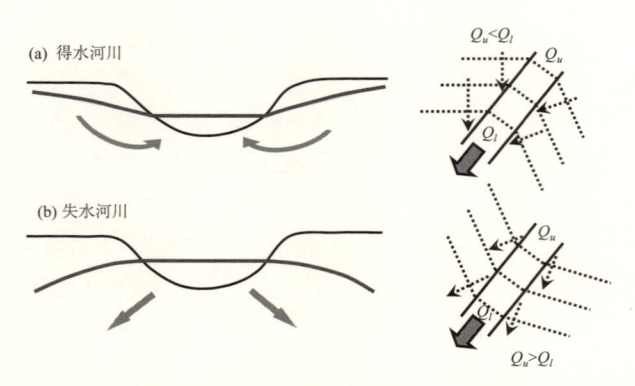

図 7.17 得水河川（a）と失水河川（b）における河川と地下水の交流関係を示す模式図．左側は断面図，右側は河川と周辺の地下水面等高線図（破線）との関係を示す平面図．Q_u は上流側の河川流量を，Q_l は下流側の流量を，また矢印は地下水の流線を示す．

ていた．本流の流量は上流で $5.3\,\mathrm{m^3\,s^{-1}}$，河口で $8.2\,\mathrm{m^3\,s^{-1}}$ であったが，支流の流出入量を考慮すると扇状地中流から下流にかけては，$6.0\,\mathrm{m^3\,s^{-1}}$ から $5.0\,\mathrm{m^3\,s^{-1}}$ と，上流部の流量以上の河川水が，地下水を涵養していることが示された．6.3.2 項で示したように，均質等方性媒体中では地下水は等ポテンシャル線と直交する方向に流れる．地下水面は等ポテンシャル線でもあるので，地下水は，地下水面等高線に対して垂直な方向に，等高線の高い部分から低い部分に向かって流動する．**図 7.18** には，河川部分を尾根とし河川水が地下水を涵養している様子が表れており，流量観測値の傾向と一致している．このように，河川は常に地下水と交流し，地下水面の一部が地表面に現れているものと考えるべきである．したがって，河川の流出プロセスは，地下水の涵養・流出という地下水流動系の一部として捉えることによって初めて，その全容を解釈することが可能になるのである．

7.3 湖沼の水収支と循環

湖沼とは，地形上の窪地に湛水した水体である．大きさや深さにより，湖，沼，池などに区別され，水深 5 m 以上のものを湖，水深 3～5 m で全面にわたり沈水植物が生育するものが沼，沼より狭く人工のものが池と定義されるが，実

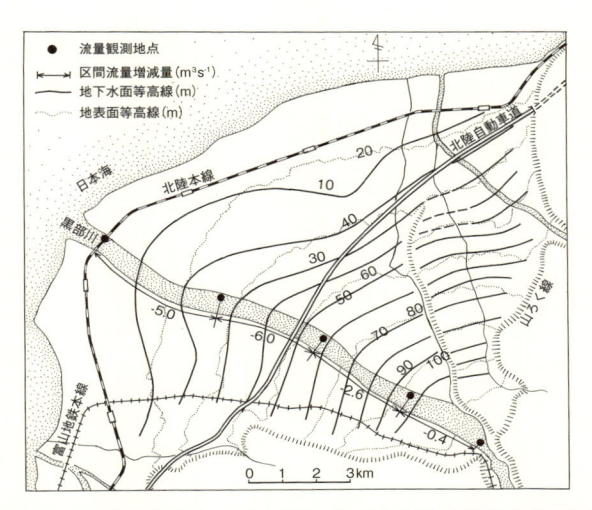

図 7.18 富山県黒部川の基底流出時（1990 年 8 月）における支流の流出入を考慮した区間河川流量の増減と，地下水面図（榧根（1991）を修正）．区間河川流量変化がマイナスであることは，上流から下流に向かい流量が減少，すなわち河川から地下水への涵養が生じていることを示す．

際の区別は厳密ではない（日本陸水学会，2006）．湖沼の成因は，火山活動や地質活動によるもの，侵食作用や堆積作用によるもの，堰き止め作用によるもの，生物活動によるものなどがある（西条・三田村，1995；日本陸水学会，2006）．火口の窪地に水が貯まった火山湖としては，蔵王の御釜や草津白根の湯釜などが，火山活動に伴う構造運動によって形成されたカルデラ湖としては，田沢湖や池田湖などが代表的である．断層運動に伴って形成された湖沼としては，Baikal 湖や諏訪湖などがある．氷河による侵食作用により形成された湖沼は侵食湖とよばれ，ノルウェーのフィヨルド湖である Tyrifjorden などがある．また，河川の本流あるいは支流の運搬物質が多い場合，この物質により流れが堰き止められ，手賀沼，印旛沼などのように湖が形成されることもある．地震や豪雨に伴う斜面崩壊や地滑りによる堰止湖は，寿命が短く小規模である．生物学的作用により形成された湖沼としては，尾瀬ヶ原などの池溏があげられる．ミズゴケなどの繁茂した湿原において凹地に水が貯まり，その周囲でミズゴケの成長，枯死，堆積が続くと湖岸が固定され池溏となる．

　湖沼は独立した水体として存在しているのではなく，流域における水循環の

主要な構成要素の1つであり，河川と同様に地下水面の一部が地表面に現れたものである．したがって水文科学においては湖沼を，降水，蒸発，地下水流出，地下水涵養，河川流出といった水循環プロセスの中に位置づけることが重要である．

湖沼の水収支は

$$\frac{dS}{dt} = (P-E)A + (R_{Ri} - R_{Ro}) + (R_{Gi} - R_{Go}) \tag{7.10}$$

と表される．各項の次元を $[L^3]$ として S は湖沼の貯留量，P は降水量，E は湖面蒸発量，R_{Ri}, R_{Ro} は表面流入・流出量，R_{Gi}, R_{Go} は地下水流入・流出量，A は湖面積，t は時間である（**図 7.19**）．これら水収支項目の中で，湖面蒸発量と地下水流入出量は，実測の難しい項目である．

直接的に湖面蒸発量を測定する方法には，円筒型の容器に水を入れたパン蒸発計を用いる方法と渦相関法がある（4.3節）．パン蒸発計を湖岸に置いて観測を行う場合，湖の貯熱量効果を再現できず，実際の蒸発量とは顕著に異なる測定値を示す（佐藤，1989；Ikebuchi et al., 1988）．また，渦相関法を湖面に適用する場合，湖面上で長期間に及び継続的に観測を実施することは必ずしも容易ではない．一方，間接的に蒸発量を求める方法には，バルク法，プロファイル法，ボーエン比法や，これらを組み合わせた手法があるが，湖面上での気象観測値が入手可能か，あるいは湖岸における観測値を用いる場合，湖面上のそれを代表しているかどうかなどの問題点が指摘されている．

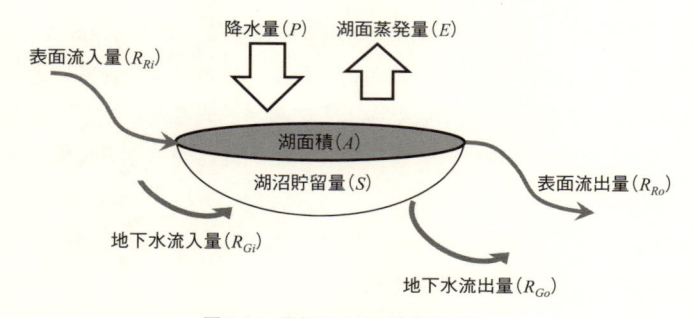

図 7.19 湖沼における水収支項目．

地下水の流入出量については，貯留量変化をゼロとみなせる期間に対して式(7.10) を積分し，その右辺第 1 〜 2 項を実測し，残差として正味の地下水流入出量 ($R_{Gi} - R_{Go}$) を求める方法が用いられる．湖沼への地下水流入量は，河川などの地表水流入量に比較し小さいものではあるが，湖沼によっては無視できる量ではないことが従来から指摘されている（鶴巻・小林，1989）．川端 (1982) は水収支を検討した上で，琵琶湖における総流入量の 10 〜 20% が地下水流入量であると推定している．また，地下水の流れを記載する経験式であるダルシーの法則（式 (6.25)）を利用し，湖水への地下水流入量を推定する試みもなされている．この目的に合わせて式 (6.25) を書き直すと

$$R_{Gi} = qbs = -kIbs \tag{7.11}$$

となる．q は地下水の流束，b は流入する地下水の帯水層の厚さ，s は湖岸長，k は帯水層の飽和透水係数（cm s^{-1}），I は流入する地下水の動水勾配である．I は湖岸にある井戸内の不圧地下水面と湖水面の水位差 h_{GL} と，井戸と汀線の水平距離 L_{GL} との比

$$I = \frac{h_{GL}}{L_{GL}} \tag{7.12}$$

により与えられる．この方法を適用した村岡・細身 (1981) によれば，霞ヶ浦の西浦に流入する地下水の量は 1.3 〜 2.6 m^3 yr^{-1} と推定され，これは西浦における年間河川流入量の約 1% に相当する．

小林 (1992; 1993a; 1993b) は琵琶湖を対象として，直径 50 cm 程度の円筒缶を湖底に挿入し (Lee, 1977 による方法)，湖底から漏出する地下水をポリ袋などに回収することにより，湖底からの地下水流入量を実測した（**図 7.20**）．小林 (1993a; 1993b) によれば，観測地点では地表面下 4 〜 5 m に粘土とシルトからなる厚さ約 3 m の難透水層があり，観測は汀線から約 100 m の沖まで，水深約 6 m までの範囲で実施された．その結果，漏出流速は汀線から約 40 m までの範囲で 1.5 〜 3.0 × 10^{-4} cm s^{-1} と高く，これより沖では顕著に低くなっていた．

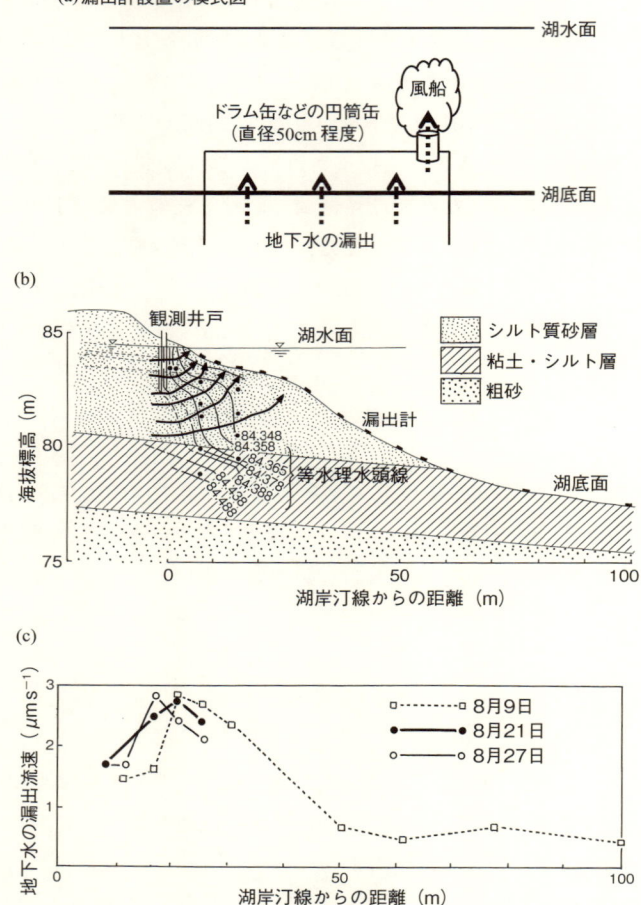

図 7.20 漏出計による湖底への地下水漏出流束の測定模式図（a），地下水の等水理水頭線分布と地下水の流線（矢印）(b)，湖岸からの距離に伴う漏出流速の低下傾向（c）（小林，1993a；1993b を修正・加筆）．

　湖沼の水温は，水が最大密度になる約 4℃ と氷点の 0℃ を制限要因として，年変化を生ずる（図 7.21）．この図は，鉛直全層の水温が，冬の始めと終わりに 4℃ になる温帯と寒帯の湖沼について示したものである．冬季から夏季への季節進行に伴い，水面からの日射や熱輸送により，表層の水温が上昇し，相対

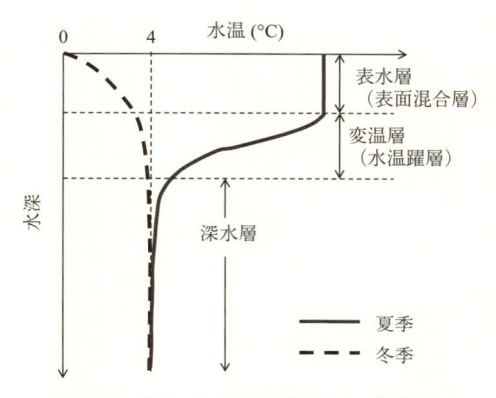

図 7.21 湖水における水温鉛直分布の模式図.

的に暖かい水が表層に浮く形で表水層を形成する．この層は，風や熱交換に伴う対流，そして混合が卓越するので，表面混合層ともよばれる．この表水層における対流や混合は，深層には及ばず，急激に温度が低下する変温層（水温躍層）が形成される．変温層よりも深部においては，低温で鉛直温度変化の小さい深水層が形成される．秋季になり表面で冷却された水塊が沈降すると，表水層が厚くなり，鉛直方向の対流が活発化する．そして晩秋季から冬季の初めにかけ，全層の水温が4℃になると全循環（混合）が発生する．さらに寒冷な地域では，表層の湖水温が0℃になり結氷が生ずる．春季になり氷が融解し全層が4℃に達すると，ふたたび全循環が発生する．このように，1年間に2回全循環が生ずる湖沼を，2回循環湖または温帯湖とよぶ．一方冬季において，水温が4℃以下に低下しない湖沼では，冬季間を通じ全層等温に近い状態であるので，このような湖沼を温暖1回循環湖とよぶ．湖沼の水温形成機構については，新井（2004）に詳しい．

湖沼では，風，河川水の流入・流出，水温変化に伴い生ずる水の密度差などにより湖流が発生する（西条・三田村，1995）．たとえば琵琶湖では，水温の水平・鉛直分布に伴い，表層湖水における環流とよばれる水平方向の環状の流動が観測されている．湖流を生ずる駆動力としては，水面に作用する風の作用と，水中の密度勾配があげられる．式（7.10）の河川からの流入 R_{Ri} に伴い，湖水に，密度流が発生する機構を，**図 7.22** に模式的に示した．相対的に水温

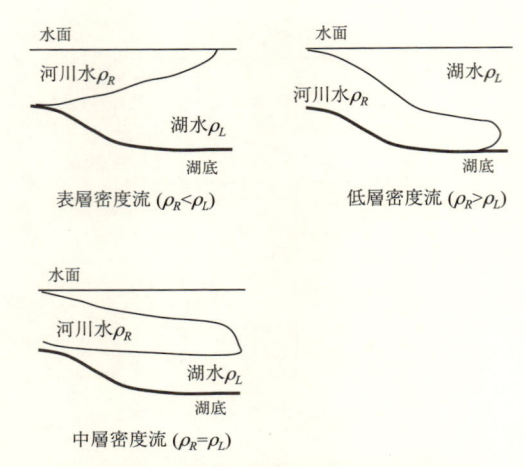

図7.22 湖沼への河川水流入に伴う密度流の形成過程．ρ_R は河川水の密度を，ρ_L は湖水の密度を示す．

が高く密度の低い河川水が流入すると，密度の大きな湖水が下層に沈み込む．一方，水温が低く密度の高い河川水が流入すると，土砂などを湖底に堆積させながら，低層を流動する．

第 8 章 水・物質循環

　水は循環しながら，周辺環境と複雑に作用しあっている．水は物質を溶解しやすいという性質や物質を運搬する作用をもっていることもあり，水中に存在する物質は，水循環の履歴を反映したものとなっている．この複雑な履歴を解き明かすことが水文科学の大きな目標の1つであり，学問としてのおもしろみを味わえるところである．本章では，その基礎となる水質形成や履歴を解き明かす鍵であるトレーサーや年代測定などについて述べる．

8.1　水質の形成・進化

　地球上を覆っている水は，ありふれた物質と思われているが，大きい比熱・融解熱・気化熱・熱伝導率・表面張力・浸透圧，逆に小さな熱膨張率・圧縮率・水蒸気密度・飽和蒸気圧，また液体の密度（3.98℃で最大）が固体の密度より大きいこと，そして大きい溶解性といった非常に特異な性質をもった物質である．地球が水の惑星とよばれるのは，高い融点（1気圧において0℃）と沸点（同100℃），そして液体として存在する温度範囲が広く，地球上に多量の液体の水が存在できたためである．これまでの章で述べてきたように，水は地球上を循環し，流動している間に周辺の環境と作用し合い，さまざまな物質や熱などを取り込み，輸送している．したがって，水質は水循環と気候，地質などの地域の条件，そして人間の活動を反映していることになる（**図 8.1**）．本章では，自然界の水質の形成と特徴，そして人間活動に起因する水質の汚染・汚濁について解説する．汚染については，汚染問題としてではなく，水・物質の動態という視点からみる．また，水・物質循環プロセスを解明するためのトレーサーの利用についても概説する．

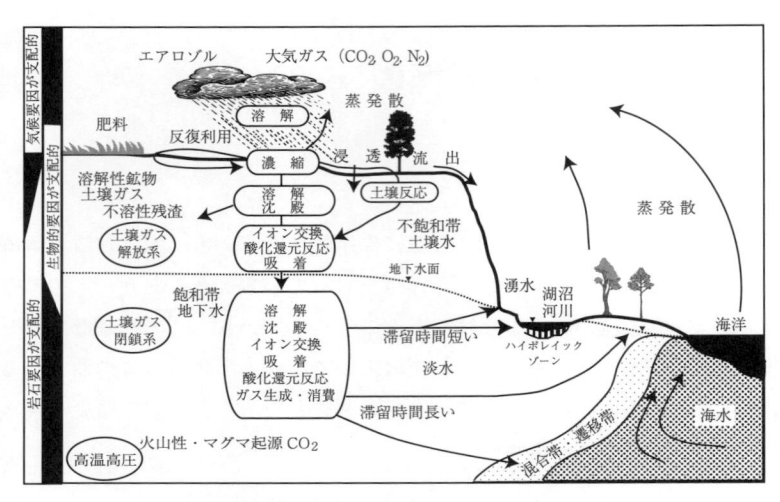

図 8.1 水文循環と水質形成（Back et al.（1993）に加筆）.

8.1.1 水循環と物質循環

　水循環は単なる水の移動・輸送だけでなく，物質や熱（エネルギー）の輸送も担っていると同時に物質の貯留，蓄積の場でもある．水は水和，加水分解，溶解などの反応を促進する重要物質であり，反応の場で，人間を含めた生物の生存・活動の場となっている．近年は，人間活動が水循環，物質循環に大きな影響を及ぼすようになり，その弊害として水質汚染・汚濁は大きな問題となっている．水循環の時空間スケールはさまざまで，さらに気候・気象，地形・地質などの条件によりその様相は異なってくる．図 8.1 にあげられている水文現象や水質形成の個々のプロセスには，共通した原理や法則があるが，実際の現象は複雑系の中で発生した複合的な結果で，特異的，個別的な現象を示すこともある．これらの共通性と個別性を理解することで，水循環，物質循環の特徴，相互関係を把握できることになる．

8.1.2 水質の項目と表示

　一般に水質は，水 1L 当たりに含まれる成分の重量という体積濃度で表示され，単位として $mg\,L^{-1}$ が通常使用される．すなわち，このオーダーの濃度が

自然界では一般である．もちろん，場合によっては，g L^{-1}, μg L^{-1}, pg L^{-1} などが用いられる．重量の代わりに物質量モルを使用することもあり，その場合は mol L^{-1}, mmol L^{-1} となる．一方，重量濃度，すなわち溶液 1 kg 当たりに含まれる成分重量が使われることもある．海水の塩分は，海水 1 kg 当たりの g 数で示され，約 35 g kg^{-1} である．成分の量を mg 単位で表すと，ppm (parts per million, 百万分率) という単位となる．濃度が希薄なときは，mg L^{-1} ≒ ppm となる．

水質を論じるときによく使われるのが，当量濃度 C_{eq} (e L^{-1} あるいは eq L^{-1}) である．体積濃度 C_v (mg L^{-1}) を当量単位 (me L^{-1}) の C_{eq} に変換するには

$$C_{eq} = \frac{C_v}{b} \tag{8.1}$$

とすればよい (**表 8.1**)．b は原子量あるいは分子量を価数で除した 1 当量である．当量濃度の場合，陽イオンの総量と陰イオンの総量がほぼ等しくなければならないので，両者に 10% 以上の差がある場合は分析の精度，未分析項目などの再確認が必要である．

測定・分析すべき項目は，当然調査目的により異なるが，基本となるものは，水温，pH，電気伝導度 (electric conductivity, EC)，酸化還元電位である．イオン成分は，自然界で一般にみられる主要な 7 種のイオン (Na^+, K^+, Ca^{2+}, Mg^{2+}, Cl^-, HCO_3^-, SO_4^{2-}) と近年存在が大きくなってきた NO_3^- である．非イオンでは，珪酸 (SiO_2) が重要である．環境の監視 (モニタリング) や規制では，特定の項目が対象となるので，他の項目を計測・分析する必要はないが，背景などを把握する上で，基本的な水質項目を押さえておくことは有効で

表 8.1 ヘキサダイアグラムとトリリニアダイアグラムの計算方法

⑤日本の川 (平均)	Na^+	K^+	Ca^{2+}	Mg^{2+}	陽イオンの和	Cl^-	SO_4^{2-}	NO_3^-	HCO_3^-	陰イオンの和
C_v (mg L^{-1})	6.7	1.2	8.8	1.9	—	5.8	10.6	0.0	31.0	—
b	23.0	39.1	20.0	12.2		35.5	48.0	62.0	61.0	
C_{eq} (= C_v /b) (me L^{-1})	0.291	0.031	0.440	0.156	0.918	0.163	0.221	0.000	0.508	0.892
グループの当量 (me L^{-1})	0.322		0.596		0.918	0.384			0.508	0.892
組成 (%)	31.7	3.3	47.9	17.0	100.0	18.3	24.7	0.0	56.9	100.0
グループの組成 (%)	35.1		64.9		100.0	43.1			56.9	100.0

ある．水質についての基礎的な知識については，武田（2001），日本地下水学会（2000），アンドリューズほか（1997）などに詳しい．

　個々の成分の分析値を精査するとともに，水質の全体像を把握したり，また他の水質との類似性や特異性を直感的に把握し，内在するプロセスを検討する上で有効なのが各種ダイアグラムである．これまでいくつかの図法が使用されているが，ここではヘキサダイアグラム（hexa diagram，シュティフダイアグラム（Stiff diagram）とよばれることもある）とトリリニアダイアグラム（trilinear diagram，パイパーダイアグラム（Piper diagram）ともよぶ）を取り上げる．ヘキサダイアグラムでは，**図 8.2** の左上の凡例のように，左側に陽イオン，右側に陰イオンの当量濃度を示し，形と大きさにより，水質の特徴を示す．なお，陽イオンと陰イオンの位置が反対の場合，グループの組み合わせや位置が異なる場合があるので注意が必要である．一方，トリリニアダイアグラムは菱形のキーダイアグラム（key diagram）と左右の下についた三角ダイアグラム（ternary diagram）からなる．キーダイアグラムは，陽イオンをアルカリ金属イオン（$Na^+ + K^+$）とアルカリ土類金属イオン（$Ca^{2+} + Mg^{2+}$）に，陰イオンを炭酸イオン HCO_3^- と非炭酸イオン（$Cl^- + SO_4^{2-} + NO_3^-$）にグループ分けし，両者の組成（％）により表示する．三角ダイアグラムは左下に陽イオンの組成（$Na^+ + K^+$，Ca^{2+}，Mg^{2+}）を，右下に陰イオンの組成（Cl^-，HCO_3^-，$SO_4^{2-} + NO_3^-$）を表示する．濃度を表示しないが，成分組成により水質の特徴を示すことができる．キーダイアグラムだけを単独で使用することもある．キーダイアグラムではⅠ：アルカリ土類炭酸塩型，Ⅱ：アルカリ炭酸塩型，Ⅲ：アルカリ土類非炭酸塩型，Ⅳ：アルカリ非炭酸塩型の4つに分類され，目安としてⅠには地下水，Ⅱには滞留時間の長い地下水，Ⅲには熱水，化石水（に影響された水），Ⅳには海水（に影響された水）が相当する．計算の仕方は，**表 8.1** に日本の河川⑤を例に示してある．表で計算した値（当量値，％）と図中での位置（長さ），あるいは点線と各軸との交点の位置を対照させ，図の描き方，見方を理解することが大事である．なお，使用した水質データは，多賀・那須（1994），日本地下水学会（2000）のほか，筑波大学で分析したものである．

　2つの異なる水体が混合した場合，不溶化や沈殿など大きな化学変化が起き

なければ，ヘキサダイアグラムの形は混合の割合に比例して変わる．たとえば，1：1で混合した場合は2つの中間の形となる．キーダイアグラムでは，2つの水体を結んだ直線上にくるが，1：1で混合してもその位置は必ずしも中間にはならない．

8.1.3 水質の形成

雨，雪などの降水は水蒸気が凝結したものであるので，純水に近いと思われるが，凝結の核となるエアロゾルなどにより特徴づけられる（3.1節）．沿岸地域では，風送塩が凝結核となり，Na^+やCl^-を溶存し，組成としては海水に近い（**図8.2**①）．冬季に降雪量の多い日本海側では，河川水での濃度が太平洋

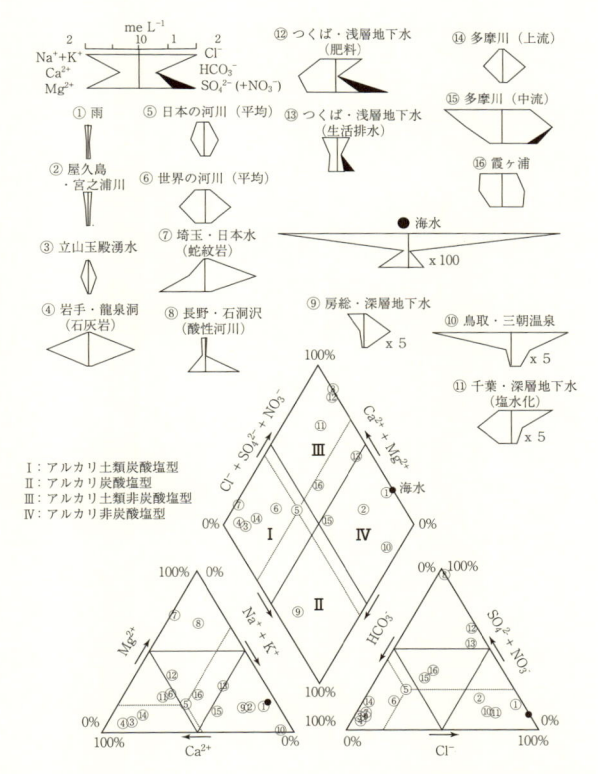

図8.2 ヘキサダイアグラムとトリリニアダイアグラムによる水質の表示（田瀬（2007）に加筆）．

側よりも高い傾向がみられる．また，工場や車からの排ガスなどの硫黄酸化物 SO_X や窒素酸化物 NO_X が複雑な化学反応により，SO_4^{2-} や NO_3^- となり酸性雨（acid rain）（広義には酸性沈着（acid deposition））として供給される．

自然状態の降雨の pH は，中性でなく，弱酸性を示す．これは大気中に約 370 ppm 存在する二酸化炭素 CO_2 を降雨が

$$CO_2(大気) \leftrightarrow CO_2(溶存) + H_2O \\ \leftrightarrow H_2CO_3 \leftrightarrow H^+ + HCO_3^- \leftrightarrow 2H^+ + CO_3^- \tag{8.2}$$

のように溶解するためで，他の要因がなければ pH5.6 となる（アンドリューズほか，1997）．この CO_2 を溶解している水が，土壌や岩石の溶解による風化を引き起こし，陸水の水質を形成する上で重要な働きをする．大気中に 21％存在する酸素 O_2 も酸化反応を進め，水質を形成する重要な要因であるが，酸素は通常水体に 10 mg L^{-1} 程度までしか溶存できないので，水中での酸素の不足は容易に発生する．

降水は地表面に達し，植被や土壌・岩石に接触する．植被に沈着した乾性降下物や生物を構成する基本的な成分である生体物質を洗い出す．特に樹幹流は溶存成分を多く含み，根系へ集中的に水を供給する（5.1.3，5.1.5 項）．地表面あるいは植被面では，遮断・蒸発による成分の濃縮，析出も起こり，乾燥，半乾燥地域などでは，水質形成の重要因子となる．

土壌では，微生物の活動が活発であり，有機物の分解，NH_4^+ の硝化，NO_3^- の脱窒，硫黄の酸化，SO_4^{2-} の還元，鉄やマンガンの酸化・還元などがそれぞれに適合した条件下で生じる．土壌ガス，特に酸素については，図 8.1 にあるように，地表から浅層の地下水までは開放系と考えてよいが，深層地下水では閉鎖系となる．

土壌に浸透した水は，土壌呼吸により大気に比べ 10 ～ 100 倍高濃度の CO_2 からなる土壌ガスと反応して，より多くの CO_2 を含み，より酸性化することになり，土壌・岩石や鉱物との反応が進む．図 8.2 ②のように源流部などでは溶存物質は少ない．鉱物が溶解すると地中水の化学成分の濃度が上昇し，沈殿が生じることがある．溶解して生成される成分は，岩石・鉱物の種類により異

なる．玄武岩や花崗岩などを構成する珪酸塩鉱物の代表である長石には，Ca長石，Na長石，K長石があり，この順番で風化が起こりやすいので，雨と岩石の接触で最初に形成される水質のタイプはCa-HCO_3型が多い（図8.2③）．灰長石（$CaAl_2Si_2O_8$）や曹長石（$NaAlSi_3O_8$）の珪酸塩鉱物は風化（weathering）の結果

$$CaAl_2Si_2O_8 + 2H_2CO_3 + H_2O \rightarrow Ca^{2+} + 2HCO_3^- + Al_2Si_2O_5(OH)_4 \quad (8.3)$$

$$2NaAlSi_3O_8 + 2H_2CO_3 + 9H_2O$$
$$\rightarrow 2Na^+ + 2HCO_3^- + 4H_4SiO_4 + Al_2Si_2O_5(OH)_4 \quad (8.4)$$

の化学反応によりCa^{2+}，Na^+などの陽イオン，重炭酸イオン，そしてそれぞれの式の右辺最終項の粘土鉱物（2次鉱物，この場合はカオリナイト）とケイ酸が生成する（アンドリューズほか，1997）．

また，二酸化炭素を溶解した雨（式（8.2））に方解石など炭酸塩鉱物から出来ている石灰岩や大理石がさらに溶解すると，Ca^{2+}とHCO_3^-が生成する（図8.2④）．日本では，石灰石は唯一の自給できる鉱物資源であるが，分布範囲も限られ，降水も多いので，水体でのCa^{2+}の濃度は高くない（図8.2⑤）．これに対して，石灰岩・苦灰岩や大理石が広く分布するヨーロッパでは降水量が少ないこともあり，Ca^{2+}やMg^{2+}の濃度が高い地下水や河川水が多い（図8.2⑥）．たとえば，フランスなどから輸入されているミネラルウォーターはこのCa^{2+}やMg^{2+}に富む硬水が多い．輝石やカンラン石などの有色鉱物からはMgやFeが供給され（図8.2⑦），硫化鉄を含む岩石・土壌からは，酸化によりSO_4^{2-}が溶出するとともに酸性化が進行し（図8.2⑧），この結果，次節で述べるような酸性河川を形成することもある．

さらに地下水となると，土壌や岩石との接触時間が長くなり，帯水層の地質を反映し，溶存成分濃度は一般に高くなる．土壌水でも生じているイオン交換，酸化還元反応は地下水でも進行する（図8.1）．イオン交換（ion exchange）は粘土鉱物などに吸着している陽イオンが水中の陽イオンと交換する反応で，吸着の強さは$H^+ > Ca^{2+} > Mg^{2+} > K^+ > Na^+$の順となっており，この吸着の強

さに従って，水中のイオンが土壌のイオンと置き換わる．Na^+は土壌から脱着しやすく，地下水では時間とともに増加する方向に向かう．H^+は土壌に吸着されやすく，交換可能な他のイオンがなくなると溶脱し，湖沼などの酸性化を引き起こす原因となる．交換可能なイオンの量を酸緩衝能（acid-neutralizing capacity）とよぶ．

深層の地下水では，有機物の分解（酸化）に酸素が消費されることなどから還元的な状況となり，NO_3^-やSO_4^{2-}が消失していく．この結果，Cl^-濃度が低い場合にはNa-HCO_3型の水質が優勢になってくる（図8.2⑨）．さらに時間が経過すると，特に堆積盆などではNa-Cl型になる．これを地下水の水質進化（geochemical evolution）とよんでいる（Freeze and Cherry, 1979）．すなわち，流下距離，滞留時間が長くなるとともに陰イオンは

$$HCO_3^- \rightarrow HCO_3^- + SO_4^{2-} \rightarrow SO_4^{2-} + HCO_3^- \\ \rightarrow SO_4^{2-} + Cl^- \rightarrow Cl^- + SO_4^{2-} \rightarrow Cl^- \tag{8.5}$$

と進化し，陽イオンは

$$Ca^{2+} \rightarrow Ca^{2+} + Na^+ \rightarrow Na^+ \tag{8.6}$$

のように右側へ向かって進化していく．キーダイアグラム上では，Ⅰ→Ⅱ→Ⅳになる．

火山活動などに関連して特異な成分をもった温泉や鉱泉の流入，あるいは海岸地帯での海洋起源の塩水侵入なども陸水の水質に大きな変化をもたらす（図8.2⑩や図8.2⑪）．

近年，主要イオンの1つに加えられているNO_3^-は基本的に人為起源である．窒素は空気の78％を占めているが，自然界では不足しやすい元素であり，8.2.2項で述べるように，土壌，地下水あるいは河川や湖沼中のNO_3^-は肥料，家畜排せつ物，生活排水が主な汚染源である（図8.2⑫や図8.2⑬）（田瀬，2006）．

8.1.4 水体別の水質特性

河川，湖沼，地下水などの水質は，前項で述べた水質形成プロセスが複合した結果であるが，それぞれの水体の特徴を反映した共通した特徴をもつ．河川は流れがあり，滞留時間が短く，大気とも自由に接しているので，地下水から河川へと流入してきた水（7.2.3項）は酸化的条件と大気圧に調和するように水質を変化させる．また，河川へと流入してくる各種排水の影響が河川水の水質に現れるため，降雨や排水量の変化に応じて水質の変動が大きい河川がある．これに対して地下水は滞留時間が長いため，土壌，岩石，鉱物との接触時間も長くなり，水質もこれを反映する．浅層では好気的であるが，深層では嫌気的になっているため，それに応じた化学反応が進み水質の違いを生じさせる．地下水の水質は，地表の土地利用，土地被覆にも影響されるが，その時間変動は一般に小さい．湖沼は水の停滞性が一般に高く，流入してくる河川水や地下水の影響を受ける．

8.2 水質汚染機構

ここでは，単に環境基準や水道水基準などを超過している場合だけでなく，水利用などに不都合を生じる場合や景観を損ねる場合なども含めて広義に水質汚染あるいは水質汚濁（water pollution）を考える．

8.2.1 自然起源の水質汚染

自然界には，各種の有害物質が岩石・鉱物や土壌に存在している．これらが水循環のなかで水体に取り込まれて，河川，湖沼，地下水，海洋を汚染することがある．これは上述の水質形成の特殊な場合とみることもできる．可能性のあるものを表 8.2 にまとめてある．

地下水は，土壌構成物質などと接触する時間が長く，最も自然起源の汚染を受けやすい．海成層からは，塩分，ヒ素，ホウ素，鉛などが溶出することがある．鉱山地域だけでなく硫化鉱物を多く含む地層からは，酸化に伴う pH の低下，酸性化が起きる．鉱山開発によりこれが加速される事例は世界各地で発生しており，国内でも岩手県の旧松尾鉱山などがあげられる．火山国である日本

表 8.2 水文循環における物質の起源　○は主要なもので，◎は特に重要なものを示す

		自然起源						人為起源						備考	汚染媒体						
		自然化系	風化系	火山系	温泉系	海水	海石化水系	大気	鉱山系	生活系	工場系	農業系	畜産系	酸性沈着		河川	湖沼	地下水	大気	降水	海洋	土壌
無機イオンなど	Na$^+$	○	○	◎	◎				○		○					○		○			○	
	K$^+$	○																				
	Ca^{2+}	◎									○											
	Mg^{2+}	○																				
	H$^+$ (pH)	○		○	○			◎	○		○			○		◎	○	◎	○	◎		
	Cl$^-$	○		◎	◎				○	○	○					○		○			○	
	SO$_4^{2-}$	○		○					○		○					○		○				
	HCO$_3^-$	◎																				
	NO$_3^-$									○	○	◎	◎	○	栄養塩 メトヘモグロビン症	◎	○	◎		○	◎	○
	SiO$_2$	◎																				
	P									○	○	○	○		栄養塩							
重金属類など	Fe	○							○								○	○				
	Mn	○																○				
	F	○		○	○						○				斑状歯			○				
	B	○		○	○													○				
	Pb	○							○		○							○				○
	As	○		○	○				○		○				土呂久鉱害			○				○
	Cu	○							○		○											
	Cd	○							○		○				イタイイタイ病			○				○
	Hg	○							○		○				水俣病			○				
	Cr										○											
	CN										○											
有機化合物など	有機物									◎	○	○	○		BOD, COD, TOC	○	○				○	
	VOC										◎				トリクロロエチレンなど			◎				
	環境ホルモン									○	○											
	農薬										○	○										◎
	ダイオキシン										○	○										◎
	トリハロメタン														消毒副生成物							
微生物など										○		○			大腸菌，ジアルジア クリプトスポリジウム	◎						

では，群馬県の湯川や秋田県の玉川でみられる温泉起源の地下水の流入の影響など，地下水が流入することで河川が酸性河川（acid river, acidified river）となる場合が多い．長野県の傍陽川の石洞沢や保科川などがその例である．酸性水の問題だけでなく，温泉は特殊な成分を含むことが多いので，時には排水基準を超えるような有害物質を含んでいることがある．北海道の定山渓温泉からの排水には高濃度のヒ素が含まれており，豊平川下流の浄水場ではヒ素を除去し，配水している．

　河川水が直接自然起源の物質により汚染されることは少なく，多くは上述のように汚染された地下水が流入した結果汚染が発生する．

　富栄養化（eutrophication）とは，水・物質循環のプロセスで，湖沼などの水域へ土砂や栄養塩が流入した結果，1次生産者である植物プランクトンの増殖を促すリン，窒素，珪素などの栄養塩の濃度が上昇する現象で，本来自然に

進行するものである.アオコや赤潮などが発生する過度の富栄養化の原因は,人為起源の汚染源の存在である.

8.2.2 人為起源の水質汚染

1970年代までは工場などから排出される産業廃水,いわゆる点源汚染あるいは特定汚染源（point pollution source）が水質汚染の主要な原因であった.公害対策基本法（1967年）や水質汚濁防止法（1970年）などにより工場や事業所からの排水は規制され,多くの河川など公共水域の水質は改善されてきたが,規制が難しい生活排水（生活雑排水,浄化槽排水）の影響を強く受ける中小都市河川や湖沼あるいは閉鎖性水域の水質,特に湖沼における有機汚染,全窒素,全リン濃度は依然として高くとどまっている状況にある.有機汚染の指標には化学的酸素要求量（COD, chemical oxygen demand）,生物化学的酸素要求量（BOD, biochemical oxygen demand）,全有機性炭素量（TOC, total organic carbon）が一般に用いられる.

これまでに汚染物質（項目）として多くのものが取り上げられてきた.重金属,病原菌,有機物,窒素・リン,農薬,油類,有機塩素化合物,揮発性有機化合物（VOC, volatile organic compounds）,ダイオキシン,トリハロメタン,環境ホルモン（内分泌攪乱化学物質）,残留性有機汚染物質（POPs, persistent organic pollutants）,放射性物質などである.これらの分類は,系統的でなく,同じ物質がいくつかの項目に含まれている.

実際の汚染状況は,汚染源の種類,汚染物質の物理化学的特性,そして周辺の環境により左右される（田瀬・井岡,2006）.汚染源の種類や形態の分類として,大きく点源（point source）と面源（non-point source, diffuse source）,あるいは工場・事業所,家庭などの特定汚染源と市街地,農地などが降雨時に発生源となる非特定汚染源（non-point pollution source）に分けることができる.汚染物質の排出では,まずは排出量の多少が問題で,多い場合に汚染が発生する確率が高いが,微量でも大きなリスクを発生する場合もある.排出されるときの固体,液体,気体といった形態,そして排出が生じる地表,排水路や公共水域,地中,大気などの場所はその後の輸送経路とも関係し,汚染状況に対する影響が大きい.排出が恒常的なのかそれとも一過性なのかという時間の

観点も重要である.

汚染物質の物理化学的,生物化学的特性は水体を含めた環境での挙動を決める大きな要因である(日本地下水学会, 2006).水に溶けやすいか,水よりも重いのか軽いのか,土壌や有機物に吸着しやすいか,揮散しやすいか,微生物により分解されやすいかなどが重要な因子である.たとえば,重金属は,酸性あるいは還元的な特殊な条件下を除くと,一般に水溶解度が低く,土壌・底泥に蓄積される.また,溶解したイオン,特に陽イオンは,土壌中で有機物,粘土などに吸着され土壌の表層から下方への移動は起こりにくいため,表層土壌に蓄積されて土壌汚染として問題となる場合が多い.溶解したイオンを含む排水が直接水域へ放出された場合には,水質汚染が発生しやすい.また,六価クロムやヒ素などはイオン性酸性化物を形成し,土壌に吸着されないため,直接水域に排水されなくても最終的に地下水を経由して河川に流出し,河川や地下水を汚染することがある.

窒素は,一般に酸化された硝酸イオンの形で存在するが,汚染が激しい場合は,有機物,アンモニウムイオンなどの形で存在する.汚染源としては,工場・事業所排水,下水処理場排水,家庭排水など特定汚染源だけでなく,農地からの肥料,家畜排せつ物など多岐多様であり,その動態も多様である.河川や湖沼へ直接流入することが多いが,近年汚染が顕在化している地下水を経由する場合もある.硝酸イオンは,酸化的な条件では,安定で,水とともに移動するが,低湿地など還元的な状況では微生物の作用で脱窒され窒素ガスへ浄化される.栄養塩であるので,ヨシなどの水生植物に吸収される.

■ 水に関する各種基準

水環境や水質を保全,管理,規制するために国,地方自治体により法律や条令により基準が定められている.水質汚濁にかかわる環境基準として,人の健康の保護に関する環境基準,生活環境の保全に関する河川,湖沼,海域を対象とした環境基準,また水質汚濁にかかわる規制基準として排水基準,下水基準がある.国の定める排水基準などに対し,地方自治体は基準値の引き下げ(上乗せ),規制項目の追加(横出し),規制対象の拡大(裾下げ)などにより厳しい基準を定めている.地下水については,地下水の水質汚濁にかかわる環境基準が定められている.飲料水については,

水道法による水質基準のほか，水質管理目標設定項目，要検討項目などが定められている．

国際的には，国などが大枠を定め，下位の自治体が実質的に管理と規制を担当していることが多い．なお，世界保健機関（World Health Organization）は水道水についての国際基準を示しており、多くの国が参照している．具体的な基準の数値などは，環境省，厚生労働省、地方自治体のホームページに掲示されている．

8.3 水文トレーサー

トレーサー（tracer）は言葉のとおり水の動き，すなわち流速，流向などを追跡する目的で使用するのが従来の方法であり，人工的，半人工的，あるいは自然的に水循環系に負荷・投入された物質である．人工的なトレーサーはある目的をもって系に投入・添加されたもので，食塩などの電解物質，ヨウ素131などの放射性同位体，各種の色素類などである．これらは対象とする系にほとんど存在しないか，あるいはバックグラウンドに比べてはるかに高い濃度で使用することによりトレーサーとなる．半人工的トレーサーは意図的ではないが人工的に環境に放出された物質で，水爆実験で大量に放出されたトリチウムや肥料，農薬，その他の有害化学物質などの各種汚染物質である．前者は時空間的な変動はあるものの全地球的なトレーサーである．自然的なトレーサーは自然界に存在する物質で，特定の地域あるいは特定の条件下でのみ存在し消失するもの，普遍的に存在するが水の挙動やプロセスを反映するものなどである．環境トレーサー（environmental tracer）とよばれているのは，半人工的な一部と自然的なトレーサーを意味する（**表 8.3**）．

最近のトレーサー利用の傾向として，流速や流向を求めるためだけでなく，水循環系の中で起こっているプロセスに関する情報を得るための，いわゆる環境トレーサーが注目を集めてきていることをあげることができる．この種のトレーサーは，さまざまな水文プロセス研究の成果からフィードバックされて確立されるものが多い．ここでは，トレーサー水文学において近年多岐に利用されている同位体（isotope）を中心に解説する．

同位体とは，同じ元素でありながら質量が異なる原子，すなわち，原子核を構成する陽子の数が同じで中性子の数が異なる原子のことを表す．たとえば，

表 8.3　水文科学で利用される環境トレーサー（田瀨，2003a）

元素物質	安定放射性（半減期）	主な起源	主な利用
^{2}H,D	安定		涵養源・プロセス・年代測定
^{3}H	12.3年	核実験・宇宙線	年代測定
^{3}He	安定	^{3}H崩壊・原子力産業	年代測定
^{4}He	安定	α崩壊	供給源・年代測定
^{13}C	安定		供給源・プロセス
^{14}C	5,730年	宇宙線・核実験	年代測定
^{15}N	安定		供給源・プロセス
^{18}O	安定		涵養源・プロセス・年代測定
^{34}S	安定		供給源・プロセス
^{36}Cl	301,000年	宇宙線・核実験・核反応	年代測定
^{39}Ar	269年	宇宙線	年代測定
^{40}Ar	安定	原子力産業	年代測定
^{81}Kr	210,000年	宇宙線	年代測定
^{85}Kr	10.72年	原子力産業	年代測定
^{87}Sr	安定		供給源・プロセス
^{129}I	1.57×10^7年	宇宙線	年代測定
^{222}Rn	3.82日	^{226}Ra崩壊	プロセス
^{238}U	4.47×10^9年	始原性	年代測定
^{232}Th	1.40×10^{10}年	始原性	年代測定
フロンガス	その他	人為起源	年代測定
SF$_6$	その他	人為起源	年代測定

　陽子の数が1の水素の同位体として，中性子数がゼロの水素 ^{1}H，1の重水素 ^{2}H（＝D），2の三重水素 ^{3}H（＝T）が知られている．左肩の数字は質量数である．同位体には，放射能を発して壊変していく不安定な放射性同位体（radio isotope）と，常に安定な安定同位体（stable isotope）とがある．質量数の違いにより物質の物理的・化学的性質が異なる現象を同位体効果とよび，軽元素で顕著である（松尾，1989）．

　放射性同位体は温度や圧力などの条件に影響されずに，壊変により，時間の指数関数で減衰するので，時間情報を得ることができる．すなわち，壊変定数（decay constant）λ と初期濃度 C_0 がわかれば，測定濃度 C から時間（年代，年齢）t を

$$t = \lambda^{-1} \ln \frac{C}{C_0} \tag{8.7}$$

により推定することができる．しかし，実際には初期濃度を特定することは難しく，閉鎖システムを仮定できる場合も多くない．また，放射壊変の結果，生

成される放射性核種や安定核種の地中（地下水中）での蓄積量や蓄積速度により年代を推定することもできる．

一方，自然界での安定同位体の存在比はほぼ一定であるが，その元素の反応や相変化における分別作用といった履歴を反映した値をもつので，供給源，涵養源という起源や反応プロセスを追跡するのに利用できる．

安定同位体の存在比は，同位体比，同位体存在比（isotopic ratio）あるいは同位体存在度とよばれ，通常最も存在度が高い同位体の質量に対する2番目に高い存在度をもつ同位体の質量の比（R）を，特定の標準物質からの千分偏差であるδ値（‰，パーミル）として

$$\delta 値 = \left(\frac{R_{\text{sample}}}{R_{\text{standard}}} - 1\right) \times 1000 \tag{8.8}$$

と表す．添字のstandardは標準物質，sampleは試料を意味する．世界の標準物質として，水素と酸素では標準平均海水（SMOW，現在はV-SMOW，Vienna standard mean ocean water），炭素ではベレムナイトの化石（PDB, Pee Dee Belemnite），窒素では大気中の窒素ガス，そして硫黄では隕石中のトロイライト（CDT, Canyon Diablo Troilite）が用いられる．Rとして，水素の場合$^2\text{H}/^1\text{H}$（$= \text{D}/^1\text{H}$）の質量比が，炭素では$^{13}\text{C}/^{12}\text{C}$，窒素では$^{15}\text{N}/^{14}\text{N}$，$^{18}\text{O}/^{16}\text{O}$，硫黄では$^{34}\text{S}/^{32}\text{S}$がそれぞれ使われている．上記の定義から，$\delta$値は標準物質に対して，プラス（＋）であれば重い同位体に富み，マイナス（－）であれば軽い同位体が多いことになる．

8.3.1　水の動態を追うトレーサー

水分子を構成している水素と酸素の同位体は水の動態を捉える理想的トレーサーである．水素には2種の安定同位体（$^1\text{H}, ^2\text{H}$）と1種の放射性同位体（^3H），酸素には3種の安定同位体（$^{16}\text{O}, ^{17}\text{O}, ^{18}\text{O}$）が存在する．安定同位体は水循環のプロセスで生じる蒸発，凝結，凍結・融解などでの相変化において，質量差に基づく同位体分別（isotopic fractionation）により同位体間の挙動に差異が生じる．さらに，この分別が温度や湿度の関数であるため，水体の起源など水の挙動を解明するのに利用できる（Clark and Fritz, 1997）．

水循環における同位体の変動を考える基本は，降水であり，降水の同位体比の時空間分布・変動が水の動態を解明する基礎となる．図 8.3 は IAEA のデータ（Rozanski *et al.*, 1993）から日本付近を中心に世界の 14 地点の降水の酸素と水素の安定同位体比を降水量による加重平均値としてをプロットしたもので，一般に δ–ダイアグラムとよばれている．基本的には，気温が低くなるとともに，あるいは緯度が高くなるとともに，同位体比はある線上に沿って小さくなる．これを温度効果（temperature effect）あるいは緯度効果（latitude effect）とよび，この線を天水線（meteoric water line）とよぶ．天水線は

$$\delta D = a\delta^{18}O + b \tag{8.9}$$

で近似されている．世界各地の測定結果から，傾きは各地点で $a = 8$ 前後の値をとるが，切片はそれぞれの地点の特色を反映して $b = 0 \sim 30$ くらいの値をとる．一般に，$a = 8$，$b = 10$ を世界の天水線として，同位体の変動を考える基礎としている．なぜ傾きが 8 で，切片が 10 となるかの解説は田瀬（1997）などに詳しい．なお，IAEA のネットワークデータからは $a = 8.20 \pm 0.07$，$b = 11.27 \pm 0.65$ が得られている（Rozanski *et al.*, 1993）．式（8.9）の傾きや切片は多くのデータの平均として求められるが，個々のデータについて，その特性を議論する必要が生じることもある．このような場合

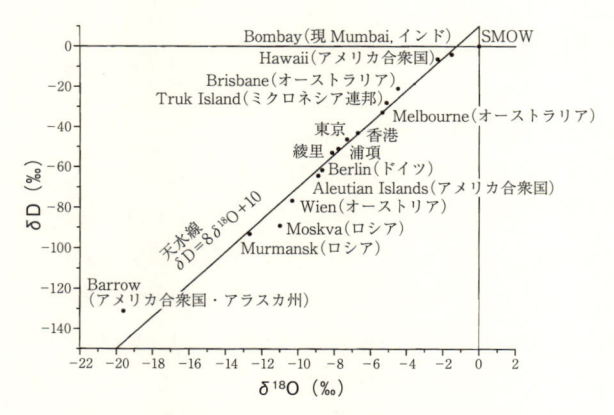

図 8.3　世界各地の降水の δ ダイアグラム（田瀬，1997）．

$$d = \delta D - 8 \times \delta^{18}O \tag{8.10}$$

で定義される d パラメータを用いる．式（8.9）と比較すると明らかなように，d パラメータは対象とするデータの点を通る傾き $a = 8$ の直線の切片を表している．

上述した温度効果，緯度効果とともに，同位体比の変化には降水量効果（amount effect），内陸効果（continental effect），高度効果（altitude effect）が認められている．降水の同位体比は降り始めが大きく，次第に小さくなる．また，降水量が多くなるほど同位体比は小さくなる傾向があり，これを降水量効果とよぶ．気団が海洋より移動して内陸へ向かって降水をもたらす時，海岸での初期の降水は大きく，内陸へ行くほど小さくなる傾向を内陸効果とよんでいる．また，気団が山腹にぶつかり，連続的に降水をもたらす時，降り始めの低標高の降水の δ 値は大きく，高標高の降水の δ 値は小さくなる傾向を示し，これを高度効果とよぶ．平均的には，$\delta^{18}O$ で 0.2‰/100 m 程度の割合で δ 値は減少する．高度効果には，雨滴の落下に伴う蒸発の効果による濃縮効果も寄与している．なお，前述の緯度効果には，温度効果だけでなく，主な水蒸気源である低緯度から高緯度への輸送プロセスでのレインアウト効果，すなわち凝結や降水に伴う重い同位体の選択的除去の効果も含まれている．

日本の降水の δ 値も基本的に天水線の上にのる．傾きは $a = 8$ 前後で，切片は太平洋側で $b = 10$ 程度であるが，日本海側では，冬季の日本海の海水面で生じる同位体平衡分別が成立しない蒸発，すなわち非平衡蒸発を反映して $b = 20 \sim 30$ という高い値を示す．日本の降水の同位体比の一般的特徴として，水蒸気をもたらす気団の影響を受け，夏季に大きく，冬季に小さい傾向を示し，梅雨期など降水量の多いときに降水量効果により小さくなることがあげられる．

降水の同位体比は，以下に示すように各種要因により変化・変動する．降水や降水に起因する河川水や地下水の δ 値は天水線付近に分布することになる．特殊な要因がない場合の地下水の δ 値はその付近の降水の δ 値の加重平均値にほぼ等しいと考えられている．湖水や水田の水などで蒸発の影響を受けると，酸素と水素の分別が異なるため天水線とは異なる傾き $a = 4 \sim 6$ 程度の蒸発線

に沿って濃縮していく．蒸散による分別はほとんど無視できるものと考えられている．

　図8.4は栃木県今市扇状地で測定した降水，河川水，井戸で採取された地下水，湧水などの同位体比をプロットしたものである．降水と大谷川の水は1991年10月から1993年9月までの値，地下水と湧水については1992年8月の値を示してある．今市扇状地の降水の天水線は $\delta D = 8.11\delta^{18}O + 15.7$ で，傾きは世界の天水線とほぼ同じであるが，切片は15.7と大きい．今市扇状地では日本海側からの水蒸気の影響を受け，同位体比は高い値を示す．降水の同位体比は非常に変動が大きいが，今市での降水のδ値の加重平均値は酸素が-9.23‰，水素が-60.3‰である．扇状地を流れる大谷川は，背後の標高の高

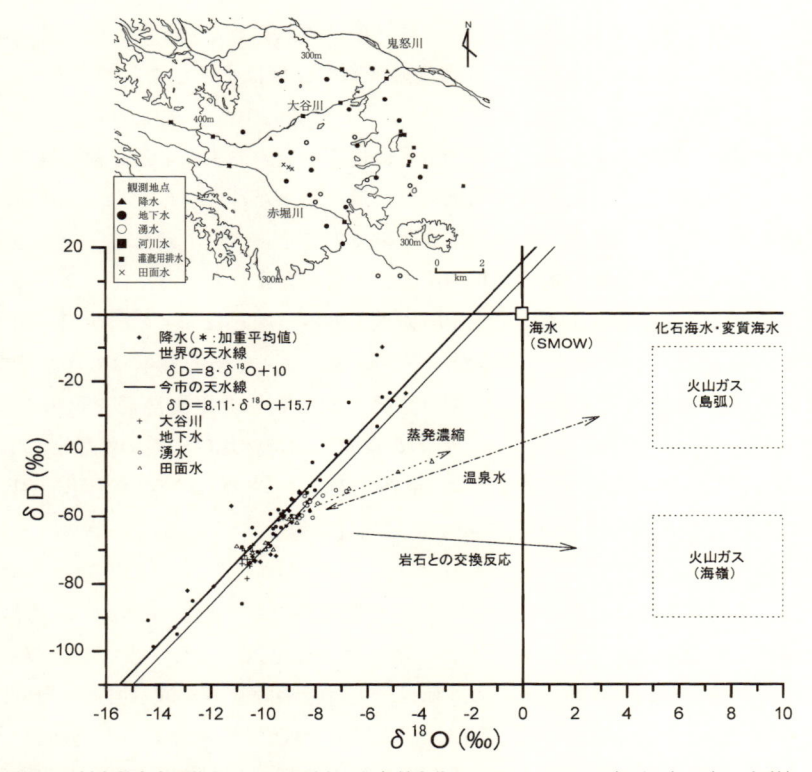

図8.4　栃木県今市扇状地において採水した各種水体のδダイアグラム（田瀬（1997）に加筆）．

い日光の降水を集めているので，高度効果により酸素と水素のδ値がそれぞれ－10.54‰，－72.5‰と小さい値を示し，年間を通してほぼ一定である．この大谷川の水は，河道の一部で地下へ浸透し，地下水を涵養するとともに，今市扇状地の灌漑用水として大量に利用されている．したがって，大谷川の水と今市の降水に同位体比の明瞭な差があり，これをトレーサーとして水の挙動を追跡することができる．δ値をみてみると，地下水は大谷川の水と降水の加重平均値の間に存在する．湧水は地下水の露頭で，その水は地表に出てくるまでは地下水である（6.3.1項）が，図8.4では地下水に比べると湧水のδ値は右上，すなわち重い方向に分布し，蒸発線に近い分布をしている．さらに田面水のδ値がその先に分布し，湧水は灌漑水と降水が水田で蒸発濃縮して浸透した成分も混合していることを示している．地下水は5月から秋までは灌漑水の影響を受け若干高くなる．なお，この地域の灌漑の様子は9.3節に示されている．このように今市扇状地では降水のδ値の加重平均と地下水のδ値は一致しない．このことはδ値の小さい大谷川の水が，直接浸透あるいは灌漑水として扇状地の地下水を涵養していることを示している．なお，今市扇状地の北方には鬼怒川・川治温泉が存在するが，それぞれの温泉水の同位体比はほぼ天水線の上に存在し，火山ガス（水蒸気）の影響をほとんど受けない天水起源と考えられる．温泉水の水の起源は天水であるものが多く，したがって天水線付近に分布するものが多い．しかし，高温の火山ガス中の水蒸気が天水と混合して温泉を形成する場合は，それらの混合割合に応じて火山ガスの同位体比と天水（地下水）の同位体比の間に位置することになる．図8.4に示した火山ガスの同位体比は，日本など島弧（安山岩質火山）の高温火山ガスの値の範囲と海嶺などの玄武岩質火山からのガス（水蒸気）の値の大まかな範囲である．化石水など滞留時間の長い水は，岩石との酸素の同位体交換反応が進み，天水線より右から右下方向へずれる．

　今市扇状地での各種水体の同位体比の分布からどのような水循環プロセスが起こっているかを定性的に述べたが，より定量的なアプローチとしては，降雨流出における成分分離などがある（辻村・田中，1996）．原理や方法についての詳細は第7章にあるが，精度よく分離するには，端成分の間に明瞭な差がでているトレーサーを選択する必要がある．トレーサーとして利用されているの

は，酸素・水素の安定同位体，電気伝導度，カルシウム，シリカなどである．トレーサーをうまく組み合わせた例として，カナダのケベック州で観測された融雪出水の分離（Maule and Stein, 1990）をあげることができる．**図 8.5** は新しい水（融雪水）と古い水（地中水）を酸素同位体により，表層の有機物層のみを通過する成分と地中を通過する流出経路をシリカでそれぞれ評価し，全体として有機物層のみを通過した新しい表層水,融雪中に浸透した新しい地中水，融雪前から存在した古い地中水という3成分に分離したものである．上述のようにシリカは土壌中の無機層から供給される．表層を流下する成分が多いのは，融雪期で表層土壌が飽和状態にあるためである．

■ IAEA（International Atomic Energy Agency）

国際原子力機関（IAEA）は，原子力の平和利用を促進し，軍事転用されないための保障措置の実施および原子力安全を確保するための国際機関である．本部はオーストリアの Vienna におかれている．原子力の平和利用に関する科学上および技術上の情報の交換，科学者および専門家の交換や訓練などにおいて，水文科学の分野とも関係が深く，特にトリチウム，酸素・水素安定同位体の世界的な観測網の成果は，水循環研究の基礎となっている．同位体水文学（isotope hydrology）の研究，教育や普及に関連した多くのプログラムを実施してきている．それらの成果は IAEA のホームページ（http://www.iaea.org/）から得ることができる．

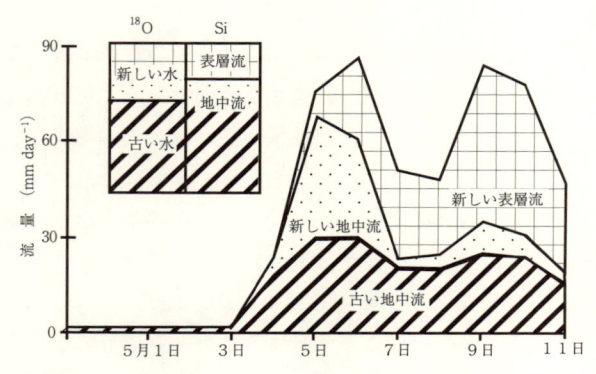

図 8.5 融雪出水における成分と経路の分離（Maule and Stein（1990）を改編）．

8.3.2 水の年齢・滞留時間を決めるトレーサー

水があるシステムへ流入してからの時間を年齢あるいは年代，流出するまでの時間を滞留時間とよんでいる（1.3.1 項）．年代の測定は，地質学，地球化学，考古学などで確立している分野で，水文科学，特に地下水の分野ではそれらの手法を取り入れるとともに，独自の方法，トレーサーも開発している．水の年齢，滞留時間を推定する方法として，

a) ダルシー則（6.3.3 項）などの水理学的な方法からの推定
b) 天然の大気起源の放射性核種による推定
c) 放射壊変による生成物の蓄積からの推定
d) 人為起源物質による推定
e) 古気候データとの対比による推定

などがあげられる．

a) は最も基本的な推定法で，流速や流路などの情報がそろえば，ある程度信頼のおける数値を得ることでき，トレーサーによる推定値との相互検証に利用できる．数値シミュレーションによる推定もここに含まれる．b)，c) は放射性核種からの情報をもとに水年代を推定するもので，式 (8.7) が基本となっている．適当な核種を選択することで $\sim 10^6$ 年までのオーダーの水を対象とできる．トリチウムは数十年程度，^{14}C は数百～数万年，^{36}Cl は数万～数百万年のオーダーの時間スケールをもつ現象に用いられる．利用の前提として，水とトレーサーが同じ履歴をたどっていることが必要である．d) の人為起源物質とは，人間活動により地球上に放出された物質である．たとえば，核実験に由来する ^{3}H，^{36}Cl，^{14}C もここに含まれ，その降水中の濃度ピークは 1950 から 1960 年代に存在する（図 8.6）．一方，原子力発電所・処理施設などに由来する放射性核種（^{85}Kr）や SF_6，オゾン層の破壊の問題を引き起こしているフロンガス（chlorofluorocarbon, CFC-11, CFC-12, CFC-113 などの種類がある）は基本的に大気中で単調増加をしており，（初期）濃度を推定することにより数十年程度の年代測定に利用できる（図 8.6）．e) では酸素・水素の安定同位体や Ar，Kr，Xe などの不活性の希ガスの組成や溶解度が温度に依存するという性質を利用する．古気候（温度）データが整理されている過去 2 万年位前までの年代測定（dating）が可能である．

図 8.6 環境トレーサーとして用いられる物質の降水中，大気中濃度の経時変化 (Cook and Herczeg, 2000). トリチウム単位は TU = ^{3}H/H × 10^{18} で定義される. Bq はベクレルで放射能の量を表す単位である. ^{14}C は percent modern carbon (^{14}C 濃度の現代炭素に対する割合) で，核実験前の値を 100 としている. ppmv は体積比で 100 万分の 1 を表す. atom は原子数である.

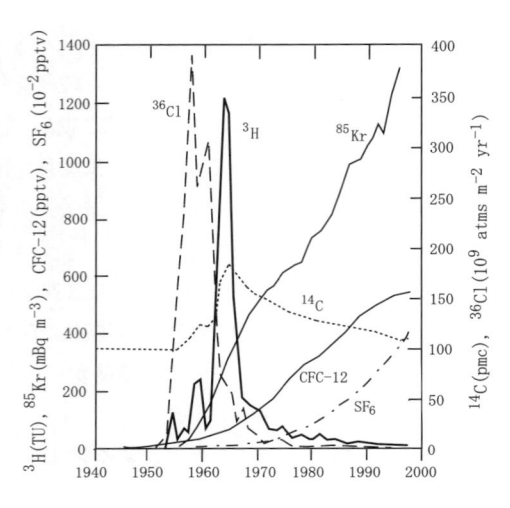

水分子を構成する酸素と水素の安定同位体は e) に，放射性同位体のトリチウム (tritium) は半減期 (half-life, $t_{1/2} = \ln2/\lambda = 0.693\lambda^{-1}$) が $t_{1/2} = 12.3$ 年で，b), c) に対応する. 水文科学では 1960 年代の核実験による濃度のピークや変化パターンを利用して，数十年までの時間情報を取り出してきた. また，核実験の影響を受けていない場合，トリチウムは半減期が短いために現在では水中にほとんど存在しない. このため，トリチウムを含まない水は 50 年以上前の水との判定を下すことが可能である.

トリチウム濃度 T とその壊変生成物であるヘリウムの濃度 ^3He の両方を利用した年代決定法 (トリチウム・ヘリウム法, ^{3}H/He 法) は，初期濃度 T_0 を特定する必要がなく，精度も高いことから多くの適用例がある. トリチウムの濃度減衰は

$$T = T_0 e^{-\lambda t} \quad \text{または} \quad T_0 = Te^{\lambda t} \tag{8.11}$$

で与えられ，一方ヘリウムの蓄積は

$$He = T_0 - T = T(e^{\lambda t} - 1) \tag{8.12}$$

である．したがって，トリチウムとヘリウムの濃度がわかれば

$$t=\lambda^{-1}\ln(He/T+1) \tag{8.13}$$

により，その年齢を算定できる．ただし，他の起源のヘリウムが存在すると過大評価，逆にヘリウムが散逸していると過小評価となるので，注意が必要である．

　図8.7は合衆国メリーランド州でいくつかの方法で測定された地下水の年代を比較したものである（Busenberg and Plummer, 2000）．特殊な環境下での変質や特に流出域での数値シミュレーションの精度の問題などによるばらつきが一部でみられるが，比較的推定年代はよく一致しているといえる．

　シリカ（SiO_2）は基本的に土壌や岩石から供給されるので，同一の条件下では濃度と滞留時間が比例関係にあると考えられる．図8.8はノースカロライナ州のフロンガスにより同定した滞留時間とSiO_2の濃度の関係をプロットしているが，表層10mまでの不圧地下水と地表下10m以深の被圧地下水で，それぞれ滞留時間と直線関係にある（Tesoriero et al., 2005）．したがって，滞留時間の定性的な指標として利用できる可能性がある．

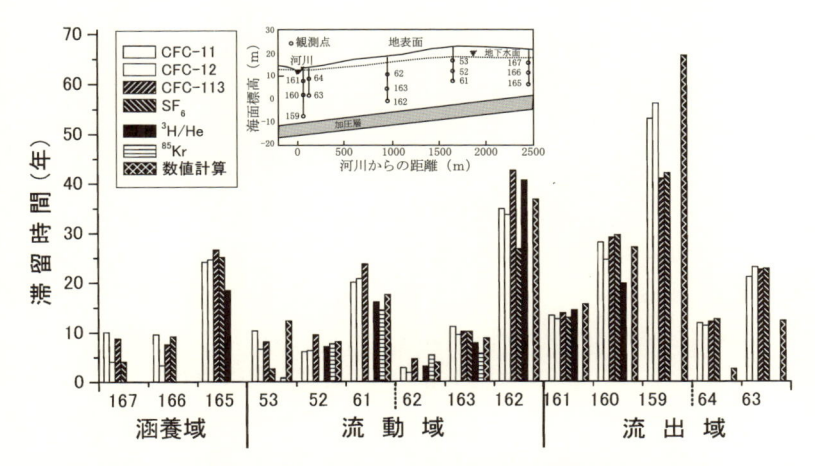

図8.7 アメリカ合衆国メリーランド州の地下水流動系において各種方法で測定した地下水年代の比較（Busenberg and Plummer (2000) に加筆）．

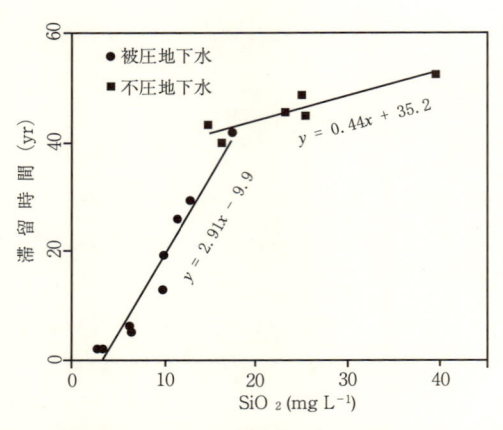

図 8.8 地下水のケイ酸濃度と滞留時間の関係（Tesoriero *et al.*, 2005）.

8.3.3 物質の動態

　水質の形成，汚染物質の挙動など水体での物質の動態を追跡する上でも同位体は有効である．物質の動態から，物理的に調査が困難な地域の水の動態を推定することも可能である．同位体を利用する基礎は，物質の起源，供給源によりそれぞれの物質の同位体比が異なること，あるいは物質が変質する時の同位体効果（分別）を評価することである．H, C, N, O, S などの軽元素では両者が，Sr や Pb などの重元素では前者が利用される．硝酸性窒素による地下水汚染では，化学肥料と家畜排せつ物あるいは生活排水の区別，浄化作用である脱窒の評価などに応用できる．

　図 8.9 は浅間山周辺の湧水の水質を前述のヘキサダイアグラムで示したものである（鈴木・田瀬，2006）．湧水の水質特性には明瞭な地域性がみられ，A～I の 9 つの湧水群に区分できる．これらの水質特性，特に B, C, F, H, I の水質は浅間山の火山活動と密接に関係している．この水質形成プロセスを解明するために，炭素と硫黄の同位体比を分析し，火山ガスの影響を評価した．炭素の同位体 ^{13}C は，同位体比 $-20‰$ 以下の有機物起源の CO_2 ガスと，-8.0～$-9.0‰$ 程度の火山性の CO_2 ガスの混合によって形成されたものと仮定でき，上述の 2 成分分離法でそれぞれの寄与率を評価できる．CO_2 ガスの寄与率は F や H で 50% 程度，I では 90% に達する湧水が存在する．硫黄の同位体 ^{34}S は，

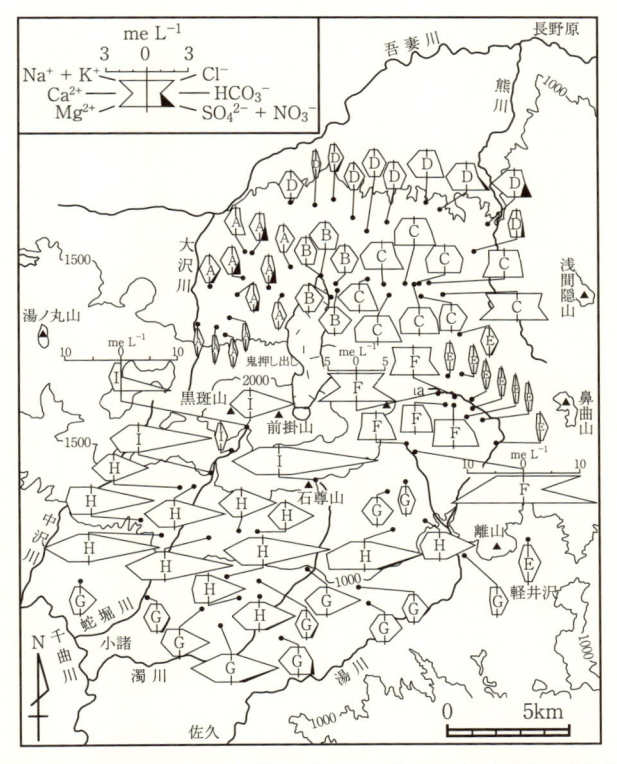

図8.9 浅間山周辺の湧水の水質特性（鈴木・田瀬，2006）．等高線に付した数値（1000，1500，2000）は標高（m）を，記号（A～H）は水質グループを示す．

上昇してきた熱水が沸騰して気液分離し，重い同位体が酸性熱水に，軽い同位体が低温火山ガスへと分別される．北・東麓では熱水の混入，南麓では低温火山ガスの混入が示唆される．図8.10に水質形成プロセスをまとめた．火山ガスの影響を受けないA，D，E，Gは岩石の風化成分を溶解している．図8.9に示したようにAについては，キャベツ栽培での施肥の影響も強く受け，畑とその下流側で硝酸イオン濃度の高い湧水となっている．なお，北・東斜面に山体深部で形成された酸性の$SO_4 + Cl$型の湧水がみられるのは，古期火山体の崩壊面により地下水流動系が規制されているためである．

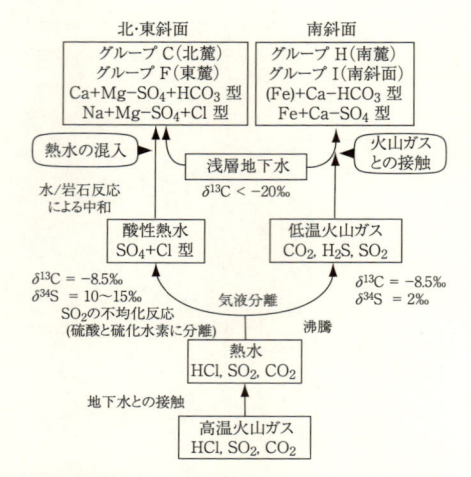

図 8.10　浅間山周辺の湧水の水質形成プロセス（鈴木・田瀬, 2006）.

第9章 流域を基本単位とした水循環

　これまでの各章では，主に降水，流出，蒸発といった水文現象の個別プロセスを詳細に調べてきた．しかし，これらは第1章や第8章で述べたように個別に生じているわけではなく，同時進行的に，そして相互に影響を与えながら1つのシステムとしてつながって生じているのである．本書をまとめるにあたり終章にあたる第9章では，これまでに扱ってきた個別水文プロセスが主に流域という場でどのように生じているのか，どのような影響を環境に及ぼしているのか，どのような影響を環境から受けているのかをいくつかの例をあげてみていくことにする．まず9.1節では，水に関する環境問題がこれまでに主に日本国内での行政という面からどのように扱われてきたのかをふり返るとともに，今後の水循環や環境問題を考える上での流域を基本対象とした水文科学の立場を考察してみることにする．9.2節では，生態系と水循環のかかわりの一例として，森林の役割と水循環について取り上げる．9.3節では，国内を含めたアジア地域の代表的な土地利用である水田が水循環や環境に与える影響をまとめる．9.4節は都市の存在がどのように水循環そして環境に影響を与えているのかを扱う．9.5節では，時間軸に沿った水循環プロセスの変化について扱う．特に，最近の重要な問題である地球の温暖化傾向が水循環にどのような影響を与えつつあるのかを調べていく．最後に，9.6節では地球規模で流域を基本単位とした取り組みが広がりつつある事例をいくつか述べることとする．

9.1　流域と水循環・環境

　日本の環境行政は，今日的な環境問題に対処するためには，これまでの法規制的手法のみを中心とする従来型の枠組みでは不十分であるとの認識のもとに，1993年に「環境基本法」を制定した．これを受けて，1994年には「環境基本計画」が閣議決定されている（環境庁，1994）．この環境基本計画では，

新たな理念として，循環，共生，参加，国際的取り組みを掲げ，水環境および地盤環境の保全等を維持するために「健全な水循環（Sound of hydrologic cycle）の確保」を図ることとしている．環境基本計画は現在，2006年に閣議決定された第3期環境基本計画に移っているが，その基本理念は維持されている．

　一方，河川行政については，明治以来治水と利水を中心とした河川管理の目的に河川環境の整備と保全を盛り込んだ「改正河川法」が1997年に成立した．この改正河川法では，「流域を単位として」との視点が盛り込まれている．また，中央環境審議会（1999）は『環境保全上健全な水循環に関する基本認識及び施策の展開について（意見具申）』と題した報告書をまとめた．これは，環境保全上健全な水循環を確保していくことは，21世紀の環境政策における重要な柱であり，水循環は持続可能な循環型社会の基盤となる水環境や地盤環境を考える上できわめて重要であるとの認識のもとに，地表水と地下水，水量と水質など水に関する諸問題について，あるべき基本認識と施策の方向を示したものである．これに先立ち，環境庁（現環境省）は『健全な水循環の確保に関する懇談会報告』（環境庁，1998）を発表した．この報告書では，流域の健全な水循環の確保に向けた基本的な考え方を示すとともに，行政，市民，企業，学識経験者間の連携のあり方についてまとめ，水循環という総合的な視点の導入と自然的・社会的条件などの流域特性を踏まえた流域を基本単位とする検討を，2本の柱として環境保全対策を立案していく必要があるとしている（9.5節）．

　こうした水環境行政の新たな展開は，地球温暖化，酸性雨，生物多様性の減少，地下水汚染，土壌汚染といった環境問題が深刻となり，人間生活にかかわる流域の環境保全が急務と考えられているからにほかならない．また，環境保全や水利用計画にあたって，局所的な対処では問題の解決にならず，流域を単位とした視点と流域水循環システムそのものの解明が必要との認識に基づくものである．

　従来，流出現象は直接流出と地下水流出とからなり，地下水流出は飽和帯から地下水流として河道へ供給され，降雨に対する反応は遅く，直接流出に比べると変動が小さく，無降雨時における河川水を涵養する成分であると理解されてきた（田中，1996）．このため，地下水流出は基底流出ともよばれている（7.1.2項）．

図 9.1 は，わが国における年間の水収支を模式的に示したものである（山本・高橋，1987）．降水量から蒸発散量を差し引いた 1,150 mm が最終的に河川へ流出するが，その内訳は，直接流出量が 750 mm，基底流出量が 400 mm と見積られている．すなわち，河川流量の中で地下水流出が占める割合は約 35%である．世界の大陸別に河川の流量曲線を直接流出と基底流出に分離した結果によると，河川流量の中で地下水流出が占める割合は 25〜35% であり（榧根，1980），わが国の場合も大陸河川の値と同じということになる．

しかし，5.2.4 項で記したように，わが国において実験的に測定された森林土壌の最終浸透能は $100\ \mathrm{mm\ h^{-1}}$ 以上の値を示し，時間雨量が 100 mm 前後の豪雨とよばれるような降雨であっても，森林土壌はその大半を浸透させることが可能である．また，豪雨時における野外観測によっても，森林に覆われた山腹斜面では表面流出はほとんど生じないことが確認されている（7.1.3 項）．これらの観測事実を考慮すれば，全流出に占める地下水流出の割合は，水収支的に得られた値よりもさらに大きくなることが予想される．

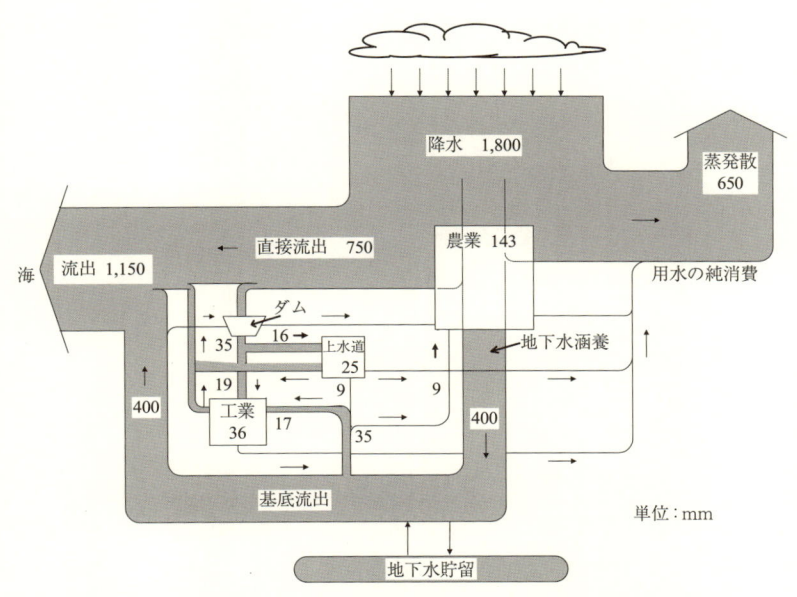

図 9.1　わが国の年間の水収支を示す模式図（山本・高橋（1987）を修正・加筆）．

第1章および第7章で記したように，流域の水循環に関する研究は，1970年代以降における実証的研究の進展と環境同位体を中心とする分析技術の向上とによって著しく進展し，中緯度湿潤地域の自然流域における水循環の実態はかなりの程度明らかにされてきた．これらの研究結果によれば，中緯度湿潤地域の植生で覆われた山地流域では，斜面のすべての部分から一様に浸透余剰地表流が発生することは稀であり（5.2.4項），降水の大部分はいったんは地中に浸透する．このことは，湿潤地域では，一部の例外（7.2.3項）を除くと，基本的な水循環の方向は降水→土壌水→地下水→河川水であり，河川水の大部分は地下水（あるいは地中水）で養われていることを意味している．したがって，地下水は河川水や湖沼水といった地表水と切り離された存在ではなく，湿潤地域の自然環境下における流域水循環システムを考える上では，最も重要な水循環系の一部を構成していることになる．

　一方地下水については，第6章で記したように，地下水流動系とよばれる循環系を構成し，涵養・流動・流出という一連の循環プロセスを経て循環しており，この循環プロセスを介して河川水や湖沼水などと交流している．また，地下水は地盤を構成する重要な環境要因でもある．したがって，この地下水の循環系が乱されると多くの環境問題が発生することになる．

　この地下水循環を視野に入れると，一見線的にみえる河川は，実は地下水と交流をもつ3元空間における水のつながりとして取り扱わなければならないことがわかる．この3元空間としての基本的な単位は流域であり，ここに水循環や水環境を考える際の視点として流域を基本単位とすることの重要性がある．したがって，これからの環境問題の解決にあたっては，これまでの排水規制や揚水規制といった点の取り組みではなく，流域を単位とした水循環という立体的な視点の導入が必要となるのである．

9.2　植生と水循環・環境：森林の役割

　式（1.3）で示した流域単位の水収支解析では，第4章で記した蒸発散現象は大気への出力，すなわち水損失として扱われる．したがって，水資源の観点から，流域から流出する水だけが水資源開発の対象とすると

$$WR_E = P - E \tag{9.1}$$

ここで，WR_E は有効水資源量，P は降水量，E は蒸発散量である．

図 9.2 は，世界の森林水文試験地の観測結果に基づいて，植生の減少割合と年流出量の増加との関係を Bosh and Hewlett（1982）がまとめたものである．図から明らかのように，森林を草地などに変えると，流域からの年間流出量は増加することになる．この傾向は，広葉樹林よりも針葉樹林で顕著であり，針葉樹では皆伐によって年流出量は 400 mm 程度増加することが示されている（辻村，2007 も参照）．マツ類の場合では，100％の皆伐によって，年間 660 mm ほど流出量が増加したことが報告されている．これらの観測事実は，森林を伐採すると流域水収支要素のうち，蒸散量が減少し，結果として流域からの流出量が増加することを示している（杉田，2007 も参照）．すなわち，式（9.1）からは有効水資源量の増加が生じることを意味しており，森林は果たして水源を涵養しているのかとの疑問が生じる．また，森林による蒸発散は果たして負（マイナス）の要因として評価すべきかどうか？ Lvovitch（1973）は，生態学的に必要な水収支成分として，全土壌湿り（total soil moistening）W

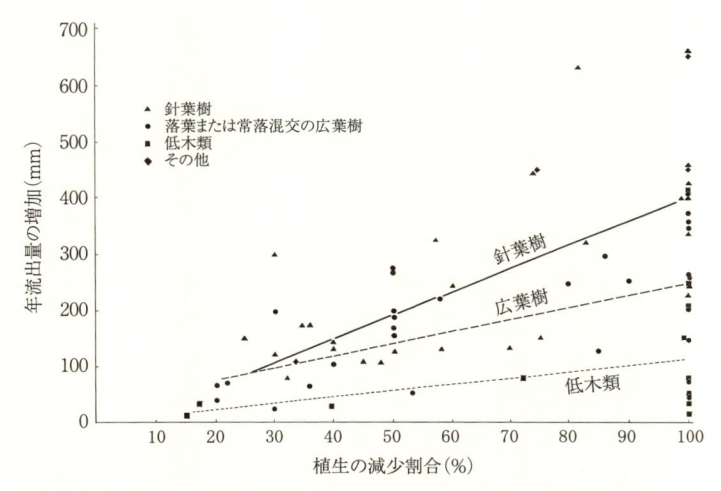

図 9.2 植生の減少に伴う年流出量の増加（Bosch and Hewlett（1982）原図；塚本（1992）に加筆）．

$$W = P - R_s = R_G + E \tag{9.2}$$

という考え方を打ち出した．P は降水量，R_s は地表面流出量，R_G は地下水流出量，E は蒸発散量である．すなわち，全土壌湿りは $R_G + E$ で定義され，年ごとに更新される土壌水分貯留量と考えられる．また，この全土壌湿りは，生物生産に必要な流域水収支要素であり，ある地域の生態学的特長を示す数値であるとしている．表 9.1 は，大陸別の全土壌湿りの値を示したものである．ヨーロッパで 524 mm yr^{-1}，アジアで 509 mm yr^{-1}，南アメリカで 1,275 mm yr^{-1} などとなっており，これらの値は各大陸での年間蒸発散量に近い値となっている（Lvovitch, 1973）．

全土壌湿りの考え方に立ち，生物生産活動を考慮すれば，森林による蒸発散は植物の成長に欠かせない水収支要素であり，この意味において蒸発散は流域水収支における肯定的な要素と考えることもできる．樫根（1988）は，それを水利用とよぶか水必要量とよぶかはこれからの問題であると述べている．この問題については 1970 年代以降，森林水文学の分野において，森林がもつ水源涵養機能あるいは緑のダム機能の観点から長い間議論されてきた．蔵治・保屋野（2004）は，緑のダム機能という言葉には，川の水の量を調節する機能と水を一時的に貯留し，ゆっくり流す機能の 2 つの意味があり，前者の意味で用いられる場合はこの 2 つの機能が含まれるが，後者の意味で用いられる場合は水を消費する機能は無視されていることになると述べている．塚本（1992）は，森林が蒸散によって水を消費する機能を緑の蒸発ポンプという言葉で表現しているが，それが水利用であるか水必要量であるかについては言及していない．

表 9.1 大陸別の全土壌湿りの値（Lvovitch（1973）に基づいて作成）

	ヨーロッパ	アジア	アフリカ	北アメリカ	南アメリカ	オーストラリア	全陸地
面積（×10^6 km^2）	9.8	45.0	30.3	20.7	17.8	8.7	132.3
(以下の単位: mm yr^{-1})							
降水量 (P)	734	726	686	670	1648	736	834
河川流出量							
全流出量 (R)	319	293	139	287	583	226	294
地下水流出量 (R_G)	109	76	48	84	210	54	90
地表面流出量 (R_s)	210	217	91	203	373	172	204
全土壌湿り (W)	524	509	595	467	1275	564	630
蒸発量 (E)	415	433	547	383	1065	510	540

また小杉 (2004) は，水源涵養機能という言葉を，森林が渇水を緩和する機能のみを意味する言葉として用いている．

これらのことから，森林の蒸散作用に関する生態学的な評価については，依然として明確な結論は得られていないのが現状である．これは，緑のダム機能に関する論点が，森林がもつ洪水緩和機能に主眼がおかれ，水を消費する機能についての議論が生態学的観点から十分に行われていないためと考えられる．すなわち，流域における植生がもつ蒸散の役割については，古くて新しい問題であり，近年進展の著しい生態水文学（1.2 節）におけるこれからの 1 つの大きな研究課題であるものと思われる．

9.3 土地利用と水循環・環境：水田の影響

第 1 章でふれたように，世界的にみても水使用の大部分は農業用水で占められている（**図 1.5**）．国内でも**図 9.1** に示されるように農業に利用される水は非常に多い．国土交通省水資源局水資源部（2008）によると，たとえば 2005 年における農業用水の使用量は約 549 億 m^3yr^{-1} で，都市用水（生活用水，工業用水）を加えた全水使用量の 66％を占めており，過去 30 年でその割合にはほとんど変化がない．この農業用水は，水田灌漑，畑地灌漑，そして畜産に用いられるが，水田の利用割合は 1975 年の 98％から微減しているとはいえ，2005 年でも 94％とその大部分を占めている．水田面積としては，1970 年の 3,415 × 10^3 ha から 2007 年の 2,530 × 10^3 ha へと 26％も減少しているが，水田の水使用量が大きく変わらないのは，水田利用の高度化や水田を畑地にも利用できるようにする汎用化に伴う単位面積当たりの用水量の増加や農業用水の水質悪化対策などのさまざまな利用量の増加要因が関係しているためである．

このような大口の水利用は水循環や環境にどのような影響を与えているのだろうか．たとえば，水田の水利用量は非常に大きいが，そのすべてが失われてしまうわけではない．**図 9.1** に示されているように多くの部分が地中に浸透し，地下水の涵養に用いられているのである．この地下水はこれまでの章で触れてきたように，揚水することで地下水として利用することもでき，またいずれ河川に流出するのでふたたび河川水としての利用も可能となるのである．この

様子を，栃木県今市扇状地での調査結果（田中，1978；1980）を例としてみてみよう．この地域は表層7mまではパミス（軽石層）またはローム（火山灰層）に覆われ，その下に厚さ約30mの礫層が存在する．図9.3は，この地域の降水量と4ヶ所の井戸の水位の年変化を示している．降水量と地下水位にほとんど対応関係がみられないことがわかる．これは，地下水位の変化が，4～5月の代掻き，7月中旬の中干し，8月下旬の落水といった水田の水管理に強く影響を受けているためである．この様子が図9.4からみてとれる．この図は圃場容水量（6.2.1項）を基準として，それ以上の土壌水分量を超過保留水分量と定義してこれをアイソプレスとして表してある．4月にはほぼ全層にわたって負の超過水分量であったものが，灌漑が始まると地表面下2m以深で急激にこれが正に転じる．この状態が夏期の灌漑期間を通してほぼ継続し，灌漑終了後は少しずつ全層が乾燥していくのである．土壌の三相分布を時系列的にみると，4月の段階では地表から地下5.5m程度までは不飽和だったものが，5月には2～3mまでに不飽和帯は縮小していた．明らかに，水田への灌漑水が地下へ浸透し，土壌水分を増加させ，そして地下水を涵養することで地下水位の上昇を引き起こすのである．これを水収支の観点からみてみると（図9.5），灌漑期間中の地下水の涵養量は1ヶ月当たり62～940 mm（= 2～31 mm d^{-1}）

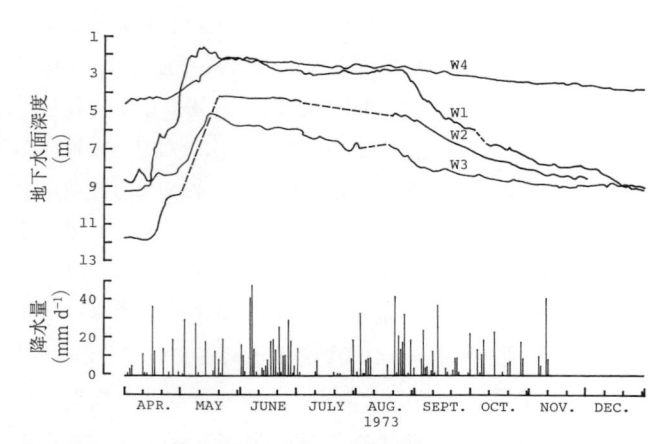

図9.3 今市扇状地の4ヶ所の観測井で観測された地下水位と降水量．W1，W2が上流側に位置し，W3，W4と下流方向に並んで存在する（田中，1980）．

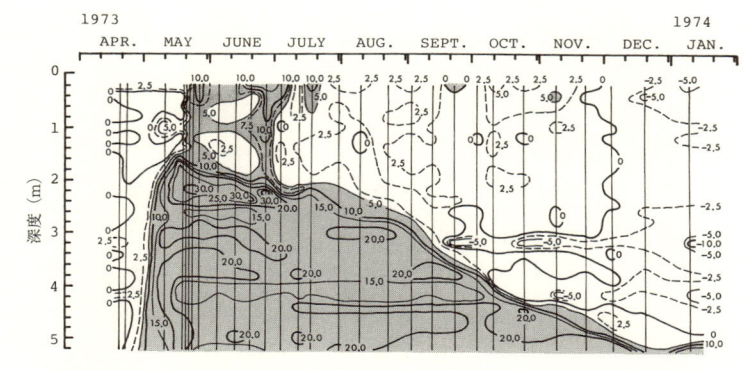

図9.4 超過保留水分の経時変化(田中, 1980). 単位は10 cm当たりの水高(mm)である. 影を付した部分は5 mm以上の超過保留水分が存在する範囲である.

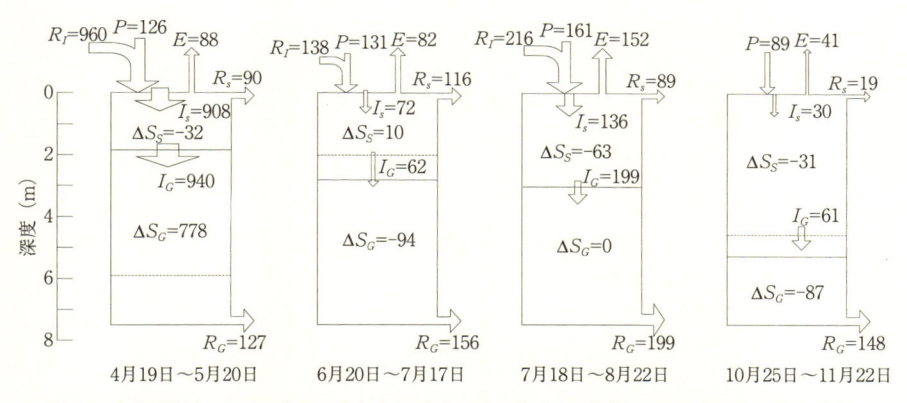

図9.5 今市扇状地における水田の水収支(田中(1978)に基づいて作成). Pは降水量, Eは蒸発散量, R_Iは灌漑水の流入量, R_Sは正味の表面流, I_Sは地表面での浸透量, I_Gは地下水涵養量, R_Gが水平方向の正味の地下水流. ΔS_SとΔS_Gは不飽和帯と飽和帯での水収支期間中の貯留量の増分であり, 単位はmmである. 期間始めの地下水位の位置を点線で, 終わりの位置を実線で示してある.

に達し,これは灌漑水の44〜98%に当たる.国内では,灌漑に用いられる水の90%以上は河川水であるが,この水は灌漑で失われるわけではなく,少し大きなスケールからみれば,一部が水蒸気に,そして大部分は地下水という異なる水体に姿を変えただけのことである.蒸発として大気に失われる量は1ヶ月当たり80〜150 mm（= 2.7〜5 mm d^{-1}）程度であり,国内の平均値としてあげられる4〜8 mm d^{-1}（金子, 1973）よりはやや少ない.

9.3 土地利用と水循環・環境：水田の影響 ● 231

このように，水田は地下水涵養に大きな影響をもつ．したがって，水田面積が減少すると，地下水位が低下する可能性が高い．たとえば，石川県の手取川扇状地では1974年から1997年の間に水田面積が20％程減少したが，扇央部の地下水位は平均的には約2m低下し，また灌漑期間に水位が上昇し，秋に低下するという季節変化の幅も小さくなっている．1965年頃から1997年にかけて水田面積が10％強減少した熊本地域でも過去20年間に上流側で約3m，下流川側で0.4m程度の地下水位の低下が認められた．熊本市では冬期間の休耕田に水を張ることで地下水の人工涵養を行う試みもなされている．このような冬期間の水田を用いた地下水の人工涵養は，秋田県の六郷扇状地でも試みられてきている(肥田，1990)．この地域では冬期に地下水位が最も低下するため，この期間に地下水による人工涵養で地下水位の低下を低減できれば市街地での用水障害が年間を通して解消される可能性が高い．扇央部の合計面積12〜19×10^3 m^2の水田に対する冬期給水実験により，概略170 mm d^{-1}の水が水田から浸透したと考えられる．扇端部の地下水利用域に位置する観測井の水位観測からは，灌漑を実施しなかった年に比べて井戸が枯渇しない，地下水位が1m程度高く維持されるなどの効果がみられた．

　一方で，水田に水があることで，地球温暖化ガスの1つであるメタン発生量が増加する可能性が指摘されている．水田からのメタン排出量は，地球全体のメタン発生量の10％ほどを占める（EPA，2006）．水を張った水田では嫌気菌が活性化するため，有機物が分解されメタンが発生しやすい．常時湛水した場合と比較すると，水を張っていない落水処理を含む水管理を行うことで，メタンの発生を50％程減らすことができるという（たとえば，八木，2004）．すなわち，地球温暖化対策という観点からは，水田に水を張らない期間を増やしたり，水田を減らす方がよいのかもしれないのである．このように，水田の影響は多岐にわたっており，ある側面だけを取り出すだけでは，水田の存在意義について一部を理解したにすぎない．

　水田の効用の一例として，水田の浄化作用をあげることができる．水田は河畔域に存在することが多く，ここは地下水の流出域（6.3.5項）にあたるため，上流からの地下水を通過させ，河川へと受け渡す場である．李ほか（2007）は，河川へ向けて上流から林地，芝畑，水田へと土地利用が変化するつくば市の台

地末端部において，ポテンシャル分布の測定により林地から水田の地下を経由して河川へと向かう地下水の流動方向を確定した．同時に測定した地下水の水質からは，硝酸イオン濃度が林地から芝地の下で高く，水田の下の浅層部では減少していることがわかった．窒素の汚染源は多岐にわたる（8.2.2項）が，ここでは林地に残された旧養豚所が主要な汚染源であり，それに芝畑での施肥の影響が現れていると考えられている．一方，水田下では土壌が嫌気的な条件になるため，脱窒作用が働きやすく，これが自然浄化を進めている可能性が高い．水田付近がホットスポット（9.4節）を形成しているのである．

9.4 都市と水循環：水循環と水質の保全

9.6節で触れるように，健全な水循環が確保，維持されるとは，必ずしも自然の水循環システムが確保されていればよいのではなく，人工の利水，治水システムが調和的に組み込まれ，全体として最適なシステム，すなわち治水，利水，親水の機能がバランスよく発揮でき，水環境が量的，質的，そして景観的に確保できている状態である．特に，都市化している流域，あるいは都市化が進行している流域では，健全な水循環を確保あるいは再生することが求められている．都市化に伴い水循環は大きく変容する．すなわち，林地，畑地，水田などが市街地化し，不浸透面・難浸透面の増加は，雨水の浸透を阻害し，地中からの蒸発散を減少させる．その結果，豪雨時には表面流出や管渠排水の増加による都市型洪水，地下水涵養量の減少や揚水量の増大による地下水位の低下とそれに伴う湧水の涸渇や塩水化，地盤沈下などが発生するようになる．一方，生活用水や工業用水などの都市用水の増加，それに伴う排水の増加が，流域内の水循環量のバランスを崩し，さらに水質の悪化をもたらしている．図9.6は末次ほか（2000），賈・吉谷（2000）が行った流域面積27 km^{2}の市街化が進行している千葉県の海老川流域の水収支の現状と市街化が単純に進行した場合の将来予測，そして改善シナリオ下での将来予測を示したものである．1993年における都市化率は約60%で，この時点での非浸透面積の割合は46.7%であった．現況の水収支（図9.6(a)）をみると，蒸発散，浸透，表面流出が年間降水量のそれぞれ約32%，23%，53%であり，自然流域と比べると浸透量が少

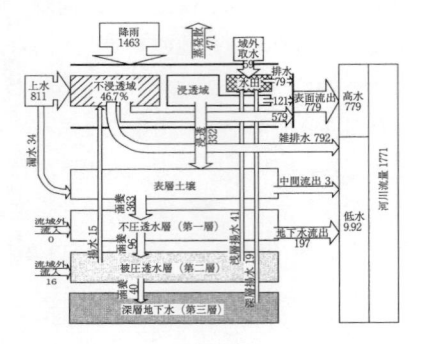

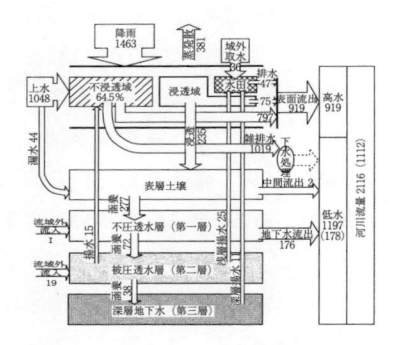

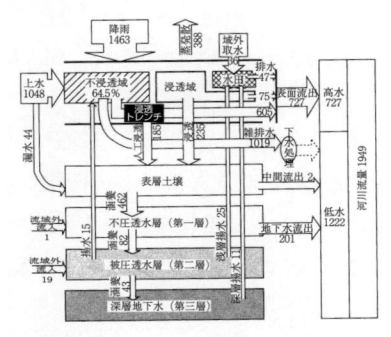

図 9.6 千葉県海老川流域の年間水収支（末次ほか，2000；賈・吉谷，2000）. 単位は mm yr^{-1}.

なく，表面流出が大きくなっている．流域への流入の 37% は人工的な導水で，特に上水道は 35% となっている．その結果，河川への雑排水量が中間流出と地下水流出の約 4 倍になっている．平常時の河川流量に占める雑排水の割合が多く，その水質が雑排水の水質に支配されていることが推察できる．都市化がさらに進み，非浸透面積の割合が 64.5% へと増加した時の水収支（図 9.6(b)）からは，さらに蒸発散，浸透，地下水の河川への流出が減少し，下水道の整備により平常時の河川流量が大幅に減少することが予測される．逆に，出水時の流量がさらに増大すると予測される．また，増加する排水は，下水処理場の設置がないと汚染物質の大きな負荷となることもうかがえる．これらの弊害を取り除き健全な水循環を取り戻すために，ここでは雨水浸透施設（浸透トレンチ）の導入を想定したシミュレーションを行っている（図 9.6(c)）．建物の屋根に降った雨水を集めて地中に浸透させることにより，出水時のピーク流量の低減，平常時の流量の増加，地下水位の回復に一定の効果が期待できる．また，雨水を浸透させるだけでなく，東京ドーム，墨田区役所の例のように一部をオンサイト（現地）で貯留し，利用する施設も普及してきている．このように雨水を利用することで，ピーク流量の低減効果だけでなく，中水や緊急用の身近な水資源としての活用が生まれ，これからさらに節水や排水負荷低減への効果も期待ができ，健全な水循環システムの構築へつながる．

前章で述べたように，水循環プロセスで，周辺との相互作用により，多くの物質を取り込み，場合によっては深刻な水質汚染問題となる．逆に，物理的，化学的，そして生物学的な作用により水質の浄化，自浄作用も受ける．

水質の保全には，増加し続けている汚濁発生負荷量を削減することが基本である．工場や事業所からの負荷の削減は，国内ではかなり達成されてきたが，家庭からの雑排水対策は十分な成果を上げていないのが現状である．面源負荷である降水に含まれる大気汚染物質や農地からの肥料などにも対処する必要がある．

人口密集地域での下水処理場，農村地域内の農業集落排水施設，個別浄化槽，工場・事業所，処分場などでの水処理施設などにより汚染物質を環境へできるだけ排出しないことが大切であるが，処理能力，処理可能物質などに限度・制限があり，できるだけ排出量を削減するために最適な施設，スケールで対応す

る必要がある．

　さらに，健全な水循環システムは，自浄作用あるいは自然浄化作用が十分に機能することも必要条件であると考えるべきで，この機能を活用することも必要である．自然浄化機能をもった場所をホットスポット（hot spot）とよんでいるが，干潟，湿地，谷地などの河畔域（ライパリアンゾーン，riparian zone），河床の河床間隙水域（ハイポレーイックゾーン，hyporehic zone）などがホットスポットとしての可能性をもっている．

9.5　地球温暖化と水循環

　流域の水循環は，森林の伐採や都市化といった流域内の環境変化のみならず，地球温暖化のようなより広いスケールの外部条件の変化にも絶えず応答しているはずである．最近の温暖化現象やさまざまな異常気象の頻発に対する関心の高まり，そしてこれらについての研究成果の蓄積に伴って気候変化が水循環に及ぼす影響もさまざまな角度から調べられるようになってきた．気候変化が大陸スケールから地球規模での現象であるのに対し，水循環の基本単位である流域のスケールは3～5オーダー程度小さい（第1章）．また，気候変化の解析や予測は主にコンピュータの性能の限界から 10^2 km スケールの水平解像度でなされる場合が多かったが，流域内の現象を考察するにはこれでは粗すぎる場合が多い．このため，流域の水循環変化の研究では，対象とする地域（流域）を限定し，その地域内で粗い地球規模の予測結果からより細かい水平解像度の予測結果をダウンスケーリングとよばれる手法で再計算させ，さらに気候変化の情報を流域の水循環の変化に翻訳するような手続きが求められる．この様な考え方に基づく研究では，GCM（4.4.4項）による温暖化時の降水量，気温などの予測結果を領域気候モデルや水文モデル（7.1.4項）への入力として利用し，得られる水文量を解析することで気候変化の水循環への影響を調べていくのである．

　たとえば，Sato et al.（2007）は気象庁気象研究所の温暖化予測結果を領域気候モデルに入力することで，遅めの経済発展，地域主義を前提とした A2 (Nakicenovic and Swart, 2000) とよばれる二酸化炭素放出量変化シナリオに

対するモンゴル国を中心とした北東アジア域での2071～2080年頃の将来予測を30 kmの水平解像度で求めている．北東アジアは，過去20年ほどの気温変化が地球上で最も顕著な地域の1つである（たとえば，Lanzante et al., 2006, Fig.3.6d）．現在の気候と比較すると，この地域の水循環で重要な温暖期の気温は全域で数℃上昇するのに対し，降水量は山岳域では年間10～20 mm程度減少，南部の乾燥地域では10 mm程度の微増が予測された．この降水量を水文モデルへの入力としてモンゴル国北東部のKherlen川流域の水循環を調べたKamimera and Lu（2008，私信）によれば，蒸発量が10 mm程度微増するのに対し，流出量や地下水を含む地中の水分量は減少するという．この程度の絶対量の変化も乾燥地域においては下に示すように特に生態系にとっては重要であるが，さらに興味深いのは水文量の変化幅に関する結果であり，降水量，流出量，蒸発量，地中水貯留量いずれも変化の幅が大きくなるという．すなわち，多いときは非常に多く，少ないときは極端に少なくなり干ばつや洪水が起きやすくなることが予測されているのである．このような地球温暖化条件下での水循環プロセスの振れ幅の増大は，地下水貯留量が非常に大きな流域を除くと地球上のさまざまな地域で同様の手法により報告されている（たとえばCaballero et al., 2007）．

　水循環の変化は地域の植生や農業にも大きな影響を及ぼすことが考えられる．たとえば，乾燥地域ではもともと少なかった降水量がさらに減少したとすると，植生が維持できなくなってしまうかもしれない．Lee（2006）は，気温，降水量，二酸化炭素濃度についての予測を炭素循環モデルの入力値として上記と同じモンゴル国で生態系の将来変化予測を行った．予測シナリオどおりの二酸化炭素濃度の増加が仮に続いたとすると，地上部，地下部ともバイオマス量が減少していき，この地域の草原がなくなってしまうという予測結果を示している（杉田，2007）．流域を越えた地球規模の現象と流域の水循環，そして生態系の変化の関係がモデルによるシミュレーションで行われるようになってきたのである．

　ところで，モデルによる予測には不確実性がついて回るのは避けられないことである．モデルには多くの場合ある仮定の上に成り立っているさまざまな推定式，そしてその中に地域の特性を表すパラメータが用いられている．複雑な

そして一般に定常状態にない地球システムにおいては，数式を単純化するために置く仮定や定常条件を当てはめることに限界があるのは当然であり，必然的に得られる予測にも精度の限界があることもまた当然である．予測結果を何らかの目的に利用する場合には，その限界を知っていることが大事である．また，結果を提示する者は，その限界も含めて説明することが重要である．

モデルに頼らずにデータに基づき気候変化と水循環変化の関係を探る研究もなされている．気候温暖化は最近数十年に加速されてきた現象と考えられ，地域と対象を限定すると測定データに基づいて議論を行うことができる．たとえば，Brutsaert and Sugita（2008）は上記モンゴル国 Kherlen 川流域（3 流量観測所における流域面積が $7 \times 10^3 \sim 7 \times 10^4$ km^2）の年平均流量と最小流量の過去 60 年ほどの変化を調べた．平均流量の解析からは河川流量の平均的な状態の変化がわかるのに対し，最小流量の成分には降雨の直接的な寄与がほとんどないため，これを調べることで流域の地下水貯留量の年々変化を調べることができるのである．ここでは，河川と地下水が独立しているわけではなく，流域内で水循環システムを構成しているひとつながりの水体であるということ（第 1 章，第 7 章）が利用されている．彼らの結果からは，地下水貯留量の短期間の増加傾向あるいは減少傾向は認められるものの，50 年全期間を通じてみると統計的に有意な減少も増加もしていないことが明らかになった．この結果は，東アジアでの最近 40 年程度の降水量の変化傾向を調べた Yatagai and Yasunari（1994）や Endo et al.（2006）の結果とも矛盾しない．たとえば，Yatagai and Yasunari（1994）は東アジア全体では年降水量が 2.5 mm yr^{-1} 以上といった顕著な増加傾向を示す地域（たとえば中国南東部）が存在するものの，モンゴル国周辺は有意な変化がみられない地域であることを示した．蒸発量に関しては，長期の実測値が存在しないので直接的な議論はできないが，可能蒸発量との相関の高いパン蒸発量（4.3 節）の中国周辺での 1955 ～ 2000 年の長期変化傾向を調べた Liu et al.（2004）によると，中国各地では平均すると 3 mm yr^{-1} 程度の減少傾向にあるのに対し，内モンゴル東部は最も低い減少傾向を示し，おおむね 1 mm^{-1} 以下であった．より広い地域を解析した Peterson et al.（1995）や Golubev et al.（2001）によると，増減傾向の非常に小さいこのモンゴル国周辺の地域はカザフスタンやロシアの中央アジア地域にまで伸び

ているという.これらの結果から,モンゴル国を中心とした北東アジア地域では,過去50年程度に気温の顕著な増加傾向があるにもかかわらず,水循環の諸プロセスには大きな変化が生じていないことがわかった.この原因は必ずしも明らかではないが,チベット高原による安定した大気の加熱効果とこれに伴う北東アジアから中央アジア地域での下降流がもたらす安定した乾燥状態(Sato and Kimura, 2005)が影響を及ぼしているのかもしれない.

　世界的にみると,降水量は全球的には増加傾向にあるのに対し,パン蒸発量は合衆国西部,東部,旧ソビエト連邦内のヨーロッパ,中央アジア,シベリアで有意な減少傾向にあることが示されている(Peterson et al., 1995).このうちで,ヨーロッパと北米では河川流量の増加傾向との間に有意な相関があるという.パン蒸発量が見かけの可能蒸発量(4.4.1項)に相当すると考えると,パン蒸発量が減少することは実際の蒸発量は逆に増加することを意味すると考えることができる(Brutsaert and Parlange, 1998).これを補完関係(complementary relationship, Bouchet, 1963)とよぶ.実際の蒸発量 E が何らかの原因で減少すると,蒸発に使われるはずだった潜熱(2.2.3項)が余る.これが顕熱として大気を加熱するのに使われると仮定すると,気温が上昇し見かけの可能蒸発量 E_p は蒸発量とは逆に増加することになるのである.これを式で表すと

$$E + E_p = 2E_{po} \qquad (9.3)$$

となる(図9.7).E_{po} は土壌が十分湿っているときの(真の)可能蒸発量である.結局,地球温暖化の水循環への影響は,地域により異なり,降水量,蒸発量,流出量とも増加している地域,あまり変化がない地域などに分かれるようである.地球温暖化による水循環の変化は,災害,農業などに密接に影響を与える可能性があるため,今後モデルによる将来予測と合わせた慎重なデータの解析が求められる.国内では過去30年程度の間の多くの地点でパン蒸発量の増加傾向が示された(浅沼ほか,2004).森(2000)は木曽三川(木曽川,長良川,揖斐川)を対象に降水量,蒸発散量,河川流量の長期変化を調べた(図9.8).観測値が揃う1950年以降についてみてみると,気温の明白な上昇,降水量の

図 9.7 補完関係を示す模式図.

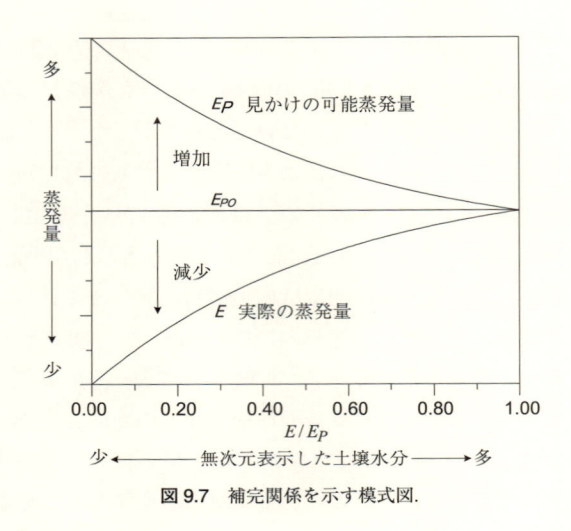

増減，そして河川流量の減少傾向が現れている．蒸発散量は気温の関数として与えられるソーンスウェイト法で推定されているため，気温と同傾向である．ソーンスウエイト法は見かけの可能蒸発量を評価する方法なので，式 (9.3) からは，**図 9.8(b)** のソーンスウェイト法での蒸発散量の増加傾向は実蒸発量の減少傾向と考えることができる．変化が比較的単調な 1972 年以降をみてみると降水量は 1996 年までに 400 mm 近く減少を示している．この期間にソーンスウエイトの蒸発散量は 50 mm 程度の増加，低水流量は 90 mm 程度の減少である．一方で，関東平野最上流部の過去 50 年程度の期間を対象とした河川流量解析 (Sugita and Brutsaert, 2009) からは，地下水貯留量や年平均河川流量に有意な増減傾向は認められなかった．日本のような複雑な地形条件では，土地利用変化も存在するため地域差が大きいということなのかもしれない．

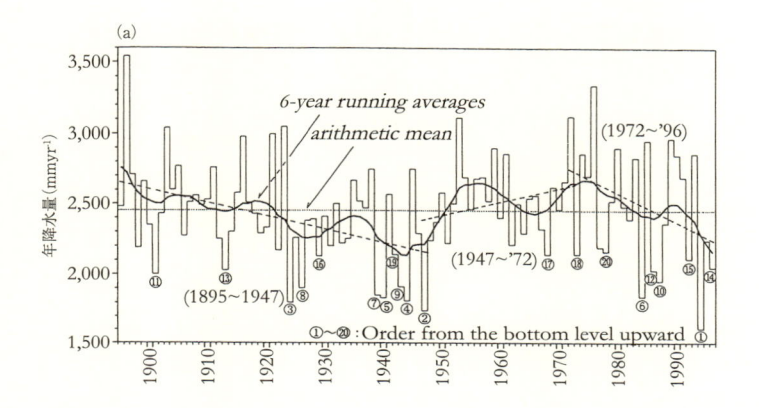

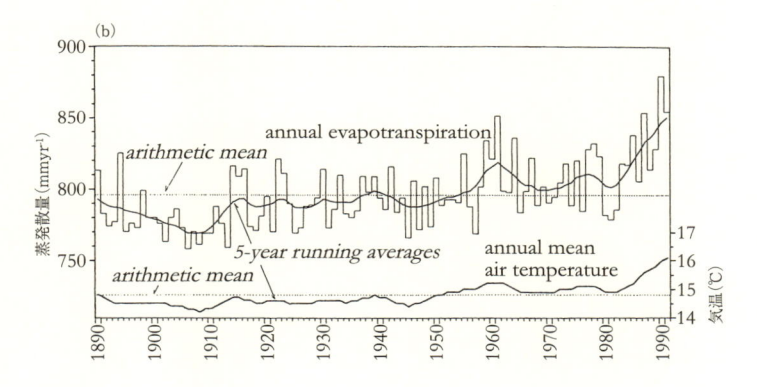

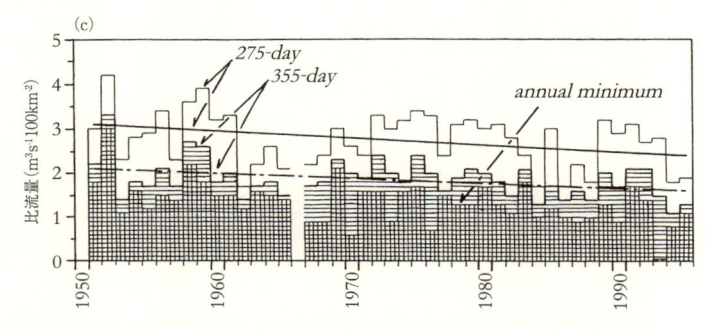

図 9.8 木曽三川における水文量の経年変化. (a) 3 河川流域の流域平均年降水量. ○で囲った数字は既往最小値からの 20 位までの順位である. (b) 津地方気象台における年平均気温とソーンスウェイト法 (4.4.1 項) により推定された年蒸発散量. (c) 木曽川犬山流量観測所における年最小流量, 低水流量 (275-day), 渇水流量 (355-day) (7.2.1 項) の経年変化 (森, 2000).

9.6　流域水循環システムの解明－統合的流域管理に向けて－

　環境庁（現環境省）は1997年に『流域の健全な水循環の確保に向けて－中間まとめ－』を取りまとめ，これを公表した．この中間まとめにおいて，健全な水循環とは「自然の水循環がもたらす恩恵が基本的に損なわれていない状態」と定義し，この健全な水循環を確保するためには，1）水循環という総合的な視点の導入，2）地形・地質等の自然条件や土地利用等の社会的条件の地域特性を踏まえた流域を単位とした検討が必要であり，これらを前提として，3）総合的に水循環を診断・評価し，水循環系を回復するためのマスタープランを作成することにより効率的に施策を展開していく必要があるとしている．そして，水循環の診断・評価からマスタープラン策定に至る流れを図9.9のように示している．ここに示されているマスタープランの策定や施策の展開にあたっては，流域の水循環システムの実態を科学的に評価・検討することが基本的に必要となる．

　流域における水循環が健全であるかどうかを考える場合，まず自然の水循環系の確保からみた診断（diagnosis）と評価（evaluation）を行う．これは，水循環は対象流域の自然的・社会的条件の影響を受けて，流域ごとに循環機構が異なるからである．すなわち，水循環の診断・評価とは，対象流域の水循環機構の実態を把握し，自然の水循環においてさまざまな形で発生している障害の種類や程度を明らかにし，その原因を究明することである．また，今後予想される状況を踏まえて，必要となる対策（countermeasure）を検討することである．流域水循環の診断・評価にあたっては，水循環機構の解明に加え，9.1節で記した改正河川法にみられるように，健全なる生態系の維持を確保するために，水質，水辺環境，生態系等についての指標化をはかり、量・質・生態の3者の観点からこれを総合的に進める必要がある。こうした総合的な診断・評価を踏まえ，環境保全を効果的に図るためには，地域に即したマスタープランを策定し，そのための施策を体系的に推進しなければならない．

　水循環の基本単位となる流域界は，多くの場合行政界とは一致しない．これは，越境流域（transboundary watershed あるいは transboundary basin）とよばれ，国連やUNESCOが中心となって大陸の国際河川流域を対象として，流域単位の観点からその対応を推進しているところである．その代表的なもの

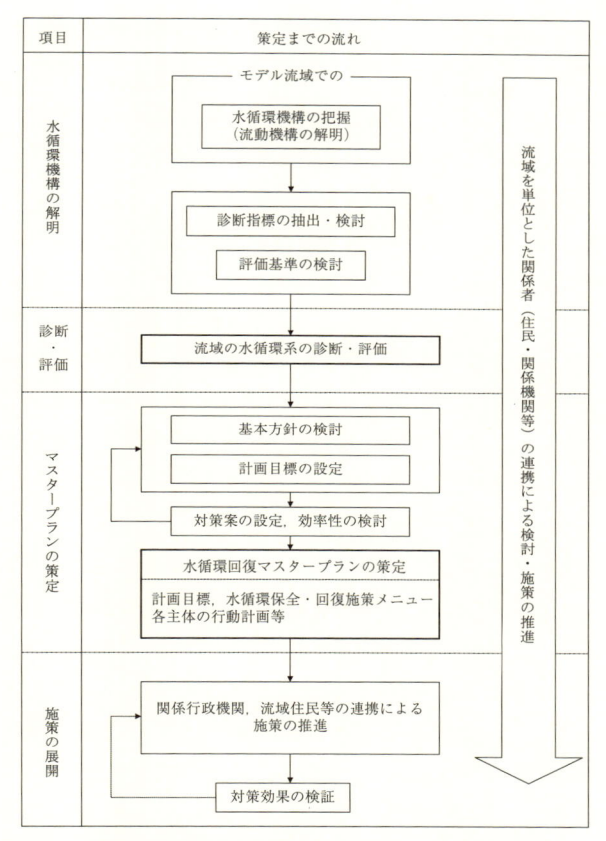

図 9.9 流域水循環の診断・評価からマスタープランに至るフローチャート（環境庁，1997）．

として，メコン川委員会があげられる．メコン川は中国のチベット高原に水源を発し，中国、ミャンマー、タイ、ラオス、ベトナム、カンボジアの6ヶ国を流れる東南アジア最大の国際河川であり，代表的な越境流域を形成している．このため，メコン川下流のタイ、ラオス、ベトナム、カンボジアの4ヶ国は，1995年に「メコン川流域の持続可能な開発のための協定」に調印し，政府間組織であるメコン川委員会を発足させた．この協定は，水力発電，航行，洪水対策，農業，環境保全などの分野において，流域の水資源と関連資源の持続可

能な開発，利用，管理，保全における流域諸国間の協力を目的とするものであり，水資源の利用に関しては，メコン川流域外への転流を含めて，事前通告もしくは事前協議を義務付けている（蔵治，2008）．流域を基本単位とした健全な水循環の維持・回復にあたっては，国際的には関係する政府間，国内的には関係市町村との連携を強化する必要がある．

地下水流動を含めた流域の水循環は，対象流域の地形・地質・気候・植生等の自然的要因と，地下水利用に伴う揚水，土地利用といった人工的要因とによって動的に変化する．したがって，流域の水循環システムを明らかにし，水環境の保全を図っていくためには，対象流域の自然的要因と人工的要因に関する情報の集積が必要であり，これらをデータベース化する必要がある．そして，これらの情報を公開するとともに，住民と行政との連携のあり方やそれぞれの役割分担についてのしくみを流域単位で整備することも，これからの水環境保全の推進にあたって考慮すべきことである．

国連食糧農業機関（FAO，2003）は，イタリアのSassariで「次世代の流域管理に備えて」をテーマとした地域会議を開催し，「統合的流域管理：未来の水資源のために」(Integrated Watershed Management: Water Resources for the Future) をサッサリ宣言として採択した．このサッサリ宣言のキーワードは，統合的流域管理（integrated watershed management），人材育成（capacity building），合意形成（governance）である．また，2005年にはカルダー（2008）の *Blue Revolution 2nd Edition-Integrated Land and Water Resources Management* が出版されている．UNESCOは2008年6月にパリの本部で，"River Basins-from Hydrological Science to Water Management"と題した第9回Kovacsコロキウムを開催した．このコロキウムでも統合的流域管理に関する発表が多くなされ，今日における流域水文学の関心が，科学（science）とともにそれを基礎とした流域管理（watershed management）へ移りつつある傾向がみられる．

流域を基本単位とした水循環の研究は今後，科学的調査・研究，人材育成，合意形成を統合化し，意思決定（decision making）に至る統合的流域管理の方向に進むものと考えられる．これからの水文科学は，そのための方法論の確立と他分野科学との連携を強化する必要があろう．

参考文献

浅井和由 (2001):『丘陵地源流域における降雨流出過程にともなう水素・酸素同位体比の変化に関する研究』. 愛知教育大学大学院教育学研究科理科教育専攻修士論文, 113p.

浅沼 順・玉川一郎・檜山哲哉・松島 大 (2003a): 航空機を用いた大気－地表面相互作用の観測―その特徴と歴史, そして成果―. 水文・水資源学会誌, **16**, 183-192.

浅沼 順・小林昭規・早川典生 (2003b): 航空機を用いた非一様地表面からの顕熱・潜熱フラックスの定量化にまつわる諸問題について―FIFEにおける航空機観測データの再評価―. 水文・水資源学会誌, **16**, 101-112.

浅沼 順・上米良秀行・陸 旻皎 (2004): 我が国におけるパン蒸発量の長期変動と水循環変動との関わり. 天気, **51**, 667-678.

阿部謙夫 (1933):『水文学』. 岩波講座地質学及び古生物学／地理学, 第23回配本, 岩波書店, 70p.

新井 正 (1994):『水環境調査の基礎 改訂版』. 古今書院, 176p.

新井 正 (2004):『地域分析のための熱・水収支水文学』. 古今書院, 309p.

荒巻 孚・高山茂美 (1968): 河川.『陸水』(山本荘毅編). 共立出版, 119-180.

アンドリューズ, J.・プリンブルコム, P.・ジッケルズ, T.・リス, P. (1997):『地球環境化学入門』(渡辺 正訳). シュプリンガー・フェアラーク東京, 260p.

李 盛源・保坂亜紀子・田瀬則雄・深見和彦 (2007): 筑波台地緩斜面における硝酸性窒素の挙動と消失場の同定. 第13回地下水・土壌汚染とその防止対策に関する研究集会講演集, 15-20.

池渕周一・椎葉充晴・宝 馨・立川康人 (2006):『エース水文学』. 朝倉書店, 216p.

上野健三 (2001): 降水量. 気象研究ノート, 199号, 153-164.

上野益三 (1977):『陸水学史』. 培風館, 367p.

内田太郎・小杉賢一朗・水山高久 (2002): 谷頭凹地におけるパイプ流の流出機構: 京都大学芦生演習林内トヒノ谷流域におけるパイプ流量, 水温, 土壌間隙水圧の観測. 地形, **23**, 627-645.

及川 修 (1977): 斜面に生育するヒノキ林の土と有機物の地表面移動量. 日本林学会誌, **59**, 153-158.

岡 泰道 (2001): 雨水浸透解析.『21世紀の地下水管理 雨水浸透・地下水涵養』(日本地下水学会編). 理工図書, 37-49.

オーク, T.R. (1981):『境界層の気候』(斎藤直輔・新田尚訳). 朝倉書店, 324p.(原著には第2版 (1987) あり.)

太田猛彦 (1988): 森林山腹斜面における雨水の流出について. 水文・水資源学会誌, **1**, 75-82.

太田猛彦 (1992): 森林斜面における雨水移動の実態.『森林水文学』(塚本良則編). 文永堂出版, 125-157.

小倉義光 (1999):『一般気象学 第2版』. 東京大学出版会, 308p.

小野寺真一 (1996): 熱帯半乾燥地域の水文地形.『水文地形学』(恩田裕一・奥西一夫・飯田智之・辻村真貴編), 古今書院, 226-236.

小野寺真一・辻村真貴 (2001): シンポジウム「山地流域の降雨流出過程と山体地下水」. 日本水文科

学会誌，**31**，17-18．

恩田裕一（2007）：草原の水文地形．『草原の科学への招待』（中村 徹編）．筑波大学出版会，55-66．

恩田裕一・小松陽介（2001）：ハイドログラフの比較による遅れた流出ピークと山体地下水の関連．日本水文科学会誌，31，49-58．

恩田裕一・奥西一夫・飯田智之・辻村真貴編（1996）：『水文地形学—山地の水循環と地形変化の相互作用』．古今書院，267p．

金子 良（1973）：『農業水文学』．共立出版，286p．

榧根 勇（1973）：『水の循環』．共立出版，230p．

榧根 勇（1980）：『水文学』．大明堂，272p．

榧根 勇（1981）：地下水涵養と不飽和流．土と基礎，**29**，67-75．

榧根 勇（1988）：自然界における水循環．オペレーションズ・リサーチ，No. 444，7-10．

榧根 勇（1989）：水循環と水収支の研究の現状．気象研究ノート，167号，1-20．

榧根 勇（1991）：『実例による新しい地下水調査法』．山海堂，171p．

榧根 勇・田中 正・嶋田 純（1980）：環境トリチウムで追跡した関東ローム層中の土壌水の移動．地理学評論，**53**，225-237．

川端 博（1982）：湖中への地下水浸透について．環境科学研究報告集，B162-S704，29-36．

カルダー，I.（2008）：『水の革命—森林・食糧生産・流域圏の統合的管理—』（蔵治光一郎・林裕美子監訳）．築地書館，269p．

環境庁（1994）：『環境基本計画』．環境庁，159p．

環境庁（1997）：『流域の健全な水循環の確保に向けて—中間まとめ—』．環境庁水質保全局，26p．

環境庁（1998）：『健全な水循環の確保に向けて—豊かな恩恵を永続的なものとするために—』．健全な水循環の確保に関する懇談会報告，環境庁水質保全局，71p．

清野嘉之（1988）：ヒノキ人工林の下層植物群落の被度・種数の動態に影響を及ぼす要因の解析．日本林学会誌，**70**，455-460．

蔵治光一郎編（2008）：『水をめぐるガバナンス—日本，アジア，中東，ヨーロッパの現場から』．東信堂，208p．

蔵治光一郎・田中延亮（2003）：世界の熱帯林における樹冠遮断研究．日本林学会誌，**85**，18-28．

蔵治光一郎・保屋野初子（2004）：『緑のダム—森林・河川・水循環・防災』．築地書館，260p．

蔵治光一郎・田中延亮・白木克繁・唐鎌 勇・太田猛彦（1997）：風速がスギ，ヒノキ壮齢林の樹幹流下量に及ぼす影響．日本林学会誌，**79**，215-221．

国土庁（1999）：『平成11年版 日本の水資源』．国土庁長官官房水資源部，452p．

国土交通省（2008）：『平成20年版 日本の水資源』．国土交通省土地・水資源局水資源部，317p．

小杉賢一朗（2004）：森が水をためる仕組み—「緑のダム」の科学的評価の試み．『緑のダム—森林・河川・水循環・防災』（蔵治光一郎・保屋野初子編）．築地書館，36-55．

小林正雄（1992）：和迩（わに）川デルタからの琵琶湖への地下水の漏出．地下水学会誌，**34**，67-80．

小林正雄（1993a）：琵琶湖へ漏出する地下水の挙動(I)—水質分布からみた地下水の漏出パターン—．陸水学雑誌，**54**，11-25．

小林正雄（1993b）：琵琶湖へ漏出する地下水の挙動(II)—湖岸地下水のポテンシャル分布—．陸水学雑誌，**54**，27-38．

近藤昭彦（1985）：環境トリチウムによって明らかにされた市原地域の地下水流動系．地理学評論，

58, 168-179.
近藤純正 (1989)：平衡蒸発量と地表面蒸発．水文・水資源学会誌，**2**, 25-32.
近藤純正 (1994a)：地表面付近の風と乱流．『水環境の気象学 —地表面の水収支・熱収支—』（近藤純正編著），朝倉書店，93-127.
近藤純正 (1994b)：水面の熱収支．『水環境の気象学 —地表面の水収支・熱収支—』（近藤純正編著），朝倉書店，160-184.
近藤純正 (1997)：日本の水文気象(5)：ポテンシャル蒸発量と気候湿潤度．水文・水資源学会誌，**10**, 450-457.
近藤純正 (2000)：『地表面に近い大気の科学．理解と応用』．東京大学出版会，324p.
近藤純正・徐 健青 (1997)：ポテンシャル蒸発量の定義と気候湿潤度．天気，**44**, 875-883.
近藤純正・仲村 亘・山崎 剛 (1991)：日射量および下向き大気放射量の推定．天気，**38**, 41-48.
西条八束・三田村緒佐武 (1995)：『新編湖沼調査法』．講談社，230p.
佐藤邦明 (1984)：ダルシーの法則の原典紹介．土と基礎，**32**, 39-42.
佐藤芳徳 (1989)：湖沼の水収支．気象研究ノート，No. 167, 387-395.
佐藤 正・村上与助・村井 宏・関川慶二郎 (1956)：新しい型の山地浸透計による測定成績（第1報）．林業試験場研究報告，No. 83, 39-64.
佐藤嘉展・大槻恭一・小川 滋 (2002)：マテバシイ林における年間樹冠遮断量の推定．九州大学農学部演習林報告，**83**, 15-29.
嶋田 純 (2001)：環境同位体と地下水涵養．『雨水浸透・地下水涵養』（日本地下水学会編）．65-73.
志水俊夫 (1999a)：浸透能（現地測定法）．『森林立地調査法』（森林立地調査法編集委員会編）．博友社，163-164.
志水俊夫 (1999b)：表面流・中間流出・パイプフロー．『森林立地調査法』（森林立地調査法編集委員会編）．博友社，174-175.
新保明彦 (2001a)：レーダー・アメダス解析雨量(I)．天気，**48**, 579-583.
新保明彦 (2001b)：レーダー・アメダス解析雨量(II)．天気，**48**, 777-784.
賈 仰文・吉谷純一 (2000)：WEPモデルによる都市循環系の予測．雨水技術資料，No. 38, 39-44
ジュリー，W.・ホートン，R. (2006)：『土壌物理学 土中の水・熱・ガス・化学物質移動の基礎と応用』（取手信夫監訳）．築地書館，377p.
末次忠司・河原能久・賈 仰文・倪 广恒 (2000)：都市河川流域における水・熱循環の統合モデルの開発．土木研究所資料，No. 3713, 75p.
菅原正巳 (1972)：『流出解析法』．共立出版，257p.
菅原正巳 (1979)：『続・流出解析法』．共立出版，269p.
杉田倫明 (2007)：土地利用が水循環を変える：植生と水循環(2) 森林と草原の蒸発散のちがい．『地球環境学—地球環境を調査・分析・診断するための30章．地球学シリーズ1』（松岡憲知・田中博・杉田倫明・村山祐司・手塚 章・恩田裕一編）．古今書院，42-43.
鈴木宜直 (1996)：雨量計，雪量計．気象研究ノート，185号，53-64.
鈴木秀和・田瀬則雄 (2006)：浅間山における湧水の水質形成機構．日本水文科学会学術大会発表要旨集，**21**, 67-70.
鈴木雅一・加藤博之・谷 誠・福嶌義宏 (1979)：桐生試験地における樹幹通過雨量，樹幹流下量，遮断量の研究 (I)樹幹通過雨量と樹幹流下量について．日本林学会誌，**61**, 202-210.

高橋　裕編（1978）:『河川水文学』．共立出版，218p.
高橋　裕（1990）:『河川工学』．東京大学出版会，311p.
高山茂美（1974）:『河川地形』．共立出版，304p.
多賀光彦・那須淑子（1994）:『地球の化学と環境』．三共出版，216p.
竹下敬司（1996）: 植生，土壌，水と地形変形プロセスの制御．『水文地形学―山地の水循環と地形変化の相互作用―』（恩田裕一・奥西一夫・飯田智之・辻村真貴編）．古今書院，151-163.
武田育郎（2001）:『水と水質環境の基礎知識』．オーム社，198p.
田瀬則雄（1989）: 遮断．気象研究ノート，167号，249-257.
田瀬則雄（1997）: 水環境における安定同位体比の変動とその支配要因．水環境学会誌，**20**，285-291.
田瀬則雄（2003a）: 水文学における環境同位体の利用．化学工学，**67**，97-99.
田瀬則雄（2003b）: 世界最大の地下水資源．『アメリカ大平原―食糧基地の形成と持続性―』（矢ヶ崎典隆・斎藤　功・菅野峰明編）．古今書院，36-46.
田瀬則雄（2006）: 硝酸性窒素による地下水汚染．地下水技術，**48**，31-44.
田瀬則雄・井岡聖一郎（2006）: 水文地質と地下水・土壌汚染．『地下水・土壌汚染の基礎から応用　汚染物質の動態と調査・対策技術』（日本地下水学会編）．理工図書，27-39.
田瀬則雄（2007）: 人間活動が水質を変える: 水質形成と汚染．『地球環境学』（松岡憲知・田中　博・杉田倫明・村山祐司・手塚　章・恩田裕一編）．古今書院，45-49.
立川康人（2006）: 蒸発散．『エース　水文学』（池淵周一・宝　馨・椎葉充晴・立川康人著）．朝倉書店，第4章，43-66.
田中賢治・坪木和久・椎葉充晴・池淵周一（2003）: JSM-SiBUCを用いた梅雨前線の数値計算を通じた外部境界データの評価．土木学会水工学論文集，**47**，85-90.
田中　正（1978）: 今市扇状地における不飽和帯の水収支．『日本の水収支』（市川正巳・榧根　勇編）．古今書院，114-133.
田中　正（1980）: 今市扇状地における関東ローム層の水分特性と比産出率．地理学評論，**53**，646-665.
田中　正（1990）: 不飽和帯の水．『水文学』（市川正巳編）．朝倉書店，131-161.
田中　正（1996）: 降雨流出過程．『水文地形学』（恩田裕一・奥西一夫・飯田智之・辻村真貴編）．古今書院，56-66.
田中　正（1998）: 地下水の自然涵養量．雨水技術資料，No. 28，41-50.
田中延亮・蔵治光一郎・白木克繁・鈴木祐紀・鈴木雅一・太田猛彦・鈴木　誠（2005）: 袋山沢試験流域のスギ・ヒノキ壮齢林における樹冠通過雨量，樹幹流下量，樹冠遮断量．東京大学農学部演習林報告，**113**，197-240.
谷　一郎（1967）:『流れ学　第3版』．岩波全書．岩波書店，268p.
田淵俊夫（2006）: 部分流（フィンガー流）の発見とその背景．土壌の物理性，**103**，113-118.
中央環境審議会（1999）:『環境保全上健全な水循環に関する基本認識及び施策の展開について（意見具申）』．中央環境審議会水質部会・地盤沈下部会，34p.
塚本　修・文字信貴・伊藤芳樹（2001）: 乱流変動法による運動量・顕熱・潜熱（水蒸気）のフラックス測定．塚本　修・文字信貴編『地表面フラックス測定法』，気象研究ノート，199号，19-56.
塚本良則編（1992）:『森林水文学』．文永堂出版，319p.
辻村真貴（2007）: 土地利用が水循環を変える: 植生と水循環(1) 森林と草原の流出のちがい．『地球環境学―地球環境を調査・分析・診断するための30章．地球学シリーズ1』（松岡憲知・田中　博・

杉田倫明・村山祐司・手塚 章・恩田裕一編). 古今書院, 41-42.
辻村真貴・恩田裕一 (1996): 浸透能と降下浸透の測定. 『水文地形学—山地の水循環と地形変化の相互作用—』(恩田裕一・奥西一夫・飯田智之・辻村真貴編). 古今書院, 24-33.
辻村真貴・田中 正 (1996): 環境同位体を用いた降雨流出の研究. 『水文地形学』(恩田裕一・奥西一夫・飯田智之・辻村真貴編). 古今書院, 79-91.
辻村真貴・田中 正・島野安雄 (1991): 川上試験流域における浸潤能と浸潤後の水の流動経路について. 筑波大学農林技術センター演習林報告, No. 7, 137-161.
辻村真貴・恩田裕一・原田大路 (2006): 荒廃したヒノキ林における降雨流出に及ぼすホートン地表流の影響. 水文・水資源学会誌, **19**, 17-24.
鶴巻道二・小林道雄 (1989): 湖沼と地下水—琵琶湖における調査・研究を中心として—. 地学雑誌, **98**, 139-163.
寺嶋智巳 (1996): パイピングと土砂生産. 『水文地形学』恩田裕一・奥西一夫・飯田智之・辻村真貴編). 古今書院, 119-131.
土壌標準分析測定法委員会編 (1986):『土壌標準分析・測定法』. 博友社, 354p.
土壌物理研究会編 (1974):『土壌物理用語辞典』. 養賢堂, 205p.
土木学会 (1999):『水理公式集 平成11年版』. 丸善, 1713p.
中澤哲夫 (1994): 季節内変動 (30-60日振動). 天気, **41**, 39-44.
中野秀章 (1976):『森林水文学』. 共立出版, 228p.
日本地下水学会編 (2000):『地下水水質の基礎』. 理工図書, 189p.
日本陸水学会 (2006):『陸水の事典』. 講談社, 578p.
樋口政男 (1978): 不飽和帯における水の挙動. 筑波大学学位論文, 160p.
肥田 登 (1990):『扇状地の地下水管理』. 古今書院, 263p.
日野幹雄・太田猛彦・砂田憲吾・渡辺邦夫 (1989):『洪水の数値予報—その第一歩—』. 森北出版, 252p.
平田重夫 (1971): 本郷台, 白山における不圧地下水の涵養機構. 地理学評論, **44**, 14-46.
ヒレル, D. (2001a):『環境土壌物理学—耕地生産力の向上と地球環境の保全—I 土と水の物理学』(岩田進午・内嶋善兵衛監訳). 農林統計協会, 318p.
ヒレル, D. (2001b):『環境土壌物理学—耕地生産力の向上と地球環境の保全—II 耕地の土壌物理』(岩田進午・内嶋善兵衛監訳). 農林統計協会, 300p.
ヒレル, D. (2001c):『環境土壌物理学—耕地生産力の向上と地球環境の保全—III 環境問題への土壌物理学の応用』(岩田進午・内嶋善兵衛監訳). 農林統計協会, 322p.
ビスワス, A.K. (1979):『水の文化史』(高橋 裕・早川正子訳). 文一総合出版, 404+vii p.
前田 真・嶋田 純・田中 正・楳根 勇 (1986): 豪雨時における関東ローム層の水収支. ハイドロロジー (日本水文科学会誌), **16**, 1-8.
間瀬 茂・武田 純 (2001):『空間データモデリング:空間統計学の応用』. 共立出版, 183p.
町田 貞 (1984):『地形学』. 大明堂, 404p.
松尾禎士 (1989):『地球化学』. 講談社, 266p.
三野 徹 (1979): 土の保水. 『土の物理学』(土壌物理研究会編). 森北出版, 199-238.
水山高久・内田太郎 (2002): 特集「山地斜面におけるパイプ流の実態と斜面崩壊, 地形変化に及ぼす影響」によせて. 地形, **23**, 507-509.

宮崎　毅（2000）：『環境地水学』．東京大学出版会，196p.
宮沢哲男（1976）：豪雨直後の地下水位急上昇について．愛知大学文学会文学論叢開学三十年記念特輯号，585-606.
村井　宏（1970）：森林植生による降水のしゃ断についての研究．林業試験場研究報告，No. 232, 25-64.
村井　宏・岩崎勇作（1975）：林地の水および土壌保全機能に関する研究（第1報）―森林状態の差異が地表流下，浸透および侵食に及ぼす影響―．林業試験場研究報告，No. 274, 23-84.
村岡浩爾・細見正明（1981）：霞ヶ浦沿岸地下水の挙動と水質．国立公害環境研究所報告，No. 20, 69-102.
村上茂樹（1999）：林内雨量，樹幹流下量，樹冠遮断量．『森林立地調査法』（森林立地調査法編集委員会編）．博友社，160-162.
虫明功臣・高橋　裕・安藤義久（1981）：日本の山地河川の流況に及ぼす地質の効果．土木学会論文報告集，**309**, 51-62.
森　和紀（2000）：地球温暖化と陸水環境の変化―とくに河川の水文特性への影響を中心に―．陸水学雑誌，**61**, 51-58.
文部科学省・経済産業省・気象庁・環境省（2007）：『IPPC第4次評価報告書統合報告書政策者向け要約（仮訳）』．http://www.env.go.jp/earth/ipcc/4th/interim-j.pdf，24p.（原文は http://www.ipcc.ch/pdf/assessment-report/ar4/syr/ar4_syr_spm.pdf から閲覧可能）
文字信貴（2003）：『植物と微気象―群落大気の乱れとフラックス―』．大阪公立大学共同出版会，140p.
八木一行（2004）：大気メタンの動態と水田からのメタン発生．『農業生態系における炭素と窒素の循環』，農業環境研究叢書，第15号，農業環境技術研究所，23-50.
安成哲三（1992）：モンスーン／大気・海洋結合系（MAOS）の準2年振動．気象研究ノート，176号，51-62.
山本荘毅編（1968）：『陸水』．共立出版，347p.
山本荘毅・高橋　裕（1987）：『図説水文学』．共立出版，221p.
八幡敏雄（1975）：『土壌の物理』．東京大学出版会，181p.
湯川典子・恩田裕一（1995）：ヒノキ林において下層植生が土壌の浸透能に及ぼす影響(I)―散水型浸透計による野外実験―．日本林学会誌，**77**, 224-231.
吉村信吉（1942）：『地下水』．河出書房，258p.
予報部予報課（1995）：レーダー・アメダス解析雨量の解析手法と精度．測候時報，**62**, 279-339.
渡辺邦夫（1992）：古墳土構造に見る不飽和浸透流制御．土と基礎，**40**, 19-24.
Adam, K.M., Bloomsburg, G.L. and Corey, A.T. (1969): Diffusion of trapped gas from porous media. *Water Resour. Res.*, **5**, 840-849.
Andersen, L.J. and Sevel, T. (1974): Sixyears' environmental tritium profiles in the unsaturated and saturated zones, Gronhoj, Denmark. *Isotope Technique in Groundwater Hydrology Vol. 1*, IAEA, 3-20.
Aoki, M., Chimura, T., Ishii, K., Kaihotsu, I., Kurauchi, T., Musiake, K., Nakaegawa, T., Ohte, N., Panya, P., Semmer, S., Sugita, M., Tanaka, K., Tsukamoto, O. and Yasunari, T. (1998): Evaluation of surface fluxes over a paddy field in tropical environment : Some findings from preliminary observation of GAME. 水文・水資源学会誌，**11**, 39-60.

Asanuma, J. and Brutsaert, W. (1999): Turbulence variance characteristics of temperature and humidity in the unstable atmospheric surface layer above a variable pine forest. *Water Resour. Res.*, **35**, 515-521.

Asanuma, J., Dias, N.L., Kustas, W.P. and Brustsaert, W. (2000): Observations of neutral profiles of wind speed and specific humidity above a gently rolling landsurface. *J. Met. Soc. Jpn*, **78**, 719-730.

Asanuma, J., Tamagawa, I., Ishikawa, H., Ma, Y., Hayashi, T., Qi, Y. and Wang, J. (2007): Spectral similarity between scalars at very low frequencies in the unstable atmospheric surface layer over the Tibetan plateau. *Bound.-Layer Met.*, **122**, 85-103.

Aston, A.R. (1979): Rainfall interception by eight small trees. *J. Hydrol.*, **42**, 383-396.

August, E.F. (1828): Ueber die Berechnung der Expansivkraft des Wasserdunstes. *Ann. Phys. Chem.*, **13**, 122-137.

Back W., Baedecjer M.J. and Wood W.W. (1993): Scales in chemical hydrogeology: a historical perspective. In *Regional Ground-Water Quality* (Alley, W.M. ed.), Van Nortrand Reinhold, 111-129.

Baldocchi, D., Falge, E., Lianhong, G., Olson, R., Hollinger, D., Running, S., Anthoni, P., Bernhofer, C., Davis, K., Evans, R., Fuentes, J., Goldstein, A., Katul, G., Law, B., Lee, X., Malhi, Y., Meyers, T., Munger, W., Oechel, W., Paw, K.T., Pilegaard, K., Schmid, H.P., Valentini, R., Verma, S., Vesala, T., Wilson, K. and Wofsy, S. (2001): FLUXNET: A new tool to study the temporal and spatial variability of ecosystem-scale carbon dioxide, water vapor, and energy flux densities. *Bull. Amer. Met. Soc.*, **82**, 2415-2435.

Barnston, A. and Schickedanz, P. T. (1984): The effect of irrigation on warm season precipitation in the southern Great Plains. *J. Clim. Appl. Met.*, **23**, 865-888.

Berner, E.K. and Berner, R.A. (1987): *The Global Water Cycle*. Prentice-Hall, Inc., 397p.

Betson, R.P. (1964): What is watershed runoff? *J. Geophys. Res.*, **69**, 1541-1551.

Beven, K.J. (2001): *Rainfall-runoff Modelling: The Primer*. John Wiley & Sons, Ltd., 360p.

Beven, K. (2004): Infiltration excess at the Horton Hydrology Laboratory (or not?). *J. Hydrol.*, **293**, 219-234.

Beven, K. and Germann, P. (1982): Macropores and water flow in soils. *Water Resour. Res.*, **18**, 1311-1325.

Bolton, D. (1980): The computation of equivalent potential temperature. *Mon. Wea. Rev.*, **108**, 1046-1053.

Bosch, J.M. and Hewlett, J.D. (1982): A review of catchment experiments to determine the effect of vegetation changes on water yield and evapotranspiration. *J. Hydrol.*, **55**, 3-23.

Bouchet, R. J. (1963): Evapotranspiration réelle, évapotranspiration potentielle, et production agricole. *Ann. Agron.*, **14**, 743-824.

Bouwer, H. (1966): Rapid field measurement of air entry value and hydraulic conductivity of soil as significant parameters in flow system analysis. *Water Resour. Res.*, **2**, 729-738.

Bouwer, H. (1978): *Groundwater Hydrology*. McGraw Hill, 480p.

Bras, R. and Eagleson, P.S. (1987): Hydrology, the forgotten earth science. *EOS*, **68**(16), April 21, editorial.

Brutsaert, W. (1975): On a derivable formula for long wave radiation from clear skies, *Water Resour. Res.*, **11**, 742-744.

Brutsaert, W. (1982): *Evaporation into the Atmosphere.* D. Reidel Pub. Co., 299p.

Brutsaert, W. (2008):『水文学』(杉田倫明訳). 共立出版, 502p.

Brutsaert, W. and Parlange, M. B. (1998): Hydrologic cycle explains the evaporation paradox. *Nature*, **396**, 30.

Brutsaert, W. and Sugita, M. (1996): Sensible heat transfer parameterization for surfaces with anisothermal dense vegetation. *J. Atmos. Sci.*, **53**, 209-216.

Brutsaert, W. and Sugita, M. (2008): Is Mongolia's groundwater increasing or decreasing? The case of the Kherlen river basin. *Hydrol. Sci. J.*, **53**, 1221-1299, doi: 10.1623/hysj.53.6.1221.

Bryant, M.L., Bhat, S. and Jacobs, J.M. (2005): Measurements and modeling of throughfall variability for five forest communities in the southern US. *J. Hydrol.*, **312**, 95-108.

Busenberg, E. and Plummer, L. (2000): Dating young groundwater with sulfur hexafluoride: Natural and anthropogenic sources of sulfur hexafluoride. *Water Resour. Res.*, **36**, 3011-3030.

Caballero Y., Voirin-Morel, S., Habets, F., Noilhan, J., LeMoigne, P., Lehenaff, A. and Boone, A. (2007): Hydrological sensitivity of the Adour-Garonne river basin to climate change, *Water Resour. Res.*, **43**, W07448, doi: 10.1029/2005WR004192.

Calder, I.R. (1990): *Evaporation in the Uplands.* John Wiley & Sons Ltd., 148p.

Calder, I.R. and Wright, I.R. (1986): Gamma ray attenuation studies of interception from Sitaka spruce: some evidence for an additional transport mechanism. *Water Resour. Res.*, **22**, 409-417.

Carlyle-Moses, D.E., Flores Laureano, J.S. and Price, A.G. (2004): Throughfall and throughfall spatial variability in Madrean oak forest communities of northern Mexico, *J. Hydrol.*, **297**, 124-135.

Charney, J., Quirk, W. J., Chow, S.-H. and Kornfield, J. (1977): A comparative study of the effects of albedo change on drought in semi-arid regions. *J. Atmos Sci.*, **34**, 1366-1385.

Chen, D. and Brutsaert, W. (1995): Diagnostics of land surface spatial variability and water vapor flux. *J. Geophys. Res.*, **100**, 25595-25606.

Christophersen, N. and Hooper, R.P. (1992): Multivariate Analysis of stream water chemical data: the use of principal components analysis for the end-member mixing problem. *Water Resour. Res.*, **28**, 99-107.

Clark, I. and Fritz, P. (1997): *Environmental Isotopes in Hydrology.* Lewis, 328p.

Clark, K.L., Nadkarni, N.M., Schaefer, D. and Gholz, H.L. (1998): Atmospheric deposition and net retention of ions by the canopy in a tropical montane forest, Monteverde, Costa Rica. *J. Tropical Ecol.*, **14**, 27-45.

Cook, P. and Herczeg, A. (2000): *Environmental Tracers in Subsurface Hydrology.* Kluwer, 529p.

Corey, A.T. (1977): *Mechanics of Heterogeneous Fluid in Porous Media.* Water Resources Publications, 259p.

Crockford, R.H. and Richardson, D.P. (1987): Factors affecting the stemflow yield of a dry sclerophyll eucalypt Forest, a *Pinus radiata* plantation and individual trees within these forests. *Technical Memorandum 87/11*. Division of Water Resources Research, CSIRO, 27p.+16 Tables+18 Figures.

Crockford, R.H. and Richardson, D.P. (2000): Partitioning of rainfall into throughfall, stemflow, and interception: effect of forest type, ground cover and climate. *Hydrol. Processes,* **14**, 2903-2920.

Dai, Y., Zeng, X., Dickinson, R., Baker, I., Bonan, G., Bosilovich, M., Denning, A., Dirmeyer, P., Houser, P., Niu, G., Oleson, K., Schlosser, C. and Yang, Z. (2003): The Common Land Model. *Bull. Amer. Met. Soc.*, **84**, 1013-1023.

Darcy, H. (2004): *The Public Fountains of the City of Dijon* (Translated by Bobeck, P.). Kendall/Hunt Publ. Co., 506p.+28 Plates.

Davies, J.A. and Allen, C.D. (1973): Equilibrium, potential, and actual evaporation from cropped surfaces in southern Ontario. *Water Resour. Res.*, **5**, 1312-1321.

De Wiest, R.J.M. (1965): *Geohydrology*. John Wiley & Sons, 366p.

Dorsey, N.E. (1940): *Properties of Ordinary Water-substance: in All its Phases: Water-vapor, Water, and All the Ices,* Reinhold Pub., 673p.

Durocher, M.G. (1990): Monitoring spatial variability of forest interception. *Hydrol. Processes*, **4**, 215-229.

Eagleson, P.S. (2002): *Ecohydrology : Darwinian Expression of Vegetation Form and Function*. Cambridge University Press, 496p.

Endo, N., Kadota, T., Matsumoto, J. Ailikun, B. and Yasunari, T. (2006): Climatology and trends in summer precipitation characteristics in Mongolia for the Period 1960-98. *J. Met. Soc. Jpn.*, **84**, 543-551.

Engelen, G.B. and Kloosterman, F.H. (1996): *Hydrological Systems Analysis: Methods and Application.* Kluwer Academic Publishers, 152p.+31 Plates.

Entekhabi, D., Rodriguez-Iturbe, I. and Bras, R. L. (1992): Variability in large-scale water balance with land surface-atmosphere interaction. *J. Clim.*, **5**, 798-813.

EPA (2006): *Global Anthropogenic Non-CO$_2$ Greenhouse Gas Emissions: 1990-2020*. United States Environmental Protection Agency, EPA 430-R-06-003, 257p. (http://www.epa.gov/nonco2/econ-inv/downloads/GlobalAnthroEmissionsReport.pdf より入手可能)

FAO (2003): *Sassari Declaration Integrated Watershed Management: Water Resources for the Future.* http://www.fao.org/regional/lamerica/prior/recnat/sassari.htm, FAO.

Finnigan, J. (2000): Turbulence in plant canopies. *Ann. Rev. Fluid Mech.*, **32**, 519-571.

Freeze, R.A. (1969): The mechanism of natural ground-water recharge and discharge. 1. One-dimensional, vertical, unsteady, unsaturated flow above a recharging or discharging ground-water flow system. *Water Resour. Res.*, **5**, 153-171.

Freeze, R.A. (1974): Streamflow generation. *Rev. Geophys. Space Phys.*, **12**, 627-647.

Freeze, R. A. (1977): Mathematical models of hillslope hydrology. In *Hillslope Hydrology* (Kirkby, M. J. ed.), John Wiley & Sons, 177-225.

Freeze, R.A. and Cherry, J.A. (1979): *Groundwater.* Prentice-Hall, 604p.

Freeze, R.A. and Banner, J. (1970): The mechanism of natural ground-water recharge and discharge. 2. Laboratory column experiments and field measurements. *Water Resour. Res.*, **6**, 138-155.

Freeze, A. and Witherspoon, P.A. (1967): Theoretical analysis of regional groundwater flow. 2. Effect of water-table configuration and subsurface permeability variation. *Water Resour. Res.*, **3**, 623-634.

Fritschen, J.J. and Gay L.W. (1979): *Environmental Instrumentation*, Springer-Verlag, 215p.

Gillham, R.W. (1984): The capillary fringe and its effect on water table response. *J. Hydrol.*, **67**, 307-324.

Goff, J.A. and Gratch, S. (1946): Low-pressure properties of water from -160 to 212°F, *Tran. Amer. Heat. Vent. Eng.*, **52**, 95-121.

Golubev, V.S., Lawrimore, J.H., Groisman, P. Ya., Speranskaya, N.A., Zhuravin, S. A., Menne, M. J., Peterson, T. C. and Malone, R. W. (2001): Evaporation changes over the contiguous United States and the former USSR: A reassessment. *Geophys. Res. Lett.*, **28**, 2665-2668.

Green, W.H. and Ampt, G.A. (1911): Studies on soil physics. Part 1 —The flow of air and water through soils. *J. Agr. Sci.*, **4**, 1-24.

Herwitz, S.R. (1985): Interception storage capacities of tropical rainforest canopy trees. *J. Hydrol.*, **77**, 237-252.

Hewlett, J.D. (1982): *Principles of Forest Hydrology*. The University of Georgia Press, 183p.

Hewlett, J.D. and Hibbert, A.R. (1963): Moisture and energy conditions within a sloping soil mass during drainage. *J. Geophys. Res.*, **68**, 1081-1087.

Hewlett, J.D. and Hibbert, A.R. (1967): Factors affecting the response of small watersheds to precipitation in humid areas. In *International Symposium on Forest Hydrology* (Sopper, W.E. and Lull, H.W. eds.), Pergamon Press, 275-290.

Hiyama, T., Strunin, M.A., Suzuki, R., Asanuma, J., Mezrin, M.Y., Bezrukova, N.A. and Ohata, T. (2003): Aircraft observations of the atmospheric boundary layer over a heterogeneous surface in eastern Siberia. *Hydrol. Processes*, **17**, 2885-2911.

Holwerda, F., Scatena, F.N. and Bruijnzeel, L.A. (2006): Throughfall in a Puerto Rican lower montane rain forest: A comparison of sampling strategies. *J. Hydrol.*, **327**, 592-602.

Horton, R.E. (1919): Rainfall interception. *Mon. Wea. Rev.*, **47**, 603-623.

Horton, R.E. (1933): The role of infiltration in the hydrologic cycle. *Trans. Amer. Geophys. Un.*, **14**, 446-460.

Horton, R.E. (1940): Approach toward a physical interpretation of infiltration capacity. *Soil Sci. Soc. Amer. Proc.*, **5**, 339-417.

Houghton, J. T. (1986): *The Physics of Atmospheres*. Cambridge University Press, 271p.

Houser, P., Shuttleworth, W., Famiglietti, J., Gupta, H., Syed, K. and Goodrich, D. (1998): Integration of soil moisture remote sensing and hydrologic modeling using data assimilation. *Water Resour. Res.*, **34**, 3405-3420.

Högström, U. (1996): Review of some basic characteristics of the atmospheric surface layer. *Bound.-Layer Met.*, **78**, 215-246.

Hubbert, M.K. (1940): The theory of groundwater motion. *J. Geol.*, **48**, 785-944.

Huffman, G. J, Adler, R. F., Morrissey, M. M., Bolvin, D. T., Curtis, S., Joyce, R., McGavock, B. and Susskind J. (2001): Global precipitation at one-degree daily resolution from multisatellite observations. *J. Hydromet.*, **2**, 36-50.

Iida, S., Tanaka, T. and Sugita, M. (2004): Change of stemflow generation due to the succession from Japanese red pine to evergreen oak. *Ann. Rep., Inst. Geosci., Univ. Tsukuba*, No. 30, 15-20.

Iida, S., Tanaka, T. and Sugita, M. (2005a): Change of interception process due to the succession from Japanese red pine to evergreen oak. *J. Hydrol.*, **315**, 154-166.

Iida, S., Kakubari, J. and Tanaka, T. (2005b): "Litter marks" indicating infiltration area of stemflow-induced water. *Tsukuba Geoenviron. Sci., Univ. Tsukuba*, **1**, 27-31.

Ikebuchi, S., Seki, M. and Ohtoh, A. (1988): Evaporation from Lake Biwa. *J. Hydrol.*, **102**, 427-449.

Jacob, C.E. (1950): Flow of groundwater. In *Engineering Hydraulics* (Rouse, H. ed.), John Wiley & Sons, 321-386.

James, P., Stohl, A., Spichtinger, N., Eckhardt, S. and Forster C. (2004): Climatological aspects of the extreme European rainfall of August 2002 and a trajectory method for estimating the associated evaporative source regions. *Natural Hazards and Earth System Sci.*, **4**, 733-746.

Jarvis, P.G. (1976): The interpretation of the variations in leaf water potential and stomatal conductance found in canopies in the field. *Phil. Trans. R. Soc. London, Series B, Biol. Sci.*, **273**, 593-610.

Jones, J. A. A. (1997): *Global Hydrology: Processes, Resources and Environmental Management*. Longman, 399p.

Jones, P. (1983): *Hydrology*. Basil Blackwell, 64p.

Kaihotsu, I. and Tanak, T. (1982): Mechanism of vertical water movement in Kanto Loam during and after rainfll. *IAHS Publ.*, No. 136, 169-177.

Kato, H., Rodell, M., Beyrich, F., Cleugh, H., van Gorsel, E., Liu, H. and Meyers, T.P. (2007): Sensitivity of land surface simulations to model physics, land characteristics, and forcings, at four CEOP sites. *J. Met. Soc. Jpn*, **85A**, 187-204.

Katul, G.G. and Parlange, M.B. (1992): A Penman-Brutsaert model for wet surface evaporation. *Water Resour. Res.*, **28**, 121-126.

Katul, G.G., Goltz, S.M., Hsieh, C.I., Cheng, Y., Mowry, F. and Sigmon, J. (1995): Estimation of surface heat and momentum fluxes using the flux-variance method above uniform and non-uniform terrain. *Bound.-Layer Met.*, **74**, 237-260.

Keim, R.F., Skaugset, A.E. and Weiler, M. (2005): Temporal persistence of spatial patterns in throughfall. *J. Hydrol.*, **314**, 263-274.

Kendall, C. and McDonnell, J.J. (1998): *Isotope Tracers in Catchment Hydrology*. Elsevier, 839p.

Kimmins, J.P. (1973): Some statistical aspects of sampling throughfall precipitation in nutrient cycling studies in British Columbian costal forests. *Ecol.*, **54**, 1008-1019.

Kirkby, M.J. ed. (1978): *Hillslope Hydrology*. John Wiley, 389p.

Klaassen, W., Bosveld, F. and de Water, E. (1998): Water storage and evaporation as constituents of rainfall interception. *J. Hydrol.*, **212-213**, 36-50.

Kneizys, F.X., Anderson, G.P., Shettle, E.P., gallery, W.O., Abreu, L.W., Selby, J.E.A., Chetwynd, J.H. and Clough, S.A. (1988): *Users Guide to LOWTRAN7,* Environmental Research Papers, No.1010, AFGL-TR-88-0177, Air Force Geophysics Laboratory, Nanscom AFB, MA, 137p.

Kondo, J., Saigusa, N. and Sato, T. (1990): A parameterization of evaporation from bare soil surfaces. *J. Appl. Met.,* **29**, 385-389.

Kostelnik, K.M., Lynch, J.A., Grimm, J.W. and Corbett, E.S. (1989): Sampling size requirements for estimation of throughfall chemistry beneath a mixed hardwood forest. *J. Environ. Qual.* **18**, 274-280.

Lanzante, J.R., Peterson, T.C., Wentz, F.J. and Vinnikov, K.Y. (2006): What do observations indicate about the change of temperatures in the atmosphere and at the surface since the advent of measuring temperatures vertically? In *Temperature Trends in the Lower Atmosphere: Steps for Understanding and Reconciling Differences* (Karl, T. R., Hassol, S. J., Miller, C. D. and Murray, W. L. eds.), *A Report by the Climate Change Science Program and the Subcommittee on Global Change Research,* Washington, DC. (http://www.climatescience.gov/Library/sap/sap1-1/finalreport/sap1-1-final-all.pdf より入手可能)

Larcher, W. (2004):『植物生態生理学 第2版』(佐伯敏郎・舘野正樹監訳). シュプリンガーフェアラーク東京, 350p.

Lean J. and Warrilow, D. A. (1989): Simulation of the regional climatic impact of Amazon deforestation. *Nature,* **342**, 411-413.

Lee, P. (2006): *Estimation and Validation of Carbon/Water Cycles in a Mongolian Grassland Ecosystem under Non-grazing Condition Using Sim-CYCLE.* 筑波大学大学院生命環境科学研究科博士論文, 106p. (http://raise.suiri.tsukuba.ac.jp/DVD/publications/lee_mt2006.pdf より入手可能)

Lee, D. R. (1977): A device for measuring seepage flux in lakes and estuaries. *Limnol. Oceanography,* **22**, 140-147.

Lee, T.J. and Pielke, R.A. (1992): Notes and correspondence: Estimating the soil surface specific humidity. *J. Appl. Met.,* **31**, 480-484.

Lee, X., Massman, W. and Law, B. ed. (2005): *Handbook of Micrometeorology: A Guide for Surface Flux Measurement and Analysis.* Springer. 250p.

Lenschow, D.H. (1986): Aircraft measurements in the boundary layer. In *Probing the Atmospheric Boundary Layer* (Lenschow, D.H. ed.), 5-18. Amer. Met. Soc., 269p.

Levia Jr., D.F. and Frost, E.E. (2003): A review and evaluation of stemflow literature in the hydrologic and biogeochemical cycles of forested and agricultural ecosystems. *J. Hydrol.,* **274**, 1-29.

Levia, D.F. and Herwitz, S.R. (2005): Interspecific variation of bark water storage capacity of three deciduous tree species in relation to stemflow yield and solute flux to forest soil. *Catena,* **64**, 117-137.

Li, S.G., Eugster, W., Asanuma, J., Kotani, A., Davaa, G., Oyunbaatar, D., and Sugita, M. (2006): Energy partitioning and its biophysical controls above a grazing steppe in central Mongolia. *Agr. For. Met.,* **137**, 89-106.

Lin T.-C., Hamburg, S.P., King, H.-B. and Hsia, Y.-J. (1997): Spatial variability of throughfall in a subtropical rain forest in Taiwan. *J. Environ. Qual.*, **26**, 172-180.

Lissey, A. (1967): Aquifer exploration and development. In *Groundwater in Canada* (Brown, I.C. ed.), Geol. Surv. Canada Econ. Geol. Rep., No. 24, 195-219.

List, R.J. (1951): *Smithonian Meteorological Tables, 6th Revised Edition*, Smithonian Institution, 527p.

Liu, S. (1998): Estimation of rainfall storage capacity in the canopies of cypress wetlands and slash pine uplands in North-Central Florida. *J. Hydrol.*, **207**, 32-41.

Liu, B., Xu, M., Henderson, M. and Gong, W. (2004): A spatial analysis of pan evaporation trends in China, 1955-2000. *J. Geophys. Res.*, **109**, D15102, doi: 10.1029/2004JD004511.

Llorens, P. and Gallart, F. (2000): A simplified method for forest water storage capacity measurement. *J. Hydrol.*, **240**, 131-144.

Lloyd, C.R. and Marques, A. de E.O. (1988): Spatial variability of throughfall and stemflow measurements in Amazonian rainforest. *Agr. For. Met.*, **42**, 63-73.

Loescher H.W., Powers, J.S. and Oberbauer, S.F. (2002): Spatial variation of throughfall volume in an old-growth tropical wet forest, Costa Rica. *J. Tropical Ecol.*, **18**, 397-407.

Lohman, S.W. (1972): *Ground-water Hydraulics*. U.S. Geol. Survey Prof. Paper, No. 708, 70p.

Lundberg, A. and Halldin, S. (2001): Snow interception evaporation: review of measurement techniques, processes, and models. *Theor. Appl. Clim.* **70**, 117-133.

Lvovitch, M.I. (1973): The global water balance. *EOS*, **54**, 28-42.

Mahrt, L. (1998): Flux sampling errors for aircraft and towers. *J. Atmos. Oceanic Tech.*, **15**, 416-429.

Manabe, S. (1969): Climate and ocean circulation, 1. atmospheric circulation and hydrology of earth's surface. *Mon. Wea. Rev.*, **97**, 739-774.

Manfroi, O.J., Kuraji, K., Tanaka, N., Suzuki, M., Nakagawa, M., Nakashizuka, T. and Chong, L. (2004): The stemflow of trees in a Bornean lowland tropical forest. *Hydrol. Processes*, **18**, 2455-2474.

Maule, C. and Stein, J. (1990): Hydrologic flow path definition and partitioning of springmelt water. *Water Resour. Res.*, **26**, 2971-2978.

McDonnell, J.J. and Tanaka, T. eds. (2001): Special Issue: Hydrology and Biogeochemistry of Forested Catchments. *Hydrol. Processes*, **15**, 1673-2073.

McDonnell, J.J., Bonnell, M., Stewart, M. K. and Pearce, A. J. (1990): Deuterium variations for stream hydrograph separation. *Water Resour. Res.*, **26**, 455-458.

Meyboom, P. (1967): Hydrogeology. In *Groundwater in Canada* (Brown, I.C. ed.), Geol. Surv. Canada Econ. Geol. Rep., No. 24, 31-64.

Milly, P.C.D. (1982): Moisture and heat transfer in hysteretic, inhomogeneous porous media: a matric head-based formulation and a numerical model. *Water Resour. Res.*, **18**, 489-498.

Miyazaki, T. (1988): Water flow in unsaturated soil in layered slopes. *J. Hydrol.*, **102**, 201-214.

Mulholland, P.J. (1993): Hydrometric and stream chemistry evidence of three storm flow paths in Walker Branch Watershed. *J. Hydrol.*, **151**, 291-316.

Nakicenovic, N. and Swart, R. (2000): *Special Report on Emissions Scenarios: A Special Report of Working group III of the Intergovernmental Panel on Climate Change*. Cambridge University Press, 599p.

National Research Council (1991): *Opportunities in the Hydrologic Sciences*. National Academy Press, 348p.

Ninomiya, K. and Akiyama, T. (1992): Multi-scale features of Baiu, the summer monsoon over Japan and the east Asia. *J. Met. Soc. Jpn*, **70**, 467-495.

Ohmura, A. and Raschke, E. (2005): Energy Budget at the Earth's Surface, In *Observed Global Climate* (M. Hantel, ed.), Vol.XX, Chapter 10, 10-24, Landolt-Börnstein Handbook, Springer Verlag.

Ohta, T., Hiyama, T., Tanaka, H., Kuwada, T., Maximov, T., Ohata, T. and Fukushima, Y. (2001): Seasonal variation in the energy and water exchanges above and below a larch forest in eastern Siberia. *Hydrol. Processes*, **15**, 1459-1476.

Oki, T. and Kanae, S. (2006): Global hydrological cycles and world water resources. *Science*, **313**, 1068, doi: 10.1126/science.1128845.

Oldenburg, C.M. and Pruess, K. (1993): On numerical modeling capillary barriers. *Water Resour. Res.*, **29**, 1045-1056.

Olszyczka, B. and Crowther, J.M. (1981): The application of gamma-ray attenuation to the determination of canopy mass and canopy surface water storage. *J. Hydrol.* **49**, 355-368.

Onda, Y., Tsujimura, M., Fujihara, J. and Ito, J. (2006): Runoff generation mechanisms in high-relief mountainous watersheds with different underlying geology. *J. Hydrol.*, **331**, 659-673, doi: 10.1016/j.jhydrol.2006.06.009.

Park, H.-T., Hattori, S. and Kang, H.-M. (2000): Seasonal and inter-plot variations of stemflow, throughfall and interception loss in two deciduous broad-leaved forests. *J. Jpn Soc. Hydrol. & Water Resour.* **13**, 17-30.

Parlange, M.B. and Brutsaert, W. (1989): Regional roughness of the Landes Forest and surface shear stress under neutral conditions. *Bound.-Layer Met.*, **48**, 69-81.

Pearce, A. J., Stewart, M. K. and Sklash, M. G. (1986): Storm runoff generation in humid headwater catchments 1. Where dose the water come from?, *Water Resour. Res.*, **22**, 1263-1272.

Pedersen, L.B. (1992): Throughfall chemistry of Sitka spruce stands as influenced by tree spacing. *Scand. J. For. Res.*, **7**, 433-444.

Penman, H.L. (1948): Natural evaporation from open water, bare soil and grass. *Proc. R. Soc. London*, **A193**, 120-146.

Peterson, T.C., Golubev, V. S. and Groisman, P. Y. (1995): Evaporation losing its strength. *Nature*, **377**, 687-688.

Philip, J.R. (1957): The theory of infiltration: 1. The infiltration equation and its solution. *Soil Sci.*, **83**, 345-357.

Philip, J.R. and Knight, J. H. (1989): Unsaturated seepage and subterranean holes: Conspectus, and exclusion problem for circular cylindrical cavities. *Water Resour. Res.*, **25**, 16-28.

Pitman, A. (2003): The evolution of, and revolution in, land surface schemes designed for climate

models. *Int. J. Clim.*, **23**, 479-510.
Price, A.G. and Carlyle-Moses, D.E. (2003): Measurement and modeling of growing-season canopy water fluxes in a mature mixed deciduous forest stand, southern Ontario, Canada. *Agr. For. Met.*, **119**, 69-85.
Priestley, C. and Taylor, R. (1972): On the assessment of surface heat flux and evaporation using large scale parameters. *Mon. Wea. Rev.*, **100**, 81-92.
Puckett, L.J. (1991): Spatial variability and collector requirements for sampling throughfall volume and chemistry under a mixed-hardwood canopy. *Can. J. For. Res.*, **21**, 1581-1588.
Qian, T., Dai, A. and Trenberth, K.E. (2007): Hydroclimatic trends in the Mississippi River basin from 1948 to 2004. *J. Clim.*, **20**, 4599-4614.
Raat, K.J., Draaijers, G.P.J., Schaap, M.G., Tietema, A. and Verstratenl, J.M. (2002): Spatial variability of throughfall water and chemistry and forest floor water content in a Douglas fir forest stand. *Hydrol. Earth System Sci.*, **6**, 363-374.
Raschke, E. and Ohmura, A. (2005) ; Radiation budget of the climate system, In *Observed Global Climate* (M. Hantel, ed.), Vol.XX, Chapter 4, 4-38, Landolt-Börnstein Handbook, Springer Verlag.
Richards, L.A. (1950): Laws of soil moisture. *Trans. Amer. Geophys. Un.*, **31**, 750-756.
Rodell, M., Houser, P., Jambor, U., Gottschalck, J., Mitchell, K., Meng, C., Arsenault, K., Cosgrove, B., Radakovich, J., Bosilovich, M., Entin, J., Walker, J., Lohmann, D. and Toll, D. (2004): The global land data assimilation system. *Bull. Amer. Met. Soc.*, **85**, 381-394.
Rodrigo, A. and Àvila, A. (2001): Influence of sampling size in the estimation of mean throughfall in two Mediterranean holm oak forests. *J. Hydrol.*, **243**, 216-227.
Ross, B. (1990): The diversion capacity of capillary barriers. *Water Resour. Res.*, **26**, 2625-2629.
Rozanski, K., Araguas-Araguas, L. and Gonfiantini, R. (1993): Isotopic patterns in modern global precipitation. In *Climate Change in Continental Isotopic Records* (Swart, P.K., Lohmann, K.C., McKenzie, J., and Savin, S. eds.), Geophysical Monograph Series, **78**, 1-36. American Geophysical Union.
Sakura, Y. (1983): Role of capillary water zone in groundwater recharge— Observation of rain infiltration by lysimeter—. *Jpn. J. Limnol.*, **44**, 311-320.
Sato, T and Kimura, F (2005): Impact of diabatic heating over the Tibetan plateau on subsidence over Northeast Asian arid region. *Geophys. Res. Lett.*, **32**, L05809, doi: 10.1029/2004GL022089.
Sato, T., Kimura, F. and Kitoh, A. (2007): Projection of global warming onto regional precipitation over Mongolia using a regional climate model. *J. Hydrol.*, **333**, 144-154, doi: 10.1016/j.jhydrol.2006.07.023
Seiler, J. and Matzner, E. (1995): Spatial variability of throughfall chemistry and selected soil properties as influenced by stem distance in a mature Norway spruce (*Picea abies,* Karst.) stand. *Plant and Soil*, **176**, 139-147.
Sellers, P., Randall, D., Collatz, G., Berry, J., Field, C., Dazlich, D., Zhang, C., Collelo, G. and Bounoua, L. (1996): A revised land surface parameterization (SiB2) for atmospheric GCMs. Part I: Model formulation. *J. Clim.*, **9**, 676-705.

Shaman, J., Stieglitz, M. and Burns, D. (2004): Are big basins just the sum of small catchments? *Hydrol. Processes,* **18**, 3195-3206.

Shiklomanov, I. A. ed. (1997): *Comprehensive Assessment of the Freshwater Resources of the World: Assessment of Water Resources and Water Availability in the World.* WMO, 556.18 SHI, 88p.

Shiklomanov, I.A. (1999): Summary of the monograph "*World Water Resources at the Beginning of the 21st Century*" prepared in the framework of IHP UNESCO. (http://webworld.unesco.org/water/ihp/db/shiklomanov/ より入手可能)

Shimada, J. (1988): The mechanism of unsaturated flow through a volcanic ash layer under humid climatic conditions. *Hydrol. Processes,* **2**, 43-59.

Sklash, M.G. and Farvolden, R.N. (1979): The role of groundwater in storm runoff. *J. Hydrol.,* **43**, 45-65.

Sklash, M. G., Stewart, M. K. and Pearce, A. J. (1986): Storm runoff generation in humid headwater catchments 2. A case study of hillslope and low-order stream response. *Water Resour. Res.,* **22**, 1273-1282.

Staelens, J., Schrijver, A.D., Verheyen, K. and Verhoest, N.E.C. (2006): Spatial variability and temporal stability of throughfall deposition under beech (*Fagus sylvatica* L.) in relationship to canopy structure. *Environ. Poll.,* **142**, 254-263.

Strunin, M.A., Hiyama, T., Asanuma, J. and Ohata, T. (2004): Aircraft observations of the development of thermal internal boundary layers and scaling of the convective boundary layer over non-homogeneous land surfaces. *Bound.-Layer Met.,* **111**, 491-522.

Sugita, M. and Brutsaert, W. (1990a): Wind velocity measurements in the neutral boundaly layer above hilly prairie. *J. Geophys. Res.,* **95**(D6), 7617-7624.

Sugita, M. and Brutsaert, W. (1990b): Regional surface fluxes from remotely sensed skin temperature and lower boundary layer measurements. *Water Resour. Res.,* **26**, 2937-2944.

Sugita, M. and Brutsaert, W. (1993): Cloud effect in the estimation of instantaneous downward longwave radiation. *Water Resour. Res.,* **29**, 599-605.

Sugita, M. and Brutsaert, W. (2009): Recent low-flow and groundwater storage changes in upland watersheds of the Kanto region, Japan. *J. Hydrol. Eng.,* in press.

Takata, K., Emori, S. and Watanabe, T. (2003): Development of the minimal advanced treatments of surface interaction and runoff. *Global Planetary Change,* **38**, 209-222.

Tanaka, T. (1992): Storm runoff processes in a small forested drainage basin. *Environ. Geol. Water Sci.,* **19**, 179-191.

Tanaka, T., Tsujimura, M. and Taniguchi M. (1991): Infiltration area of stemflow-induced water. *Ann. Rep., Inst. Geosci., Univ. Tsukuba,* No. 17, 30-32.

Tanaka, T., Taniguchi M. and Tsujimura, M. (1996): Significance of stemflow in groundwater recharge. 2: A cylindrical infiltration model for evaluating the stemflow contribution to groundwater recharge. *Hydrol. Processes,* **10**, 81-88.

Tanaka, T., Yasuhara, M., Sakai, H. and Marui, A. (1988): The Hachioji experimental basin study −Storm runoff processes and the mechanism of its generation. *J. Hydrol.,* **102**, 139-164.

Tanaka, T., Iida, S., Kakubari, J. and Hamada, Y. (2004): Evidence of infiltration phenomena due to the stemflow-induced water. *Ann. Rep., Inst. Geosci., Univ. Tsukuba*, No. 30, 9-14.

Taniguchi M., Tsujimura, M. and Tanaka T. (1996): Significance of stemflow in groundwater recharge. 1: Evaluation of the stemflow contribution to recharge using a mass balance approach. *Hydrol. Processes*, **10**, 71-80.

Teklehaimanot, Z. and Jarvis, P.G. (1991): Direct measurement of evaporation of intercepted water from forest canopies. *J. Appl. Ecol.*, **28**, 603-618.

Tesoriero, A.J., Spruill, B., Mew, H.E. Jr., Farrell, M. and Harden, L. (2005): Nitrogen transport and transformations in a coastal plain watershed: Influence of geomorphology on flow paths and residence times. *Water Resour. Res.*, **41**, W02008, doi: 10.1029/2003WR002953.

Tetens, O. (1930): Über einige meteorologische Begriffe. *Z. Geophys.*, **6**, 297-309.

Toba, T. and Ohta, T. (2005): An observational study for the factors that influence interception loss in boreal and temperate forests. *J. Hydrol.*, **313**, 208-220.

Tóth, J. (1963): A theoretical analysis of groundwater flow in small drainage basins. *J. Geophys. Res.*, **68**, 4795-4812.

Tóth, J. (1995): Hydraulic continuity in large sedimentary basins. *Hydrogeol. J.*, **3**(4), 4-16.

Trenberth, K. E. (1999): Atmospheric moisture recycling: role of advection and local evaporation. *J. Clim.*, **12**, 1368-1381.

Tsujimura, M., Tanaka, T. and Kayane, I. (1993): Behaviour of subsurface water and solute transport in a steep forested mountainous basin, Japan. *IAHS Publ.*, No. 216, 471-479.

Tsujimura, M., Onda, Y. and Ito, J. (2001): Stream water chemistry in a steep headwater basin with high relief. *Hydrol. Processes*, **15**, 1847-1858.

Uchida, T., Asano, Y., Ohte, N. and Mizuyama, T. (2003): Seepage area and rate of bedrock groundwater discharge at a granitic unchanneled hillslope. *Water Resour. Res.*, **39**, 1018, doi: 10.1029/2002WR001298.

United Nations (1993): *Agenda 21: Earth Summit – The United Nations Programme of Action from Rio*. United Nations Publications, 294p.
(http://www.un.org/esa/sustdev/documents/agenda21/english/agenda21toc.htm からも閲覧可能)

Wackernagel, H. (2003):『地球統計学』(地球統計学研究委員会訳編). 森北出版, 266p.

Wellings, S.R. and Bell, J.P. (1980): Movement of water and nitrate in the unsaturated zone of upper Chalk near Winchester, Hants, England. *J. Hydrol.*, **48**, 119-136.

Whelan, M.J., Sanger, L.J., Baker, M. and Anderson, J.M. (1998): Spatial patterns of throughfall and mineral iron deposition in a lowland Norway spruce (*Picea abies*) plantation at the plot scale. *Atmos. Environ.*, **32**, 3493-3501.

Williams, J. and Bonell, M. (1988): The influence of scale of measurement on the spatial and temporal variability of the Philip Infiltration Parameters—an experimental study in an Australian savannah woodland. *J. Hydrol.*, **104**, 33-51.

Yamanaka, T., Takeda, A. and Shimada, J. (1998): Evaporation beneath the soil surface: some observational evidence and numerical experiments. *Hydrol. Processes*, **12**, 2193-2203.

Yamanaka, T., Shimada, J. and Miyaoka, K. (2002): Footprint analysis using event-based isotope data for identifying source area of precipitated water. *J. Geophys. Res.*, **107** (D22), 4624, doi10.1029/2001JD001187.

Yatagai, A. and Yasunari, T. (1994): Trends and decadal-scale fluctuations of surface air temperature and precipitation over China and Mongolia during the recent 40 year period (1951-1990). *J. Meteorol. Soc. Jpn.*, **72**, 937-957.

Ye, Z. and Pielke, R.A. (1993): Atmospheric parameterization of evaporation from non-plant-covered surfaces. *J. Appl. Met.*, **32**, 1248-1258.

Zecharias, Y.B. and Brutsaert, W. (1988): The influence of basin morphology on groundwater outflow. *Water Resour. Res.*, **24**, 1645-1650.

Zimmermann, A., Wilcke, W. and Elsenbeer, H. (2007): Spatial and temporal patterns of throughfall quantity and quality in a tropical montane forest in Ecuador. *J. Hydrol.*, **343**, 80-96.

索　引

同一索引語が複数ページに現れる場合，まず見るべきページを太字，その他の登場箇所は明朝体で記す．

【欧文】

ABL　41
absolute humidity　38
acid deposition　202
acidified river　206
acid-neutralizing capacity　204
acid rain　202
acid river　206
adiabatic lapse rate　44
adsorpted water　137
advection　48
advection term　97
aerodynamic resistance　99
aerosol　52
air-entry value　144
albedo　22
altitude effect　213
altocumulus　56
altostratus　56
amount effect　213
areal precipitation　71
arithmetic mean method　72
ASL　41
atmospheric boundary layer　41
atmospheric science　7
atmospheric surface layer　41
average interstitial velocity　155

biochemical oxygen demand　207
BOD　207
Bowen ratio　34
Bowen ratio method　93
bulk coefficient　92
bulk method　92
bulk transfer coefficient　92
bypass flow　129

canopy gap　104
canopy resistance　99
canopy sublayer　42
capillary barrier effect　149
capillary fringe　**133**, 175
capillary water　137
capillary water zone　138
CDT　211
chemical oxygen demand　207
chlorofluorocarbon　217
cirrocumulus　56
cirrostratus　56
cirrus　56
closed system　8
cloud　51
cloud cluster　57
cloud droplet　51
cloud type　55
COD　207
cold front　58
cold rain　54
complementary relationship　239
condensation　3, 51
condensation level　48

condensation nucleus 51
conditional instability 47
confined aquifer 150
confined groundwater 150
confining layer 150
continental effect 213
convective cloud 56
convective precipitation 56
critical degree of saturation 144
critical saturation water content 144
crown projection area 110
crust 119
cumulonimbus 56
cumulus 56
cyclonic precipitation 56

Darcy flux 154
Darcy's law 154
Darcy velocity 154
dating 217
decay constant 210
degree of saturation 135
desorption 143
dew 51
dew point temperature 39
diameter at breast height 111
diffuse source 207
dimensionless function 88
dimensionless number 81
dimensionless shear function 88
dimensionless similarity function 88
dimensionless variable 81
direct rainfall 104
discharge area 159
divide 10
drainable porosity 144
drainage basin 10
drainage system 179
drip 104
dry adiabatic lapse rate 43
drying 143
dynamic sublayer 42

dパラメータ 213

earth science 7
EC 199
ecohydrology 7
eddy correlation method 90
eddy covariance method 90
effective porosity 155
electric conductivity 199
El Niño/southern oscillation 66
emissivity 26
EMMA 173
end member 173
end-member mixing analysis 173
energy balance 32
energy balance Bowen ratio method 93
ENSO 66
environmental tracer 209
environmental isotope 12
ephemeral river 189
ephemeral stream 179
equipotential line 153
eutrophication 206
evaporation 3
evaporation of intercepted precipitation 4
evaporation of intercepted rainfall 103
evapotranspiration 2, 75
event water 169
extra-terrestrial radiation 21
extratropical cyclone 58

Fick's law 48
field capacity 137
fillable porosity 144
final infiltration capacity 118
finger 129
fluid potential 11, 151
flux 9
fog 51
forest canopy 104
forest floor 104
fresh water resources 12

friction velocity   83
frontal precipitation   56

GCM   **100**, 236
geochemical evolution   204
geoscience   7
global hydrology   10
gravimetric water content   135
gravitational head   141
gravitational potential   140
gravitational water   137
gross rainfall   103
groundwater   3, 133
groundwater flow system   158
groundwater recharge   161
groundwater ridge   175
groundwater zone   11, 134

hail   54
half-life   218
Henning's formula   55
hexa diagram   200
hillslope hydrology   10
hoar frost   51
Hortonian overland flow   127
Horton-Strahler の方法   179
Horton の法則   179
hot spot   236
hydraulic conductivity   155
hydraulic gradient   141
hydraulic head   141
hydraulic potential   140
hydroecology   8
hydrograph   167
hydrologic cycle   3
hydrologic process   4
hydrologic science   5, 7
hydrology   3, 5, 6
hyetograph   71, 167
hygroscopic coefficient   137
hyporehic zone   236
hysteresis   143

IAEA   216
ice crystal   51
ice-fog   51
infiltration   3, 4, **117**
infiltration capacity   117
infiltration excess   117
infiltration excess overland flow   **117**, 175
infiltrometer   124
initial infiltration capacity   118
inner region   41
integrated watershed management   244
interception   4, 103
interception loss   103
interdisciplinary sciences   6
interfacial sublayer   41
International Atomic Energy Agency   216
intertropical convergence zone   62
intraseasonal variation   67
inverse distance   72
inversion layer   41
ion exchange   203
isohyetal method   72
isotope   209
isotope hydrology   216
isotopic fractionation   211
isotopic ratio   211
ITCZ   62

key diagram   200
kinematic viscosity   80
kriging   72

LAI   100
laminar flow   79
land-atmosphere interaction   **67**, 77
land data assimilation   101
land surface model   100
latent heat   2
latent heat flux   32
latitude effect   212
LCL   **48**, 55
leaf area index   100

level of free convection **48**, 55
LFC **48**, 55
lifting condensation level **48**, 55
limnology 6
litter 106
logarithmic profile 85
long-wave radiation 24

macropore 129
macropore flow 129
Madden-Julian oscillation 67
matric potential 140
matric suction 118
matrix flow 128
mean residence time 9
mesoscale convective system 57
meteoric water line 212
mining resources 10
mixed layer 42
mixing ratio 37
MJO 67
moisture characteristic curve 143
molecular diffusion 48
Monin-Obukhov similarity 85
monsoon 66

net radiation 2, 26
neutral 45
nimbostratus 56
non-Darcian flow 156
non-point pollution source 207
non-point source 207

Obukhov length 46, **86**
ocean-atmosphere interaction 66
ocean science 7
orographic effect 60
orographic precipitation 56
osmotic potential 140
outer region 41

PAR 100

partial area concept 126, 176
PCA 173
PDB 211
Penman-Brutsaert equation 96
Penman equation 95
Penman-Monteith equation 100
Penman's potential evaporation 95
perched groundwater 151
percolation 4, 118, 145
perennial river 189
perennial stream 179
permanent wilting point 137
persistent organic pollutants 207
photosynthetically active radiation 100
piezometer 153
piezometric surface 151
Piper diagram 200
piping 178
Planck's function 24
pneumatic potential 140
point pollution source 207
point source 207
POPs 207
porosity 134
potential evaporation 94
potential temperature 46
precipitable water 62
precipitation 3, 51, 57
precipitation recycling ratio 68
precipitation system 61
precipitation type 56
pre-event water 169
preferential flow 128
pressure head 141
pressure potential 140
primary wilting point 137
principal component analysis 173
profile method 92
psychrometric constant 95

radiation balance 26
radio isotope 210

rain 3, 51
rain drop 53
rainfall-altitude method 72
rain gauge 70
rain shadow effect 60
recharge area 159
regional hydrology 10
relative humidity 38
remote sensing 73
renewable water resources 10
residence time 9
Reynolds flux 49
Reynolds number 80
Richards equation 148
riparian zone 189, **236**
roughness length 85
roughness sublayer 42
runoff 3
runoff analysis 11
runoff model 11

satiation 144
saturated adiabatic lapse rate 46
saturated capillary water zone 134
saturated hydraulic conductivity 155
saturated water capacity 137
saturated water zone 175
saturated zone 133
saturation excess overland flow 175
saturation overland flow 175
saturation vapor pressure 38
scalar similarity 94
sea surface temperature 66
seepage face 175
sensible heat 2
sensible heat flux 32
sheet flow 126
short-wave radiation 24
SiB2 101
similarity 80
sleet 54
SMOW 211

snow 3, 51
snow pellet 54
soil heat flux 32
soil matrix 128
soil moisture 77
soil water 3, 133
soil water zone 11, 134
solar constant 2
solar radiation 24
sorption 143
sorptivity 122
source area 176
specific flux 153
specific humidity 37
specific retention 144
specific storage 157
specific water availability 17
specific water capacity 147
specific yield 158
spring water 151
SST 66
stability 44
stable 45
stable baseflow 13
stable isotope 210
stand 104
Stefan-Bolzmann's law 24
stemflow 4, 103
Stiff diagram 200
stomatal resistance 99
storage coefficient 158
stratiform cloud 56
stratocumulus 56
stratus 56
streamflow generation 4, 168
sublimation 32, 51
subsurface water 4, 133
suction 142
supersaturation 52
suspended water zone 138

temperature effect 212

tensiometer   141
tension   142
terminal velocity   53
ternary diagram   200
Thiessen polygon method   72
three phase of soil   134
throughfall   4, 103
throughflow   131, 149
thunder storm   57
TOC   207
total organic carbon   207
total potential   139
total soil moistening   227
tracer   209
transboundary watershed   242
transition layer   41
transmission area   159
transmission zone   121
transmissivity   158
transpiration   3
trilinear diagram   200
tritium   218
TRMM   74
tropical cyclone   58
Tropical Rainfall Measuring Mission   74
turbulence   79
turbulent diffusion   48
turbulent flow   79

unconfined aquifer   150
unconfined groundwater   150
universal function   88
unsaturated hydraulic conductivity   146
unsaturated zone   133
unstable   44
unstable flow   129

vaporization   75
vapor pressure   36
vapor pressure deficit   40, 96
variable source area concept   176
variable source volume concept   177

void ratio   135
Vienna standard mean ocean water   211
virtual potential temperature   46
virtual temperature   40
viscous sublayer   42
VOC   207
volatile organic compounds   207
volumetric water content   135
von Kármán constant   84
V-SMOW   211

warm front   58
warm rain   54
water balance   9
water constants   137
water consumption   17
water-entry value   144
water pollution   205
water resources   10
watershed   10
watershed hydrology   10
water table   133, 150
water vapor pressure   36
water zone   134
weathering   203
weather radar   73
wet canopy evaporation   106
wetting   143
wetting front   121, 149
Wien's displacement law   24
World Health Organization   209

zero flux plane   145
ZFP   145

【和文】

━━━━━━━━━ あ ━━━━━━━━━

暖かい雨   54
新しい水   169
圧力水頭   141

圧力ポテンシャル　140
雨陰効果　60
雨　3, 51
あられ　54
霰　54
アルベド　**22**, 26
安定　**45**, 85, 87
安定度　43, **44**, 87
安定同位体　210
安定度補正関数　88
安定流量　13

イオン交換　203
意思決定　244
一時河川　179, 189
緯度効果　212
移流　**48**, 94
移流項　97

ウィーンの変位則　24
雨水浸透施設　235
渦共分散法　90
渦相関法　**90**, **91**, 192
雨滴　53
雨量計　70
雨量・高度法　72
雨量図　71
上乗せ　208
雲形　55
運動量フラックス　83
雲粒　51

エアロゾル　52
永久シオレ点　137
越境流域　242
エルニーニョ・南方振動　66

オブコフ長　46, **85**
温位　46
温帯湖　195
温帯低気圧　58
温暖1回循環湖　195

温暖前線　58
温度効果　212

━━━━━━━━ か ━━━━━━━━

加圧層　150
外層　41
壊変定数　210
海面水温　66
界面層　41
海洋科学　7
科学　244
化学的酸素要求量　207
学際科学　6
可降水量　62
河床の河床間隙水域　236
河川流量　183, 184
渇水流量　14
可能蒸発量　**94**, **97**, **98**, 239
河畔域　189, **236**
過飽和　52
仮温位　46
仮温度　40
カルマン定数　84
環境基準　208
環境同位体　12
環境トレーサー　209
間隙比　135
間隙率　134
乾湿計定数　95
含水比　135
乾燥断熱減率　**43**, 55
涵養域　159
寒冷前線　58

気圧　101
キーダイアグラム　200
気温減率　44
気化　75
機械的乱流層　42
起源　173
起源，降雨流出水の　169
気孔　78, 99

気孔抵抗　99
気象レーダー　73
季節内変動　67
揮発性有機化合物　207
基盤岩地下水　179, 180
逆距離加重法　72
逆転層　41
キャノピー層　42
キャピラリーバリアー　129, 149
吸引圧　142
吸水　143
吸水可能間隙率　144
吸水能　122
吸着　203
吸着水　137
凝結　3, 51
凝結核　**51**, 201
凝結高度　48
胸高直径　111
霧　51

空気侵入値　144
空気ポテンシャル　140
空気力学的抵抗　99
雲　51
雲クラスター　57
クラスト　119
クリギング　72
グリーン・アンプトの浸透モデル　120
群落抵抗　99

巻雲　56
巻積雲　56
巻層雲　56
懸垂水帯　138
健全な水循環　224
顕熱　**2**, 83, 93, 239
顕熱フラックス　32, 75

降雨流出　169
降雨流出水の起源　169
降雨流出ハイドログラフ　169

降下浸透　**4, 118**, 127, **145**, 168
光合成　79
光合成有効放射　100
恒常河川　179, 189
更新性の水資源　10
降水　3, 36, **51**, **57**, 101, 167
降水型　56
降水再循環率　68
降水システム　61
降水成分　173
降水量　2
降水量効果　213
高積雲　56
高層雲　56
高度効果　213
合意形成　244
枯渇性資源　10
国際原子力機関　216
湖沼　190
固体地球科学　7
湖流　195
混合層　42
混合比　37

━━━━━ さ ━━━━━

最大吸湿度　137
サクション　142
3H/He法　218
三角堰　184
三角ダイアグラム　200
酸緩衝能　204
算術平均法　72
酸性雨　202
酸性河川　206
酸性沈着　202
残留性有機汚染物質　207

シートフロー　126
シオレ点　137
自然浄化機能　236
失水河川　189
自噴井　151

270　●　索　引

霜　51
射出率　26
遮断　4, 103
遮断された降水の蒸発　4, **103**
遮断損失　103, 104, 106, 112
斜面水文学　10
終期浸透能　118
自由対流高度　**48**, 55
終端速度　53
重量濃度　199
重力水　137
重力水頭　141
重力ポテンシャル　140
樹冠通過雨　4, **103**, **104**, **105**, **106**, **115**, 168
樹冠投影面積　110
樹幹流　4, **103**, **104**, **108**, **114**, 168
主成分分析　173
シュティフダイアグラム　200
昇華　32, 51
条件付き不安定　47
蒸散　**3**, 76, 77, **99**
蒸発　**2**, 36, 76, 77, 98, **103**, 231
蒸発散　**2**, **75**, 89, **99**
蒸発線　213
蒸発比　98
蒸発量　2
正味放射　**26**, 93
正味放射量　**2**, 75
初期浸透能　118
シリカ　219
人材育成　244
診断　242
浸透　3, 4, **36**, 100, 114, **117**, 229
浸透計　124
浸透トレンチ　235
浸透能　**117**, 168
浸透ポテンシャル　140
浸透余剰　117
浸透余剰地表流　116, **117**, 125, 171, 172, 175
浸入　143
浸漏面　175

水位流量曲線　185
水温躍層　195
水系　179
水質汚染　205
水質汚濁　205
水質基準　209
水質進化　204
水蒸気　77
水蒸気圧　**36**, 94
水帯　134
水柱高　**11**, 70, 110, 117, 142, 185
水分恒数　137
水分張力　142
水分特性曲線　143
水文科学　**5**, **7**, 36
水文学　3, 5, 6
水文プロセス　4
水理水頭　141
水理ポテンシャル　140
水流発生機構　4, 168
スカラー間の相似性　94
裾下げ　208
ステファン・ボルツマンの法則　24

生態水文学　7
生物化学的酸素要求量　207
成分分離　173
世界保健機関　18, 209
積雲　56
積乱雲　56
絶対湿度　38
接地層　94
ゼロフラックス面　145
遷移層　41
先行降雨指数　178
全循環　195
前線性降水　56
選択流　114, **128**
全土壌湿り　227
潜熱　**2**, 32, 93, 239
潜熱フラックス　**32**, 75
全ポテンシャル　139

全有機性炭素量　207

層雲　56
相似則　80
層状雲　56
層積雲　56
相対湿度　**38**, 52, 98
層流　79
側方浸透流　131, 149
粗孔隙　**129**, 178
粗度　80, **99**
粗度層　42
粗度長　85

━━━━━━━━ た ━━━━━━━━

大気安定度　85
大気外日射量　**21**, 30
大気・海洋相互作用　66
大気科学　7
大気境界層　**41**, 77
大気接地層　41
大気・陸面相互作用　**67**, 77
対策　242
大循環モデル　100
対数分布　85
体積含水率　135
体積濃度　198
太陽定数　**2**, 21
対流雲　56
滞留時間　**9**, 173, **217**
対流性降水　56
脱水　143
ダルシーの法則　121, **154**, 193
ダルシーフラックス　154
ダルシー流速　154
淡水資源　12
端成分　173
端成分混合解析　173
炭素同化作用　79
短波放射　**24**, 26

地域水文学　10

地下水　3, 133
地下水涵養　114, 116, **161**, 168, 229
地下水成分　169, 173
地下水帯　11, 134
地下水面　114, **133**, **150**
地下水流出　235
地下水流動系　158
地下水嶺　175
地球科学　7
地球水文学　10
地形効果　60
地形性降水　56
地中水　4, 133
地中熱流　93
地中熱流量　**32**, 75
地表面熱収支　101
地表流出　36
中間流出　235
宙水　151
中立　**45**, 85, 87
長波放射　24
直達雨　104, 105
貯留係数　158

土の三相　134
土の三相分布　230
冷たい雨　54
露　51

ティーセン法　72
低気圧性降水　56
滴下雨　104, 105
δ-ダイアグラム　212
δ 値　211
電気伝導度　199
点源　207
テンシオメーター　141
テンション　142
天水線　212
伝達帯　121

同位体　209

同位体水文学　216
同位体存在比　211
同位体分別　211
等降水量線法　72
統合的流域管理　244
透水係数　155
動水勾配　**141**, 175
透水量係数　158
動粘性係数　80
等ポテンシャル線　153
当量濃度　199
得水河川　189
特定汚染源　207
都市化　233
都市型洪水　233
閉じた系　8
土壌基質　128
土壌水　3, 133
土壌水帯　11, 134
土壌水分　**77, 94, 98,** 231
土壌の三相分布　230
トリチウム　218
トリチウム・ヘリウム法　218
トリリニアダイアグラム　200
トレーサー　66, 130, 169, 170, **209**
トロイライト　211

━━━━━━━━━ **な** ━━━━━━━━━

内層　41
内陸効果　213

2回循環湖　195
日射　**24**, 26, 101
日射量　30

ぬれ前線　**121**, 127, **149**
ぬれた林冠から生じる蒸発　106

熱収支　**32**, 75, 101
熱収支式　75
熱収支ボーエン比法　93
熱帯降雨観測衛星　74

熱帯低気圧　58
熱帯内収束帯　62
粘性底層　42
年代　217
年代決定法　218
年代測定　217

━━━━━━━━━ **は** ━━━━━━━━━

パーシャル・フリューム　184
ハイエトグラフ　71, 167, 186
排水　143
排水可能間隙率　144
排水基準　208
ハイドログラフ　167, 186
パイパーダイアグラム　200
バイパス流　129
パイピング　178
パイプ　178
ハイポレーイックゾーン　236
バルク係数　92
バルク法　**92, 99**, 192
バルク輸送係数　92
半減期　218

被圧水頭面　151
被圧帯水層　150
被圧地下水　150
ピーエフ　142
ピエゾメータ　153
比産出率　158
比残留率　144
比湿　**37**, 84, 93, 94
比水分容量　147
比水利用可能量　17
ヒステリシス　143
非ダルシー流　156
比貯留率　157
非特定汚染源　207
ひょう　54
雹　54
評価　242
標準平均海水　211

氷晶　51
氷霧　51
表面混合層　195
表面流出　36, 233
比流束　153

不圧帯水層　150
不圧地下水　150
不安定　44, 85, 87
不安定流　129
フィックの法則　**48**, 49
フィリップの浸透モデル　122
フィンガー　129
風化　203
富栄養化　206
物質収支式　114, 170
部分寄与域概念　126, 176
普遍関数　88
不飽和帯　133
不飽和透水係数　125, **146**
フラックス　9
プランク関数　24
古い水　169
プロファイル法　**92**, 192
フロンガス　217
分子拡散　**48**, 77, 80
分水界　10

平均間隙流速　155
平均滞留時間　9
ヘニングの公式　55
ヘキサダイアグラム　200
ヘリウム　218
ベレムナイト　211
変水層　195
ペンマン式　95, 112
ペンマンの可能蒸発量　95
ペンマン・ブルツァールト式　96
ペンマン・マンティース式　100

飽差　**40**, 96, 100
放射収支　**26**, 101

放射性同位体　210
放射率　26
飽和水蒸気圧　**38**, 51, 94, 98
飽和帯　133
飽和断熱減率　**46**, 55
飽和地表流　175
飽和度　135
飽和透水係数　155
飽和毛管水帯　**133**, 175
飽和容水量　137
飽和余剰地表流　127, **175**
ボーエン　93
ボーエン比　**34**, 97
ボーエン比法　93, **94**, 192
ホートン地表流　**127**, 171
ホートンの浸透モデル　123
補完関係　239
圃場容水量　98, **137**, 230
ホットスポット　233, **236**

━━━━━━ ま ━━━━━━

マクロポア　**129**, 178
マクロポア流　129
摩擦速度　83
マトリック吸引圧　118
マトリックス　128
マトリックス流　114, **128**, 178
マトリックポテンシャル　140

水資源　10
水収支　**9**, 36, 101, 106, 192, 233
水収支研究　90
水収支式　9, 11, 36, 90
水循環　3
水消費量　17
水侵入値　144
みぞれ　54
霙　54

無次元関数　88
無次元シアー関数　88
無次元数　81

無次元相似則関数　88
無次元変数　81
無次元量　81

メソ対流系　57
面源　207
面積降水量　71

毛管境界効果　149
毛管水　137
毛管水縁　**133**, 175
毛管水帯　138
持ち上げ凝結高度　**48**, 55
モニン・オブコフ相似則　85, 93
モンスーン　66

――――――や――――――

有効間隙率　155
湧水　151
雪　3, 51

葉面積指数　**100**, 103
横出し　208

――――――ら――――――

雷雨　57
ライパリアンゾーン　236
乱層雲　56
乱流　42, **77**, **79**
乱流拡散　48
乱流輸送　77

陸水学　6
陸面同化　101

陸面モデル　100, 101
リター　106
リチャーズの方程式　147
リモートセンシング　73
流域　**10**, 167, 223
流域管理　244
流域水文学　10
流況曲線　14, **186**
流出　**3**, 100, 167
流出域　**159**, 232
流出解析　11
流出寄与域　176
流出寄与域変動概念　176
流出寄与体積変動概念　177
流出成分　169
流出特性　182, 186
流出モデル　11, 181
流束　9
流体ポテンシャル　11, 151
流動域　159
林外雨　103
臨界飽和含水率　144
臨界飽和度　144
林冠　104
林冠ギャップ　104, 109
林床面　104, 105
林分　104

レイノルズ数　80
レイノルズフラックス　49
レイノルズ方程式　80
レインアウト効果　213

露点温度　39

Memorandum

Memorandum

Memorandum

Memorandum

[編著者]

杉田倫明（すぎた みちあき）
筑波大学大学院　生命環境科学研究科地球環境科学専攻・教授
1959 年生まれ．筑波大学大学院地球科学研究科地理学・水文学専攻修了．理博．
コーネル大学土木・環境工学部 Postdoctoral Associate，筑波大学地球科学系講師，助教授などを経て 2006 年より現職．米国地球物理学連合（AGU）の *Water Resources Research* 誌 Associate Editor などを歴任．著書に『水文・水資源学ハンドブック』（朝倉書店，分担執筆），『地球環境学』（古今書院，編著），『水文学』（共立出版，翻訳）などがある．

田中　正（たなか ただし）
筑波大学大学院　生命環境科学研究科地球環境科学専攻・陸域環境研究センター長・教授
1946 年生まれ．東京教育大学大学院理学研究科博士課程単位取得退学．理博．
東京教育大学理学部助手，筑波大学助手，講師，助教授，教授，上職を経て 2010 年 4 月より筑波大学名誉教授．著書に『水文学』（朝倉書店，分担執筆），『日本の水収支』（古今書院，分担執筆），『地球環境ハンドブック』（朝倉書店，分担執筆）などがある．

[著　者]
筑波大学水文科学研究室

水文科学
Hydrologic Science

2009 年 2 月 25 日　初版 1 刷発行
2022 年 3 月 1 日　初版 3 刷発行

編著者　杉田倫明・田中　正　©2009
著　者　筑波大学水文科学研究室
発行所　共立出版株式会社／南條光章
　　　　東京都文京区小日向 4-6-19
　　　　電話　東京(03)3947-2511 番（代表）
　　　　〒112-0006／振替口座 00110-2-57035
　　　　URL www.kyoritsu-pub.co.jp

印　刷　錦明印刷
製　本　ブロケード

検印廃止
NDC 452.9

一般社団法人
自然科学書協会
会員

ISBN 978-4-320-04704-4　　Printed in Japan

<JCOPY> ＜出版者著作権管理機構委託出版物＞
本書の無断複製は著作権法上での例外を除き禁じられています．複製される場合は，そのつど事前に，出版者著作権管理機構（ＴＥＬ：03-5244-5088，ＦＡＸ：03-5244-5089，e-mail：info@jcopy.or.jp）の許諾を得てください．

■地学・地球科学・宇宙科学関連書　www.kyoritsu-pub.co.jp　共立出版

地質学用語集 和英・英和	日本地質学会編
地球・環境・資源 地球と人類の共生をめざして 第2版	内田悦生編
地球・生命 その起源と進化	大谷栄治他著
グレゴリー・ポール恐竜事典 原著第2版	東 洋一他監訳
天気のしくみ 雲のでき方からオーロラの正体まで	森田正光他著
竜巻のふしぎ 地上最強の気象現象を探る	森田正光他著
桜島 噴火と災害の歴史	石川秀雄著
大気放射学 衛星リモートセンシングと気候問題へのアプローチ	藤枝 鋼他共訳
土砂動態学 山から深海底までの流砂・漂砂・生態系	松島亘志他編著
海洋底科学の基礎	日本地質学会「海洋底科学の基礎」編集委員会編
ジオダイナミクス 原著第3版	木下正高監訳
プレートダイナミクス入門	新妻信明著
地球の構成と活動 (物理科学のコンセプト7)	黒星瑩一訳
地震学 第3版	宇津徳治著
水文科学	杉田倫明他編著
水文学	杉田倫明訳
環境同位体による水循環トレーシング	山中 勤著
陸水環境化学	藤永 薫編集
地下水モデル 実践的シミュレーションの基礎 第2版	堀野治彦他訳
地下水流動 モンスーンアジアの資源と循環	谷口真人編著
環境地下水学	藤縄克之著
復刊 河川地形	高山茂美著
国際層序ガイド 層序区分・用語法・手順へのガイド	日本地質学会訳編
地質基準	日本地質学会地質基準委員会編著
東北日本弧 日本海の拡大とマグマの生成	周藤賢治著
地盤環境工学	嘉門雅史他著
岩石・鉱物のための熱力学	内田悦生著
岩石熱力学 成因解析の基礎	川嵜智佑著
同位体岩石学	加々美寛雄他著
岩石学概論(上)記載岩石学 岩石学のための情報収集マニュアル	周藤賢治他著
岩石学概論(下)解析岩石学 成因的岩石学へのガイド	周藤賢治他著
地殻・マントル構成物質	周藤賢治他著
岩石学Ⅰ 偏光顕微鏡と造岩鉱物 (共立全書189)	都城秋穂他共著
岩石学Ⅱ 岩石の性質と分類 (共立全書205)	都城秋穂他共著
岩石学Ⅲ 岩石の成因 (共立全書214)	都城秋穂他共著
偏光顕微鏡と岩石鉱物 第2版	黒田吉益他共著
宇宙生命科学入門 生命の大冒険	石岡憲昭著
現代物理学が描く宇宙論	真貝寿明著
めぐる地球 ひろがる宇宙	林 憲二他著
人は宇宙をどのように考えてきたか	竹内 努他共訳
多波長銀河物理学	竹内 努訳
宇宙物理学 (KEK物理学S 3)	小玉英雄他著
宇宙物理学	桜井邦朋著
復刊 宇宙電波天文学	赤羽賢司他共著